KB122047

건축과 자유

Conversazioni su architettura e libertà
by Franco Bunčuga and Giancarlo De Carlo

건축과 자유

잔카를로 데 카를로와 프랑코 분추가의 대화

원주를 제외한 각주는 옮긴이가 작성한 것입니다.

7 초판 서문
27 개정판 서문

37 1장: 유년기부터 레지스탕스 활동기까지
97 2장: 전후 시기
169 3장: 중년기로 접어들던 1960년대
241 4장: 건축의 대주제들
297 5장: 아나키즘

365 잔카를로 데 카를로의 활동연보
371 옮긴이의 글: 아키텍처와 아나키

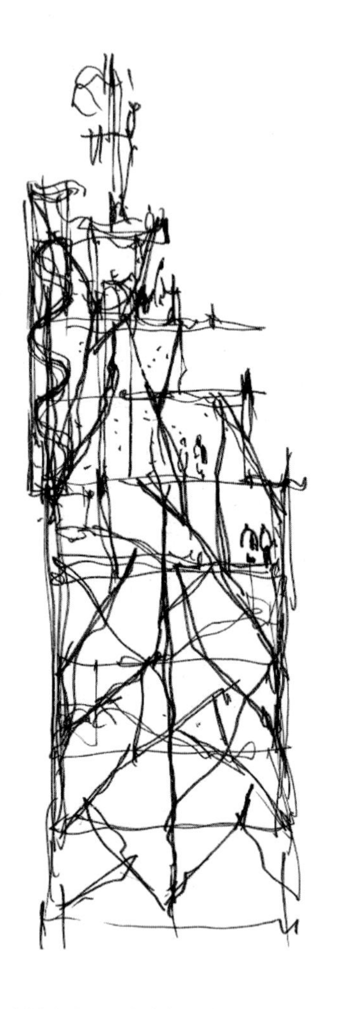

시에나의 탑, 1988년, 잔카를로 데 카를로의 드로잉

데 카를로의 스튜디오를 방문해 녹음기 한 대, 아니 기계를 믿지 못해 더 챙겨간 녹음기 두 대와 필기용 노트, 인터뷰 질문지를 앞에 두고 몇 시간씩 틀어박혀 있자니 옛 스승과의 친근감이 되살아났다. 마치 대학 시절로 되돌아간 것 같았다. 1970년대 초에 학생들이 제출한 과제물을 살피면서 데 카를로가 우리와 자유롭게 이야기 나누던 시절이 떠올랐다. 그가 제시하는 기술적 차원의 충고나 대학 내부의 정치적 상황 같은 주제를 중심으로 이야기를 나누며 우리가 준비한 스케치를 함께 분석하던 시절이었다. 그가 가르쳐준 참고 도서 목록을 통해 알게 된 저자들과 연구 동향은 우리에게 새로운 세계를 열어주었다. 나는 내가 아나키스트라고 생각했다. 조금은 가식적이고 히피적인 사상이었지만, 나는 윌리엄 모리스, 패트릭 게데스Patrick Geddes[1], 특히 지역 계획에 커다란 영향을 끼친 표트

1 패트릭 게데스(1854~1932년)는 스코틀랜드의 생물학자이자 사회학자, 도시계획가이다. 도시문제를 해결하기 위해서는 사회학적인 차원에서 인간 활동과 환경의 상호관계에 주목할 필요가 있다고 주장했다. 뭄바이 대학에서 교수로 활동했고, 『도시의 진화Cities in Evolution』 외에 다수의 저서를 남겼다.

르 크로포트킨 같은 인물에 관심을 기울였다. 결과적으로 내가 건축가로 성장해가는 과정 자체가 자유주의를 실천하는 일이 되리라는 것을 알게 되었다. 데 카를로는 도시계획에 접근하는 한 방편으로 엘리오 비토리니Elio Vittorini[2]와 이탈로 칼비노Italo Calvino의 문학 작품을 읽으라 권했고 루이스 멈포드Lewis Mumford를 비롯한 여러 사상가에 접근해보라고 조언했다. 이들은 나의 후속 연구 활동에 깊은 영향을 끼쳤다.

데 카를로는 사실 본인이 아나키스트라고 구체적으로 밝힌 적이 없다. 당시에 우리는 데 카를로가 어떤 정치적 성향을 가졌는지 몰랐다. 하지만 그 용광로 같던 시대에 학생들의 편을 들어줄 줄 아는 교수 가운데 한 명이라는 것을 본능적으로 깨달았다. 실제로 '아나키스트적인' 건축이나 도시계획은 존재하지 않고 존재할 수도 없고, 이 우스꽝스러운 표현은 '파시스트 건축'이나 '공산주의 건축' 같은 권위주의적인 정의로 귀결될 수밖에 없다. 그저 건축가들 가운데 아나키스트들이 있고, 물리적인 공간의 변화를 통해 자유주의 사상과 조화를 이루는 행동 양식, 습관 혹은 사회 구성원들의 탄생을 용이하게 하려고 노력하는 건축가들이 있을 뿐이다. 데 카를로는 삶의 터전인 건축 환경이 정형화되는 상황을 묵인하거나 동조하지 않는 소수의 건축가 중 한 명임에 틀림없다. 그리고 그는 여전히 훌륭한 건축이란 자유의 공간을 실현하는 것과 일치한다고 믿는다. 그의 건축은 아나키스트가 그만의 유토피아에 속하는 물

2 엘리오 비토리니(1908~1966년)는 이탈리아 시칠리아 태생의 소설가이자 편집자, 번역가, 비평가다. 이탈리아의 저항운동과 반파시즘 운동에 크게 기여했고 대표작에 『시칠리아에서의 대화Conversazione in Sicilia』, 『인간과 비인간Uomini e no』 등이 있다.

리적인 구조물을 상상할 때와 매우 흡사한 것이라 할 수 있다.

데 카를로는 반세기에 걸쳐 진행된 모더니즘 건축 운동의 산증인이다. 1952~1960년 동안 '근대건축 국제회의Congres Internationaux d'Architecture Moderne(CIAM)'의 이탈리아 대표 회원이었고, 이 그룹이 해체된 뒤 결성된 '팀 텐Team X'의 창단 멤버였다. 1976~1978년에 '국제 건축 및 도시 디자인 연구소International Laboratory of Architecture and Urban Design(ILAUD)'를 창설하고 건축평론지 《공간과 사회》를 창간했다. 이 연구소와 평론지는 그가 끈기 있는 탐구를 지속하는 과정에서 대체 불가능한 도구로, 아울러 지역과 건축 행위의 거시적 변화를 관찰하기 위한 일종의 안테나로 활용되고 있다.

성격 때문이기도 하지만 데 카를로는 항상 건축가와 도시계획가로서 자신이 쌓은 경험을 체계적으로 이론화하는 작업에 동의하지 않는다는 입장을 표명해왔다. 그가 자신의 건축 개념을 구체적으로 발전시키는 과정은 오로지 그의 전문가적 활동을 바탕으로, 예를 들어 오늘날까지 혁신을 거듭하고 있는 탁월한 건축 프로젝트와 수많은 논문, 기사, 심지어 그가 익명으로 출판한 신비로운 소설 같은 글들을 토대로 전개되었다. 하지만 대체적으로 뜨겁고 자유분방한 분위기에서 진행된 이번 대담에서만큼은 데 카를로도 그가 건축가와 '아나키스트' 지성인으로서 쌓은 경험을 체계적인 방식으로 되돌아보고, 어떤 의미에서는 그의 개인적인 경험과 모더니즘 운동의 결과를 결산해보는 데 동의했다. 데 카를로는 아마도 모더니즘 운동에서 거주민이 가깝게 느낄 수 있는 건축의 방향을 제시한 인물이자, 크리스티안 노르베르-슐츠Christian

Norberg-Shultz가 아이러니하면서도 적절하게 표현했던 말처럼 "제3의 길을 대표할 수 있는 유일한 인물"일 것이다.

데 카를로는 화려한 건축 잡지의 사진작가들이 결코 반가워할 수 없었던 인물로, 건축을 통해 추상 예술 작품과 견줄 수 있는 '볼륨'이나 '기호'를 창출하지 않았기 때문이다. 그의 건축을 이해하기 위해서는 건물을 답사할 필요가 있는데 그 아름다움은 그 안에서 움직이는 사람, 즉 건물의 순수한 모습을 드러내야 한다는 이유로 사진에서 흔히 제외되곤 하는 '사람'에 의해서 성립되기 때문이다.

데 카를로는 건축계에서 국제적으로 널리 인정받았지만 이탈리아에서만큼은 관습에 얽매이지 않는 성향 때문에 고립되는 경우가 많았다. 그는 많은 건축가들과 학생들에게 영감을 주는 신화적인 인물이자 범주화가 불가능한 불치의 이상주의자였다.

데 카를로의 삶은 그의 작업과 그가 만난 사람들, 그가 관심을 기울였던 과거와 현재의 거장들이나 이상적인 모델과 밀접하게 연관되어 있다. 실제로 데 카를로는 자신의 일상적인 삶과 그의 작업, 건축을 읽는 일과 설계 작업을 명확히 구분하기가 힘들다고 밝힌 바 있다. 나는 이 대담이 한 '모범적인' 건축가의 존재에서 투영되는 수많은 경험의 여정을 추적할 수 있을 뿐 아니라, 세계 안에서 관찰하고 움직이는 그만의 '건축적' 방식을 새로이 조명할 수 있는 좋은 기회라고 믿는다. 데 카를로는 이렇게 말했다.

저는 대다수의 둔하고 게으르고 파렴치한 건축가들이 꾀만 부리면서 소홀히 하는 건축가라는 직업에 얽매여 제 스스로를 비참하게 만들고 싶지 않았습니다. 그래서 가능한 한 모범이 되려고 노력했습니다.

제가 만났던 수준 높은 아나키스트들은, 상당히 겸손한 이들조차도 스스로 모범을 보이려는 강한 의지를 지니고 있었습니다. 다른 사람들이 자신들의 오염되지 않은 삶과 청렴한 사고와 투명한 행동 방식을 한눈에 알아볼 수 있어야 한다고 생각했죠. (355쪽)

1995년에 '국제 건축 및 도시 디자인 연구소(ILAUD)'가 주최한 학술회의의 논문집『지역의 해석과 계획Lettura e progetto del territorio』 서문에서 데 카를로는 자신의 탐구 영역을 이렇게 정의했다.

공간을 읽는다는 것은 [...] 물리적 공간의 기호들을 식별하고, 이 기호들을 규정된 맥락에서 추출해 해석하고, 우리에게 의미 있는 현실적 체계에 어울리도록 재배치 및 재구성한다는 것을 의미한다. [...] 해석은 과거를 인지하고 미래를 발견하기 위한 계획적인 사고로 전개되어야 한다. [...] 설계는 일종의 시도라고 할 수 있다. 실험과 확인 과정을 거쳐 해결책을 찾으려고 노력한다는 의미에서뿐만 아니라, 설계를 위해 주어진 조건의 불균형을 부각시키고 본질을 해치지 않는 한도 내에서 변화를 꾀하며 어느 시점까지 어떻게 새로운 균형을 찾을 수 있는지 파악하기 위한 조건 자체를 시험한다는 차원에서 말이다. 결과적으로 해석과 설계의 시도는 설계 과정 전체에 걸쳐 상호작용하는 보완적인 행위이고, 도구나 방식, 개념, 이론 등에 해당한다. 바로 이러한 보완성 때문에 설계 자체는 더 이상 획일적이지 않으며 오히려 굴곡이 많고 흔들리며 배회하는 성격을 지닌다. 해석은 구체적으로 실현하고자 하는 새로운 이미지들을 머릿

> 속에 떠올리며 전개되는 반면 설계는 해석을 통해 발견된 사항들을 염두에 둔 상태에서 전개된다. 그리고 설계된 이미지들의 일관성을 확인하기 위해서 다시 해석을 한다. 건축가는 이런 식으로 해석과 설계의 교차 과정을 가속화하며 해결책에 도달한다.[3]

같은 책의 서문에서 데 카를로는 '지역'이라는 용어를 다음과 같이 정의했다.

> 지역이란 한 인간 공동체가 시간이 흐르면서 고유의 필요에 따라 활용하며 거주하는 확장된 형태의 토지를 말하며, 대부분의 경우 그것을 다른 모든 장소와 대별되도록 유일무이한 장소로 만들면서 주도하는 자기표명 방식이다. [...] 경제적으로 활용 가능한 지대를 전체로 고려하면 텅 빈 공간도 모두 지역의 일부를 차지한다. 따라서 건물들 사이의 모든 공간, 도시의 핵심 시설, 도심, 경작지, 녹지대와 광물 지대도 지역에 속한다.[4]

이러한 해석과 설계의 과정에서 일종의 변증적 관계를 어렵지 않게 발견할 수 있을 것이다. 하지만 이는 데 카를로의 사유를 깊이 분석하고 이해하는 데 큰 도움이 되지 않는다. 내가 보기에 데 카를로가 설계를 하는 방식은 이런 논리와는 상당히 거리가 멀다. 데 카를로만의 독창적인 건축 방식은 그의 인간적이고 문화적인 경험이 녹아있는 개인사와 분리될 수 없다는 것이 내 지론이다. 데 카를로는 건축가로서 무언가를

---

3 잔카를로 데 카를로, ILAUD에서 수행한 「지역의 해석과 계획Lettura e progetto del territorio」, 『지역의 해석과 계획』(Maggioli, Rimini, 1996년) 6~8쪽 - 원주

4 같은 책 - 원주

추구했던 경험, 예를 들어 파르티잔 활동과 은둔 생활을 하던 시기에 르 코르뷔지에Le Corbusier의 작품을 옮겨 그렸던 경험이나 건축가로서 아나키즘에 접근했던 경험, 휴양지 보카 디 마그라Bocca di Magra에서 비토리니, 칼비노와 도시에 관해 이야기를 나눴던 경험 등을 생생하게 유지했다. 이 모든 경험이 그의 세계관을 구축하는 데 쓰이고 건축을 통해 구체화되었다. 아울러 그의 건축 역시 관련 경험들을 엮어 참여를 이끌어내기 위한 도구로 활용되었다. 건축평론지 《공간과 사회》와 '국제 건축 및 도시 디자인 연구소' 역시 해석을 위해, 그를 둘러싼 세계와 접촉하기 위해, 자신의 모든 경험을 설계에 쏟아붓기 위해 창조된 도구였다. 데 카를로는 이런 도구들을 다양하고 정교하게 만드는 완벽한 메커니즘을 창조했다. 모든 땅, 모든 건축, 모든 사건을 유일무이한 것으로 간주할 수밖에 없었기 때문에, 복합적인 관계로 구성된 세계 안에서 자신의 궁금증을 생생하게 유지하며 지속적으로 성장하고 혁신하기 위해서였다.

그의 인생 이야기에서 부각되는 것은 위대한 만남과 강렬한 자극과 사회를 인식하게 된 순간들, 즉 우리가 해석의 순간들로 정의할 수 있는 시기와 그가 개인적인 통합능력과 기획력을 구축하던 순간들이다. 시간이 흐르며 데 카를로는 이런 능력을 바탕으로 거의 연금술적인 증류 과정을 통해 자신의 건축 방식에 통일성을 부여하기에 이른다. 데 카를로를 풍부하게 만드는 것은 외부와의 접촉이지만, 그는 고독 속에서 자신을 구축한다. 그리고 곧장 새로운 국면을 향해 열린 자세를 취한다. 그런 식으로 해석하고 설계하고 또다시 해석한다.

그의 성장기에 결정적인 역할을 했던 의미 있는 만남들은 전쟁이 끝나갈 무렵부터 종전 직후까지의 시기에 이루어졌다. 이 시기와 관련하여 우리의 대화 속에서 빈번히 등장했던 인물들은 주세페 파가노Giuseppe Pagano[5], 카를로 돌리오, 델피노 인솔레라Delfino Insolera[6] 등이다. 특히 델피노 인솔레라는 당대의 이탈리아 문화계에서 독보적인 존재였고 전문적인 엔지니어였던 만큼 기술 분야부터 다양한 문화적 영역에 이르기까지 굉장히 다재다능한 모습을 보여주었다.

> 항아리는 흙으로 만들지만
> 그 안에 있는 공간이야말로
> 항아리의 본질이다.
> 벽에 창과 문을 달아
> 집을 만들지만
> 그 안에 있는 공간이야말로 집의 본질이다.

데 카를로가 분명히 알고 있었고 신조로 삼았을 법한 이 노자의 글은 델피노 인솔레라가 1950년대 초반에 쓴 「첼레스테에 대한 답변 혹은 이단에 관하여: 모든 종류의 혁명

---

5 주세페 파가노(1896~1945년)는 이탈리아의 건축가다. 제2차 세계 대전 당시 저항운동가로 활동했고 강제수용소에서 병으로 사망했다. 그가 남긴 주요 건축물로는 토리노의 괄리노Gualino 빌딩, 로마 대학의 물리학 연구소, 밀라노의 보코니Bocconi 대학 등이 있다.

6 델피노 인솔레라(1920~1987년)는 이탈리아의 해박한 과학 교육자이자 저술가로, 오랫동안 자니켈리 출판사의 편집장으로 활동했다. 다수의 과학 서적과 백과사전을 감수했고 저서로 『지구과학 입문Un'introduzione alla Scienza della Terra』이 있다.

에 관하며Risposta a Celeste o dell'eresia: saggio sopra una qualsiasi rivoluzione」[7]에서 인용했던 문구다. 델피노는 1944~1945년 사이에 "밀라노 교외의 한 헐어빠진 집에서" 규칙적으로 열리던 "몇몇 지성인과 노동자들"의 토론 내용을 떠올리며 이 에세이를 집필했다. 잔니 소프리Gianni Sofri는 『세상을 어떻게 설명해야 하나』에 실린 논문[8]에서 델피노 인솔레라가 과연 어떤 경로를 거쳐 의식적으로 자유주의를 표명하게 되었는지 자문한 적이 있다. 이 질문에 대한 답변은 아마도 밀라노의 토론회에 참석하던 "몇몇 지성인과 노동자들" 사이에 다름 아닌 잔카를로 데 카를로와 카를로 돌리오가 있었고, 이들이 일찍부터 아나키스트들과 교류하고 있었다는 사실을 기억하는 것으로 충분할 것이다. 전쟁이 끝나가던 시기에 데 카를로는 자신의 건축가 경력을 좌우할 몇몇 핵심적인 생각들을 조합하기 시작했고, 델피노는 이 시기에 데 카를로와 만나 대화를 나누면서 생각과 경험을 공유했던 뛰어난 지성인들 가운데 한 명이었다. 삶의 경험과 파르티잔 활동의 경험을 나누는 것 못지않게 우정도 중요했다. 데 카를로의 경우 가장 풍부하고 깊은 나눔은 항상 정서적인 측면을 동반했다.

그는 굉장히 놀라운 인물이었어요. 우리 가운데 상당수가 향유하던 문화와 존재하는 방식에 지대한 영향을 끼쳤죠. 모르는 것이 없었습니다. 이집트

7 델피노 인솔레라, 『세상을 어떻게 설명해야 하나Come spiegare il mondo』(Zanichelli, Bologna, 1997년) 81쪽 - 원주

8 같은 책, 23쪽 - 원주

상형문자 해독을 비롯해 양자물리학이나 현대예술의 아주 미묘한 뉘앙스는 물론 사르데냐 섬의 전통 민요나 보고밀파Bogomilist의 장례문화까지, 이 모든 것에 대해 아주 전문가적 지식을 지니고 있었기 때문에 우리는 계속해서 놀랄 수밖에 없었어요. 그는 가장 순수한 아나키스트 중 하나였습니다. 그가 그것을 원하지도, 밝히지도 않았지만요. 그는 어떤 식으로든 타협을 몰랐고 모든 것을 자유로운 정신으로 탐구했습니다. (165~166쪽)

데 카를로의 건축 이론이 형성되는 과정에서 결정적인 역할을 했던 것은 주세페 파가노와의 관계이다. 파가노에 대해 필리베르토 멘나Filiberto Menna는 이렇게 기록했다.

파가노가 『이탈리아 전원 건축Architettura rurale italiana』에서 시도한 것은-누군가가 정확하게 주목했듯이- 건축의 공동체적 기반을 발견하기 위한 진정한 인류학적 탐구였다. 이를 위해 그가 나름대로 복원한 것은 사적 자본주의와 부르주아 경제를 기반으로 유지되는 산업사회에서 고갈된 개인주의를 대체할 수 있는, 기계주의와 산업주의 이전 시대의 사회 모형을 제시해야 한다는 요구였다.[9] 이는 모더니즘 운동의 핵심 전제들 가운데 하나였다.

파가노는 그의 글과 이탈리아 반도 전역에서 열었던 사진전을 통해 이탈리아 건축의 대중적 특수성을 증언했던 인물이다. 아울러 그는 제6회 밀라노 건축 트리엔날레에서 전원 건축 전시회를 기획했다. 이는 일찍이 1930년대부터 《카사벨라Casabella》에 발표해온 수많은 기사의 주제에 대한 오랜 성찰의 열매였다. 체사레 데 세타Cesare De Seta는 비주류 예술과 대중적인 건축에 대한 파가노의 관심이, 심지어는 피우메 점령 시기에 얻었던 몇몇 아이디어와 카르나로 헌장Carta del Carnaro[10]의 「건설에 관하여Dell'edilità」란 항목이 새로운 자유국가 피우메의 건설 활동을 규정하는 내용에서 비롯된다고 보았다.

> 파가노가 이탈리아에서 유일하게 산업사회 이전의 생활상을 파고든 모더니즘 건축가였다는 점은 부인할 수 없는 사실이다. 그는 항상 이른바 비주류라 불리는 토속 건축과 민중예술뿐만 아니라 집 안에서 사용하던 고대 물품들, 현대적 '기능성'을 예고하는 농경사회의 가내수공업 생산품들에 지대한 관심을 보였다.[11]

파가노는 데 카를로와 상당히 가까운 사이였다. 둘 다 군대 생활을 하는 동안 "슬프고 실망한 정복자"의 입장에서 파르테논을 목격했고, 함께 북부 이탈리아에서 무모하고 충동적인 방식으로 저항운동에 참여했다. 파가노가 데 카를로에게 보낸 편지들이 이들의 우정을 증언한다. 이 편지들은 몇 년 전 책으로 출판되었다.[12]

자신만의 건축적 관점을 모색하던 젊은 시절의 데 카를

9 멘나, 『미적 사회의 예언Profezia di una società estetica』(Lerici, Milano, 1968년) 111쪽 - 원주

10 카르나로 헌장은 피우메의 이탈리아 섭정을 선포하는 노조적인 성격의 헌법으로 1920년 9월 8일, 피우메 점령기가 막바지에 다다랐을 때 가브리엘레 단눈치오에 의해 발표되었다. 1차 세계 대전 후 영토 분할에 반발한 이탈리아의 민족주의자들이 피우메(크로아티아 리예카의 옛 이름)를 점령했을 때의 일이다.

11 체사레 데 세타, 『파가노, 파시즘 시대의 건축과 도시Pagano, architettura e città durante il fascismo』(Laterza, Bari, 1976년) 15쪽 - 원주

12 주세페 파가노, 『Parametro』, 35호(1975년 4월) - 원주

로에게 결정적인 영향을 끼친 알프레트 로스Alfred Roth[13]의 책 『새로운 건축』에 긍정적인 서평을 썼던 인물도 파가노였다.[14] 그의 서평은 1940년 《카사벨라》 150호에 실렸다. 알비니는 제8회 트리엔날레를 위해 '토속 건축' 전시회의 기획을 요청했는데, 이 기획의 목표는 일찍이 파가노가 시작한 뒤 데 카를로가 완전히 독창적으로 발전시키던 '전원 건축'에 대한 탐색을 확장하는 것이었다. 데 카를로는 이미 모더니즘 운동의 이론들을 지역 단위에 적용하며 재검토해야 할 필요성을 느끼고 있었다. 이러한 성향은 뒤이어 CIAM 내부의 분쟁과 국제 양식에 대한 빈번한 비판으로 이어졌다.

데 카를로는 르 코르뷔지에의 작품과 저술을 깊이 연구했고, 전쟁이 끝난 뒤 윌리엄 모리스William Morris와 프랭크 로이드 라이트Frank Lloyd Wright의 작품을 공부하며 이들에 대한 에세이를 쓰기도 했다. 아마도 이 '영국' 사조의 영향 덕분에 데 카를로는 크로포트킨 같은 위대한 아나키스트 사상가들이 자신의 건축적 사유에 얼마나 풍부한 양분이 되어줄 수 있는지 깨달았을 것이다. 이 '격정적인' 만남에 기폭제가 된 것은 데 카를로와 카를로 돌리오의 우정이었다.

전쟁이 끝나갈 무렵 쫓기는 신세였던 데 카를로의 은신처는 바로 돌리오의 집이었다. 암흑 속에서 기나긴 밤을 함께 지새우며 두 사람은 대화를 나누었다. 데 카를로는 건축 이

13 알프레트 로스(1903~1998년)는 스위스의 건축가이다. 르 코르뷔지에의 스튜디오에서 건축가로 활동을 시작했고 1931년 취리히에 스튜디오를 연 뒤 스위스와 스웨덴, 미국 등지에서 중요한 프로젝트를 맡아 진행했다. 하버드와 세인트루이스 대학에서 강의했고 르 코르뷔지에와의 협력관계와 건축 일반에 관한 여러 권의 책을 출간했다.

14 체사레 데 세타, 『파가노, 파시즘 시대의 건축과 도시』 204쪽 - 원주

야기를, 돌리오는 아나키즘 이야기를 들려주었다. 데 카를로는 아나키즘에 대한 궁금증이 싹트기 시작했고, 잡지 《의지》의 관계자들과 영국의 계간지 《프리덤》을 중심으로 활동하던 지식인들과 접촉하면서 아나키즘을 깊이 이해하기 시작했다. 이를 계기로 1945년 카라라에서 열린 아나키스트 집회와 1948년 카노사에서 열린 집회에도 참석하게 되었다.

데 카를로는 항상 "건축은 건축가들에게만 맡겨 놓기에는 너무 중요하다"고 확신하며 이 관점을 일관되게 고수했다. 실제로 데 카를로의 건축이 지닌 독창성은 꽤 다양한 문화적 영역을 양분으로 삼아 자라났다. 전문가적인 관점에서는 그의 건축이 어떤 모델이나 스승으로부터 영감을 얻는지 말하기가-불가능한 건 아니더라도- 상당히 어렵다. 그래서 그의 건축에 대해 이야기하다 보면 차라리 비토리니나 칼비노 또는 세레니Vittorio Sereni[15]를 인용하는 것이 훨씬 쉽게 다가올 때가 있다. 이들에게서 데 카를로의 어떤 부분들이 나타나는지 찾아보며 관계를 역으로 추적해보는 일도 상당히 흥미로울 것이다. 사실 우리의 대화에서 모습을 드러낸 팀 텐 역시 친구들 모임에 가깝다. 어떤 유파나 스타일을 만든다든지 운동 따위를 벌이려던 것이 아니라, 서로의 건축 세계를 자유롭게 비교하며 다양한 내용을 주제로 의견을 교환하는 그룹의 이미지이다.

데 카를로가 자신의 건축을 발전시킬 양분을 취한 곳은

15 비토리오 세레니(1913~1983년)는 이탈리아의 시인, 작가, 비평가, 번역가이다. 이탈리아의 초기 헤르메스주의를 대표하는 시인이며 몬다도리 출판사의 편집장을 역임했다. 카뮈, 파운드, 아폴리네르의 번역가로도 유명하다.

대부분 건축계를 대표하는 인사들이 교류하는 장에서 거리가 멀거나 완전히 벗어나는 경우가 많았다. 건축 분야보다는 아내 줄리아나의 조언, 보카 디 마그라에서 가진 만남들, 카를로 보와 나눈 우정, 건축 비평지《공간과 사회》의 운영 경험, 다년간에 걸친 ILAUD의 강의 경험, 학생들과 맺은 관계 등이 훨씬 더 많은 영향을 끼쳤다. 데 카를로의 스타일을 정의하기 위해 누군가는 브루탈리즘Brutalism이란 용어를 제안했지만, 이는 팀 텐의 일원이었던 몇몇 건축가의 경험을 포장하고 특히 이들이 사용하던 노출 콘크리트 양식을 정의하기 위해 사용했던 표현이다. 그는 자신을 모더니즘 운동의 한 '항목'에 위치시키려는 이와 같은 시도들을 모두 거부했다.

우리가 나눈 대화를 돌아보면서 나는 데 카를로의 작품들을 시기별로 나누어보고 싶은 유혹을 느꼈다. 그건 굉장히 위험하고 또 어려운 작업이다. 그 이유는 그의 건축 작품들이 정의상 유형적 분류를 거부하기 때문이고, 각 프로젝트 사이에 정확한 인과 관계나 순차적 연관성이 없을 뿐더러 새로운 요소들이 갑자기 눈에 들어오거나 우연히 부각되기 때문이다. 그의 왕성한 활동 시기는 오랜 성찰의 시간과 꾸준하고 묵묵히 작업에 열중하던 시간이 번갈아 나타난다. 게다가 복합적인 요소로 가득한 대학 건축 계획이나 우르비노에서 시도한 다양한 프로젝트 역시 시기를 구분하는 방식으로는 정의하기가 어려웠고, 우리의 대화 속에서도 어떤 정확한 시기에 대한 언급 없이 거론되는 경우가 많았다.

그러나 나는 결산과 생산, 해석과 계획의 측면에서 '적어도' 같은 시기들을 구분해보려는 의도를 함축해 이 책의 각장과 문단들의 주제를 설정했다. 전쟁 이후 데 카를로의 초기 활동, CIAM과 팀 텐의 경험, 강의와 학생운동의 경험, 우르비노, 대학, 자가 건축에서 참여 기획에 이르는 참여 건축 연구 등이 바로 대화를 나누면서 식별할 수 있었던 시기들이다.

나는 데 카를로가 1970년대 말에 접어들면서 자신의 건축 방식을 깊이 재고하고, 스타일의 측면에서 방법론과 건축 언어에 더 주의를 기울이는 방향으로 나아갔다는 인상을 받았다. 이때는 그가 지역을 읽는 능력과 현대건축의 가장 중요한 경험들을 발전시키는 데 결정적인 촉진제 역할을 했던 ILAUD와 비평지 《공간과 사회》를 창설하던 시기이다. 이 대대적인 두 번째 결산 단계는, 전쟁 직후 '성장기'로 볼 수 있는 그의 첫 번째 시기와 상당히 대조적이다. 1970년대까지 모더니즘 운동의 핵심 주제들에 대한 소통과 비판의 자세가 지배적이었다면, 오랜 성찰의 시간을 가진 뒤에는-오늘날에도 여전히 진행 중인- 자유로운 실험의 자세가 급격히 부상했다.

> 1980년대에, 제가 느꼈던 실험의 필요성은 주로 건축언어에 집중되어 있었습니다. 한편으로 형태 또는 반형태적 독단론을 퇴출하는 데 집중하던 시기에서, 다른 한편으로 건축가로서 제 존재 이유를 정의하는 데 집중하던 시기에서 벗어났다는 생각이 들었죠. 그리고 자연스럽게 변화를 꾀할 수 있는 방법론적인 구도를 함께 발견했다고 느꼈어요. 아울러 좀 더 유능하고 숙련된 건축가가 되었다는 걸 의식하면서, 저는 이전의 순수주의적인 경향은 물론 신사실주의적인 경향에서도 완전히 벗어났다고 느꼈습니다. (326쪽)

건축언어와 기술 그리고 '시험적인 설계작업progetto tentativo' 과정을 지속적으로 정교화하면서 그는 자신의 공간과 건축적 비전의 본질에 점점 더 가까이 접근했다. 그 결과 훨씬 더 자유롭고 자연스러운 계획 방식을 찾아냈다. 협력자들의 도움으로 그는 자신의 방식으로 컴퓨터를 사용할 수 있게 되었고, 구조 계산의 문제나 기존의 고정관념에서 쉽게 벗어났다. 이를 통해 점점 더 보편화된 모형을 활용하게 되자 계획의 초기 단계가 창조적인 과정으로 바뀌면서, 데 카를로는 형태의 차원이나 구조역학의 측면에서 훨씬 더 혁신적이고 진보적인 계획안을 만들 수 있게 되었다.

이러한 새로운 활동기를 상징하는 작품이 있다면 '시에나를 위한 탑' 기획일 것이다. 그것은 에든버러의 아웃룩 타워Outlook Tower를 건축한 패트릭 게데스와 블라디미르 타틀린Vladimir Tatlin의 과감한 탑 구조에 대한 헌정이었다. 한편으로는 콜레타 디 카스텔비안코Colletta di Castelbianco 같은 기술도시(?)의 '갑각류적인' 건축을 발견할 수 있고, 다른 한편으로는 '시에나를 위한 탑'이나 '산마리노의 성문'처럼 투명하거나 심지어는 연약하고, 고도의 기술이 동원된 반면 일시적인 구조물도 엿볼 수 있다.

데 카를로의 입장에서 최고의 도시는 우르비노였다. 하지만 이 도시는 아마도 스테파노 보에리Stefano Boeri가 「도시 형태를 넘어서」에서 '내면의 도시'라고 불렀던 것에 더 가까울 것이다. 다시 말해 모든 건축가가 가슴속에 간직하고 있고 이따금씩 '그의 관점과는 상반되는 무기질의'[16] 도시에서 희미한 모습을 드러내는 '내면의 도시'에 가깝다.

우르비노는 데 카를로 자신이 뽑은 그만의 도시였지만 어디에든 존재하는 이상적인 도시였던 것은 아니다. 그의 건축은 언어적 집착과도 무관한 듯 보인다. 그의 건축에는 건축가의 흔적이 남아 있지 않다. 서명을 남기려는 의도가 없기 때문이다. 그의 건축은 어떤 모델의 복제품도 아니다. 다양성이 무시되는 걸 참지 못하기 때문이다. 그는 어떤 공통된 양식적 기준이나 틀을 찾으려고 하지 않는다. 그런데도 그의 건축물들이 서로 유사한 듯 보이는 이유는, 개별 건물이 긴장된 표현으로 우리에게 생생한 코멘트를 발하기 때문이다. 그의 작품 세계는 예술제국의 모습과는 거리가 멀고, 현학적인 태도를 취하지도 않는다. 무언가가 있다면 그것은 공간 전체에 퍼져있는 인상tonalitá일 것이다.

잔카를로 데 카를로 같은 건축가들이 건축에 대해 말하고 글을 쓰며 설계를 하는 이유는 이들이 전문가여서가 아니라 그것이 곧 삶을 이해하는 이들만의 방식이기 때문이다. 이들을 움직이는 것은 세계의 '건축적' 차원에 대한 진정한 열정이다. 이들의 공통분모는 불안이지만 동일한 감성을 지닌 개인과 상황 앞에서만 드물게 온전히 모습을 드러내는 생산적인 고뇌라 할 수 있다.[17]

보에리의 표현을 그대로 인용하면, 데 카를로 역시 동일한 '내면의 도시'에서 작업한다. 아울러 그는 똑같은 해결책을 두 번 제시하는 법이 없다. 그의 모든 프로젝트는 어떤 맥락, 한 장소, 특정 지역에 내려앉으며 반복이 불가능한 단 하나의 실재

16 스테파노 보에리, 「도시 형태를 넘어서. 팔레르모에서 가진 데 카를로와 사모나의 대화Oltre le forme urbane. Una conversazione a Palermo tra Giancarlo De Carlo e Giuseppe Samoná」, 잔카를로 데 카를로, 『이미지와 단상들Immagini e frammenti』 (Electa, Milano, 1995년) 165쪽 - 원주

17 같은 책, 166쪽 - 원주

로 남는다. '아나키스트적'이라 할 수 있는 이 유일무이한 독창성은 끊임없는 대조를 통해 지속적으로 발전하는 보편적인 가치를 바탕으로 성립된다. '내면의 도시'라는 메타포는 데 카를로가 이스메 짐달샤Ismé Gimdalcha라는 가명으로 출판한 소설 『칼헤사 프로젝트Il progetto Kalhesa』에서 묘사된 것과 흡사하다. 가상의 인물 로저 보든햄Roger Bodenham은 이 책의 서문에서 "칼헤사가 대체 어디냐?"라고 물은 뒤 이렇게 말한다.

> 사실 나는 도처에서 칼헤사를 찾아 헤맸어. 최근 10년간 나의 모든 여름과 겨울을 낭비하며 이곳저곳을 찾아다녔지. 나는 이 마을을 찾기 위해 지중해의 모든 나라를 돌아다녔고 중동, 터키의 심장부, 심지어는 이란과 북인도, 파키스탄까지 찾아다녔어. 나는 이 모든 곳에서 칼헤사를 발견할 수 있을 거라는 희망적인 단서를 찾아내기도 했지만, 결국에는 부인할 수 없는 근거들 때문에 내가 잘못된 길로 들어섰다는 걸 깨달았지. 결국 나는 칼헤사가 존재하지 않는다는 결론을 내렸어. 칼헤사는 어디에나 있다고 말이야. 아마도 헤아릴 수 없을 만큼 소중한 모든 도시들처럼, 유일한 동시에 보편적이라는 것이 칼헤사의 특징일 거야.[18]

물론 칼헤사라는 도시도 칼비노의 '보이지 않는 도시들' 가운데 하나라고 해도 잘 어울릴 것이다. 어떤 의미에서는 그런 분위기를 반향하기 때문이다.

《도무스》와의 인터뷰에서 비토리오 마냐노 람푸냐니Vittorio Magnago Lampugnani는 이렇게 말했다. "건축가의 과제는

18 이스메 짐달샤, 『칼헤사 프로젝트』 (Marsilio, Venezia, 1995년) 19쪽 - 원주

잠재적 세계를 표상하기 위한 물리적인 모델을 창조하는 데 있다. 잔카를로 데 카를로의 본질적인 믿음은 결국 이것이었다."[19] 데 카를로가 자신의 건축을 통해 보여주는 '유일하며 보편적인' 도시는, 현실 속에서 윤곽을 드러내고 현실과 대화하며, 통속성과 투기 현상으로 식민화된 땅에 자유의 공간을 도입한다. "한 조각의 건축 혹은 도시의 어떤 모습이 단 하나의 코드화된 메시지만 전달하며 이 메시지를 통해 모두가 동의할 수 있거나 그래야 한다고 상상해서는 안 된다. 우리는 자발적인 합의의 사회가 아닌 갈등의 사회에 살고 있다. 따라서 도시를 표상하는 표현은 필연적으로 다각적일 수밖에 없다. 어리석은 사람들이 반복해서 주장하는 것처럼 사회는 '고의로 모호해진 상태'가 아니라 다양할 뿐이다."[20]

19 비토리오 마냐노 람푸냐니, 잔카를로 데 카를로, 『건축, 도시계획, 사회Architettura, urbanistica, società』, «도무스Domus» (1988년 6월, 695호) 17쪽 - 원주

20 잔카를로 데 카를로, 『건축, 도시계획, 사회』 26쪽 - 원주

개정판 서문

프랑코 분추가

2005년 4월, 데 카를로와 마지막 통화를 하며 나는《리베르타리아Libertaria》지에 쓸 인터뷰 기사를 작성하기 위해 만나자고 제안했다. 그때 그는 이렇게 말했다. "내가 요새 몸이 썩 좋지 않아서, 기운을 좀 차린 후에 다시 통화하기로 합시다. 5월 말쯤이면 좋겠는데..."

우리는 밀라노를 비롯해 이탈리아 전역에서 진행 중이던 대규모의 건축 사업과 현대건축의 새로운 경향 그리고 21세기 초 건축가의 새로운 모습에 대해 이야기를 나눌 예정이었다.

"프랑코, 건축가라는 직업이 대체 왜 이렇게 됐나! 건축이라는 무대의 새 주인공들은 '스타 시스템'의 배우로 변신하고 말았네. 이들은 그저 스타일리스트, 인테리어 디자이너, 투기꾼과 광고인에 지나지 않고, 반들반들한 잡지에 멋진 이미지와 그림만 그려내는 매스미디어 서커스의 일부에 불과한 게 아닌가!"

그 기사에는 두 사람의 목소리가 실려야 했지만, 그의 목소리는 6월 4일에 영원히 수그러들고 말았다. 지난해 겨울, 우리 책의 프랑스어 번역본에 대한 의견을 전하려고 내게 전화를 걸었을 때 이미 그의 목소리는 많이 쇠약해져 거의 알아듣기 힘들 지경이었다. 그런 상태에서 데 카를로는 말년에 자신이 가장 소중히 여긴 전기傳記의 기반이 되어준 우리의 대화를 기억하며, 그의 경험을 체계적인 방식으로 재구성하도록 '거의 강요하다시피' 했던 내게 다시 한 번 감사의 말을 전했다.

잔카를로 데 카를로는 오랜 기간의 투병 생활 끝에 세상을 떠났다. 나는 그가 아프다는 소식을 한참 뒤에야 들었지만, 초기 증세는 우리가 이 책을 만들기 위해 대화를 시작한 2000년 이전에 나타나기 시작했다.

기억나는 일화가 하나 있다. 나는 그가 직접 교정을 볼 수 있도록 최종 원고를 그에게 전달했다. 그는 아무런 답변이 없었다. 그래서 나는 그가 원고가 마음에 들지 않았거나 책 출판을 포기하려는 걸로만 생각했다. 하지만 얼마 전에 그가 교정 원고를 되돌려주며 이렇게 말했다. "내게 다시 읽어보라고 할 것 없이, 그대로 인쇄하게." 나는 좀 더 정확한 표현을 위해 수정을 거듭하고, 추가 사항을 덧붙여 누더기가 다 된 그의 교정 원고를 보았다. 그가 우리의 글을 교정하기 위해 쏟아부은 엄청난 노력과 시간을 짐작하며 놀라지 않을 수 없었다. "내가 아파서 병원에 입원해 있을 때 원고를 받았네. 우리가 대화를 나누는 동안 미처 언급하지 못한 내용을 추가하기로 작정하고 시간을 쏟아부었지. 병원에 와 있어서 그런지, 전문가로서 내 인간적인 경험을 체계적으로 정리해서 글로 남기겠다는 생각을 그동안 늘 회피해 왔다는 걸 깨달았네. 불현듯, 이제라도 그래야겠다는 생각이 들었네. 이게 마지막 기회라는 생각이 들었지."

그와 나눈 대화가 소중했다면 그건 이 대화를 통해 데 카를로의 삶과 작품을 문화적 맥락에서 재조명할 수 있었기 때문이다. 사실상 오랫동안 은폐되고 과소평가되면서 마치 사라졌거나 낡아빠진 것으로 성급하게 간주되어 온 자유주의 전통이라는 특정한 맥락에서 말이다. 또한 청년기부터 2000년대의 마지막 작품에 이르기까지 그가 추구해 온 이상과 문화적 추진력을 일관되게 묶어주는 연결 고리들을 '어떻게든' 다시 한 번 떠올릴 수 있었기 때문이다.

데 카를로가 항상 자신을 아나키스트로 여긴 것은 사실이다. 하지만 그는 방법적인 측면에서 '비전형적인' 아나키스트였고 무엇보다도 자신을 건축가로 여겼다. 그가 우려하던 것은 어떤 이데올로기든, 심지어 '지나치게' 자유로운 이념조차도 그를 윤리적 일관성에서 멀어지게 할 수 있다는 점이었다. 그는 자신의 아나키스트적인 감성을, 지속적으로 그를 긴장시키는 이상적인 지향점으로 간주하며 살았다. 데 카를로는 아나키스트 운동에 조직적인 방식으로 관여한 적이 없지만, 그를 표트르 크로포트킨Пётр Кропóткин[21]의 세계로 인도했던 그의 절친한 친구 카를로 돌리오Carlo Doglio[22]나, 데 카를로

21 표트르 크로포트킨(1842~1921년)은 러시아의 저술가, 지리학자, 아나키즘 운동가로, 미하일 바쿠닌, 세르게이 네차예프와 함께 19세기의 아나키즘을 주도했던 인물이다. 사유 재산, 권위주의, 중앙집권적 정치체제를 거부하고 시민들의 자발적인 참여를 기반으로 하는 공동체적 사회주의를 주장했다. 『빵의 정복』, 『어느 혁명가의 추억』 등의 저서를 남겼다.

22 카를로 돌리오(1914~1995년)는 이탈리아의 사회학자, 대학교수, 도시계획가, 아나키스트이다. 1955년부터 1960년까지 런던에서 살며 공동체의 특파원을 지냈고 수많은 문예지에 글을 발표하며 문필가로 활동했다. 베네치아 건축대학의 강사를 역임했고 1972년부터 볼로냐 대학 사회학과 정교수로 활동했다.

와 마찬가지로 자유주의적인 태도로 도시계획이나 참여 건축의 실험에 관심을 기울였던 콜린 워드Colin Ward[23]는 아나키즘에 깊이 관여했다. 우리가 대화를 나누는 동안 데 카를로는 콜린을 순수한 투사이자 '아나키스트 건축가'의 원조로 자주 언급했다.

하지만 데 카를로의 경우에는 용어의 위치를 바꿀 필요가 있다. '건축가'가 앞에, '아나키스트'가 뒤에 와야 한다.

데 카를로와 아나키즘 운동권의 접촉은 그저 산발적 일화로만 끝났던 것은 아니다. 레지스탕스 활동 시기의 접촉 외에도, 전쟁이 끝난 후에 데 카를로는 카라라와 카노사의 아나키스트 집회에 참석했고 특히 1948년의 카노사 집회에서 이탈리아의 주택 문제에 관한 연구 내용을 발표했다. 그의 연구는 뒤이어 조반나 칼레피 베르네리Giovanna Caleffi Berneri와 체사레 자카리아Cesare Zaccaria의 잡지 《의지Volontà》에 실려 출판되었고, 영국에서도 버논 리처즈Vernon Richards, 허버트 리드Herbert Read, 조지 우드콕George Woodcock, 콜린 워드, 존 터너John Turner[24] 등이 편집위원으로 활동하던 잡지 《프리덤Freedom》에 실려 출판되었다.

데 카를로를 포함해 이 이름들 가운데 상당수는 내가 감수

---

23 콜린 워드(1924~2010년)는 영국의 저술가, 건축가, 아나키스트이다. 1947년부터 1960년까지 아나키즘 신문 《프리덤Freedom》의 편집자로 일했고, 1961년에 월간지 《아나키Anarchy》를 창간해 1970년까지 편집장으로 활동했다. 주택 문제, 토지 문제, 교육, 도시계획, 인구 문제 등에 관한 의미 있는 기사들을 남겼다.

24 존 터너(1927~2020년)는 영국의 건축가이자 도시계획가이다. 무엇보다 미개발 국가의 도시계획과 주택 건설을 추진한 것으로 유명하다. 1960년대와 1970년대에 이른바 '건축가 없는 건축'으로 불리던 건축 사조를 대표하는 인물이다. 건축과 현대디자인의 전통적인 개념의 변화를 촉구하며 좀 더 인간적이고 환경에 주목하는 차원을 강조했다.

한 《의지》 1986년 2호에 다시 등장한다. 「다시 생각하는 도시 Ripensare la città」라는 제목으로 기획된 이 특집호는 아마도 아나키스트적인 관점에서 모더니즘 건축과 도시계획 및 토지이용 계획에 실재하는 자유주의적인 경향을 체계적인 방식으로 성찰한 최초의 연구서일 것이다. 몇몇 편집위원이 왜 건축 같은 덜 "진지한" 주제를 다루냐며 인상을 찌푸렸지만, 워드와 돌리오, 그리고 데 카를로 같은 아나키스트들의 지지 덕분에 이 출판 기획을 그대로 추진할 수 있었다.

이 주제는 많은 이들의 관심을 불러일으켰고, 우리는 해를 거듭하면서(얼마 후 나는 《의지》의 편집위원이 되었다.) 건축의 세계에는 강렬한 자유주의적 요소가 존재하며, 때로는 의외의 시간과 공간에 모습을 드러내는 일종의 카르스트적 경향corrente carsica이 실재한다는 것을 점점 더 분명하게 깨달았다. 결과적으로 이러한 '자유주의적 성향'을 좀 더 깊이 연구하면서 우리는 특집호 두 편을 더 기획할 수 있었다. 그래서 1989년에 「거주의 개념L'idea di abitare」이, 1995년에 「벌거벗은 도시La città è nuda」가 출판되었고 이 두 편 모두에 데 카를로의 글이 실려 있다.

데 카를로는 자신의 전문가적 경험을 실존적 경험과 분리해서 생각한 적이 없고 그의 다양한 활동들도 어떤 활동이 또 다른 활동의 근거나 결과가 되는 경우가 대부분이었다. 예를 들어 건축가로서 그의 활동은 대학 강좌로 확장되었고, 그의 성찰과 국제사회에서 활동한 경험은 건축 잡지 《공간과 사회Spazio e Società》의 출간이라는 구체적인 결과로 이어졌다. 아울러 이 모든 경험은 오랫동안 그의 작업 및 연구의 터전이었고 학생들과 교수들의 만남이 이루어지던 ILAUD라는 공간에서 집약된 형태로 나타났다.

데 카를로의 입장에서 강의는 항상 건축의 실천 방식에 대한 그의 생각을 발전시키고 널리 알리기 위한 핵심 활동이었다. 아울러 학생들의 의견은 물론 협력자들, 친구 혹은 동료 건축가들의 의견을 경청하며 이들과 항상 끈끈한 유대 관계를 유지하는 것이 그의 특징이었다. 데 카를로는 그의 제자들에게 틀에 박힌 공식이나 스타일 또는 디자인 방법론을 가르친 적이 없다. 달리 말하자면 '데 카를로주의나 데 카를로류의' 건축가 그룹 같은 건 존재하지 않는다. 오히려, 데 카를로와 함께 작업하며(ILAUD 혹은 공동의 건축적, 문화적 경험을 바탕으로) 그의 강렬한 개성과 놀라운 전문가적 일관성에 '영향을 받은' 수많은 건축학도들이 전 세계에서 활동 중이라고 말하는 편이 옳을 것이다. 많은 건축가들이 그의 사후에도 그와의 관계를 잃지 않고 있으며, 전문가적인 차원에서 아주 다양하고 때로는 상반되는 길을 걷는 경우에도 무언가 데 카를로만의 방법론적인 요소를 여전히 간직하고 있다.

데 카를로는 도발자였다. 그의 첫 번째 작품이자 문제작이었던 마테라Matera의 계획안은 CIAM에서 모더니즘 운동의 권위적인 스승들이 정해 놓은 모든 규칙을 파괴하며 스캔들을 일으켰다. 도발자이지만 일관적이고 확고한 자유주의-윤리적 가치들의 수호자였던 그는, 건축가로서 일하는 것이 사회의 발전을 위한 의식적 행동임을 굳게 믿었다. 오늘날 우리 사회에는 데 카를로 같은 '윤리적' 인물을 위한 공간이 여전히 남아 있을까, 아니면 이제는 더 이상 존재하지 않는 세계를 대변하던 마지막 인물이 사라진 것을 슬퍼해야 할까?

데 카를로는 제2의 고향이었던 밀라노에서 아무런 일도 하지 못했다는 사실을 굉장히 서운해 했다. 물론 그건 어쩔 수 없었다. 데 카를로가 가는 곳마다 문제를 일으켰으니까. 대학의 토론회나 회의에서 그와 맞설 수 있는 사람은 극소수였다. 프로젝트를 맡았을 때 일관성을 중요하게 생각했기 때문에, 공공건물의 경우 흔히 있기 마련인 일상적인 타협도 거부하는 것이 보통이었다. 데 카를로는 스튜디오가 위기에 처해 있던 시기에도 자신이 동의하지 않는 프로젝트에 '아니'라고 말할 줄 아는 사람이었다. 예를 들어 그는 교회를 건축한 적이 없다. 나는 브리안차Brianza에 집이라도 한 채 짓기 위해서라면 자격증이라도 위조할 태세였던 폴리테크닉 졸업 예정자들 앞에서 데 카를로가 지역사회를 망가트리는 설계 용역은 절대로 받아들이지 말아야 한다고 말하는 걸 들은 적이 있다.

그는 사람들이 건물을 너무 많이 짓는다고 말하면서 어떻게든 더 지으려고 할 것이 아니라 기존 건물을 합리적으로 사용할 필요가 있다고 주장했다. 아니 이제는 더 이상 어떤 건물도, 말 그대로 "개집조차도" 지을 필요가 없다는 것이 그의 생각이었다. 그는 유명 유통업체로부터 대형 슈퍼마켓 건축을 의뢰받았을 때 이를 거부했다는 이야기를 내게 한 적이 있다. 내부의 유통 경로와 동선에도 개입하지 못하고 시설물 전체를 다룰 수 없는 상태에서 구조물만 조립하는 것이 건축가의 입장에서는 그다지 품위 있는 일이 아니라고 생각했다.

말년에 데 카를로는 건축계의 쇠퇴 현상을 지켜보며 가슴 아파했다. 최근 들어 이탈리아, 특히 밀라노에서 그가 건축가로서 활동하며 보여준 다채로운 경력을 공인하고, 그에 대한 경의를 표하는 몇몇 기념행사가 열렸지만 그는 여전히 마음의 평화를 찾을 수 없었다. 건축이라는 분야가 패션이나 디자인에 가까운 단순한 형식적 훈련 과정으로 축소되고, 현대건축의 거장들 역시 여타의 상품들처럼 지구를 짓밟는 다국적 기업의 브랜드로 변하는 모습을 목격했기 때문이다. 특히 우르비노에서 하던 마지막 프로젝트가 반대에 부딪힌 일 때문에 그는 마음이 무거웠다. 이 역사적인 도시에 현대적인 요소들을 도입하려는 그의 제안은 형식적인 측면만 고려하는 지나치게 보수적인 인물들의 반대에 부딪혔다. 하지만 이 도시를 너무나 잘 알고 있던 데 카를로는 마지막 순간까지 건축은 생동하는 과정이자 자유의 표현이지 과거를 박제하거나 현재를 공허하게 칭송하는 단순한 건축 양식상의 실험은 아니라는 점을 주장하며 투쟁을 벌였다.

데 카를로의 일기를 출판하기 위해 원고를 준비 중인 그의 딸 안나의 증언에 따르면, 말년에 데 카를로는 그의 자유주의적이고 참여적인 건축 방식이 즉각적인 호응을 얻지 못했다는 사실을 분명하게 인지하고 있었다. 그는 자신을 이해하지 못한 학계로부터 얼마나 무시당했고 이탈리아 예술계와 문화계로부터 얼마나 정중하게 비난받았는지 잘 알고 있었다. 한 인간으로서, 건축가로서 아주 괴팍했고 지나치게 엄격하며 너무 정직했다는 걸 그 자신도 알고 있었다. 그가 세상을 떠난 후에 남은 건, 배척은 아니었으나 침묵과 무관심, 망각이었다. 그럼에도 불구하고 그는 자신이 옳은 방향으로, 미래를 향해 나아가고 있었다고 확신했다.

"오늘날 건축계에서는 아무도 내가 한 일을 이해하지 못한다네. 내 작업을 이해하려면 새로운 세대를 기다려야 하고, 포스트모더니스트들과 스타 건축가들이 일으킨 폐해가 분명하게 드러날 때까지 기다려야 할 것이네."

2014년 5월 5일 브레샤에서

프랑코 분추가

잔카를로 데 카를로, 우르비노의 구에를라 저택Ca' Guerla에서, 1991년(사진 - 안드레아 데 카를로)

1장
유년기부터 레지스탕스 활동기까지

그라나다 여행

오늘 아침, 우리의 대화가 과연 어떤 식으로 전개될까 생각하던 중에 최근에 다녀온 그라나다 여행이 머릿속에 떠올랐습니다. 상당히 오랜만에 다녀온 스페인 여행이었죠. 저는 강연을 하거나 지금처럼 인터뷰를 할 때 그냥 생각나는 대로 이야기하는 편입니다. 제가 말할 수 있는 것부터 머릿속에 떠올리면서 뒤이어 다루어야 할 주제가 천천히 무르익게 만드는 식이죠. 물론 나중에 전혀 다른 이야기를 하게 될 수도 있지만, 시운전이라고나 할까요. 두뇌의 준비 운동에는 이런 방식이 안성맞춤입니다.

이런 이야기부터 하는 이유는 우리의 대화가 학문적인 성격의 대담으로 변하는 걸 원치 않기 때문입니다. 인터뷰가 진행되는 동안 대화의 방향을 어느 한쪽으로 정해 놓지 않고 자유롭게 이야기하고 싶습니다. 사실은 제가 생각할 때나 설계할 때에도 이런 방식을 따르니까요.

저 역시 설계를 앞둔 건축가라면 시작 단계에서 자유분방한 자세를 취하는 게 가장 적절한 접근 방식이라고 생각합니다. 첫 단계에서 스케치용 백지를 마주한 건축가는 건물의 설계도와 전체 이미지뿐만 아니라 어떤 특별한 구조나 끼워 맞춰야 할 탁자의 틈새 같은 것을 동시에 떠올리기 마련입니다. 그러니 매뉴얼에 정해진 순서에 따라 평면도와 단면도, 상세도면을 단계적으로 그리는 경우는 거의 없죠. 백지 위에 그린 스케치에는, 건축 과정에서 사라질 수도 있지만 창작 과정에서는 핵심적인 역할을 하는 개념과 아이디어들이 복합적인 형태로 함축되어 있습니다. 그러고 보면, 우리가 나누게 될 대화에도 다양한 내용과 단상, 전망이 복합적인 형태로 뒤섞여 있을 텐데요.

맞습니다. 어떻게 보면 이질적인 상황에서 비롯되지만 함께 두어야 할 많은 요소들로 구성되어 있는 것이 바로 삶이죠. 인간은 싫든 좋든 이러한 요소들로 구성되는 하나의 일관적이고 유일한 체계를 자신의 삶으로 간주하게 됩니다.

자서전은 환상 문학의 범주에 속하는 장르입니다. 사실상 다양한 사건들이 일어난 순서를 기반으로 한 인간의 삶을 요약한다는 것은 불가능하죠. 모든 이야기는 돌고 돌아 항상 '오늘'에 집중되기 마련입니다. 그래서 자기 자신에 대해 이야기하려면 현재에서 출발해 자유롭게 기억 속으로 파고들어갈 필요가 있는 거죠. 최근에 스페인 여행을 다녀왔다고 하셨는데, 여행의 동기는 무엇이었나요?

그라나다의 건축 학교에서 열리는 대담에 초대를 받았습니다. 스페인 여행을 자주 했지만 대부분 프랑코가 정권을 장악하고 있었을 때였고, 주요 여행지도 바르셀로나였습니다. 제가 바르셀로나에서 만난 건축가나 도시계획가, 사회학자들은 대부분 정권에 반대하며 포스트 프랑코 시대를 준비하던 지식인들이었죠. 그 후에도 스페인에 자주 갔지만 여행이 즐겁지만은 않았습니다. 상황이 제가 기대했던 것과는 다르게 흘러갔기 때문이죠.

반대로 이번에 다녀온 그라나다 여행은 굉장히 놀랍고 즐거웠습니다. 그라나다 방문은 처음이었는데, 도시가 상당히 아름다웠습니다. 아마도 가르시아 로르카García Lorca와 마누엘 데 파야Manuel De Falla의 자취를 곳곳에서 느낄 수 있었기 때문일 것입니다. 무엇보다도 스페인 공화국 시절 특유의 지적인 분위기를 느낄 수 있었습니다. 이런 정취는 건축에도 중요한 영향을 끼쳤죠. 지금은 '현대건축을 위한 스페인 예술가 및 기술자 그룹'[25]이나 스페인 공화국 시절의 온화한 이성주의에 대한 관심이 줄어들었지만 스페인의 이성주의는 독일이나 프랑스, 이탈리아의 그것과는 성격이 굉장히 달랐습니다.

그라나다에 머무는 동안 가르시아 로르카가 살던 집을 다녀왔습니다. 원래는 시골집이었는데 도시가 확장된 지금은 로르카에게 헌정된 공원이 그의 저택을 에워싸고 있습니다. 가르시아 로르카가 이곳에 살면서 주요 작품들을 집필했죠. 아주 멋진 저택이었습니다. 무엇보다도 유지가 잘 돼 있어서 마치 그가 잠시 자리를 비웠을 뿐 금방이라도 집으로 돌아올 것 같다는 느낌을 받았습니다. 러시아 사람들은 그와 비슷한 인상을 주려고 잉크병에 펜을 꽂아 두곤 하지만, 로르카의 집에서는 마치 그가 여행을 떠나기 위해 집을 말끔히 정돈해 놓

25 현대건축을 위한 스페인 예술가 및 기술자 그룹 GATEPAC: Grupo de Artistas y Técnicos Españoles Para la Arquitectura Contemporànea

은 것 같은 인상을 받았습니다. 얼핏 보면 아무런 의도 없이 배치된 것 같은 그의 세련된 소장품들을 거울삼아 그의 삶과 루이스 브뉘엘Luis Buñuel, 살바도르 달리Salvador Dalí 같은 인물들과의 관계를 되돌아볼 수 있었습니다. 이 활동적인 지성인들의 모임은 스페인 내전 때 파시스트들의 억압으로 해체되고 말았죠.

오늘날 스페인에서는 도시 재생에 관한 관심이 높아지고 있습니다. 최고의 건축가들이 참여하고 있고 상당수가 카탈루냐의 건축 문화를 참조하며 활동하고 있는데, 어떻게 보시나요?

스페인의 건축가들은 이미 형식주의로 돌아섰습니다. 공화국 시절에 비하면 모든 것이 변했어요. 프랑코 정권 직후와 비교해도 많이 변했죠. 스페인에는 훌륭한 건축 학교들이 있지만 20세기 초의 지성인들이 지녔던 도전적인 정신이나 혁신을 목말라하는 자세는 오늘날 전혀 찾아볼 수 없습니다. 모두들 너무 흡족해하고 있는데 카탈루냐가 가장 심합니다. 이런 면들을 저는 좀 불편하게 느낍니다.

처음에는 바르셀로나의 건축가들도 겸허한 자세로 도시 계획에 착수했습니다. 한정된 수단을 동원해 도시의 광장들을 재건했고, 그런 식으로 자연스럽게 잠재력이 확산될 수 있는 발전 과정을 열어나갔죠. 실제로 확산되었고요. 하지만 뒤이어 거대주의에 파묻히고 말았습니다. 제가 바르셀로나라는 대도시에서 마지막으로 목격한 대규모의 건축 사업들은 프랑스의 위대함을 기념하기 위해 파리에서 실현된 것과 상당히 유사합니다. 바르셀로나는 민중의 영혼을 지니고 있었지만 지금은 잃어버렸어요. 대신에 프티 부르주아가 되었죠.

바르셀로나의 상황은 올림픽을 계기로 완전히 뒤바뀌었습니다. 옛 도시의 구조가 한마디로 진통을 겪었고, 차이나타운이나 중세지구, 항구에서는 바르셀로나의 옛 모습을 더 이상 찾아볼 수 없습니다. 도시의 구석구석에서 느낄 수 있었던 1936년의 영광스런 모습은 사라지고 말았죠. 1980년대에 스페인을 여행하면서 저는 도시와 기반 시설을 재건하고자 하는 사람들의 관심을 곳곳에서 느꼈습니다. 들르는 마을마다 역을 보수하고 있었죠. 역 앞에 세워 놓은 현대 미술 조형물이나 영리하게 꾸며 놓은 광장을 비롯해 이곳저곳에서 소규모 보수 공사 현장을 목격했고요. 그만큼 스페인 사람들은 과거를 바라보며 보존해야 할 시민 정신의 가치를 읽을 줄 안다는 생각이 들었는데, 이에 비하면 우리 이탈리아의 시민 정신은 대부분 지역적이고 지방적이어서 훨씬 좁은 영역에 고립된 형태로만 남아 있다고 생각합니다.

도시의 재생 과정은 바르셀로나뿐만 아니라 마드리드에서도 어느 정도 느슨해졌다고 봐요. 하지만 소도시에서는 세세한 부분에 대한 관심이 여전히 남아 있습니다. 이탈리아에서는 찾아볼 수 없는 놀라운 특징이죠. 그라나다에서 가장 인상 깊었던 것은 구시가의 높은 지대에 위치한 알페시토Alpecito의 미라도르mirador입니다. 미라도르는 전망대라는 뜻인데, 이곳에서 도시를 한눈에 바라볼 수 있습니다. 어느 땐가 사람들이 제게 일몰을 구경하러 가자고 해서 간 곳인데, 수많은 사람이 아무 말 없이 해가 저물기만 기다리고 있었습니다. 도시의 다른 전망대에서도 똑같은 일이 벌어지고 있었죠. 그라나다의 사람들은 일몰을 일종의 기적으로 간주하는 성향이 있습니다. 그래서 관심을 기울이는 거죠. 제 입장에선 굉장히 감동적이었습니다. 왜냐하면 이탈리아에서는 도시민이 일몰을 구경하는 문화는 없으니까요. 밀라노 같은 도시에서 일몰을 보러 간다는 건 꿈도 못 꿀 일입니다.

그라나다에서 또 놀랐던 점은 사람들이 전부 걸어 다닌다는 것이었어요. 돌아다니는 차들도 많지 않았습니다. 물론 그건 차가 없어서가 아니라 시민들이 차를 시내에서 사용하지 않기 때문입니다. 시에서 여전히 도보를 권장하고 있어서 밀라노나 이탈리아의 다른 도시에서처럼 불편하지 않아요.

일몰을 보러 갔을 때, 만약 이탈리아였다면 수많은 자동차가 성문 앞이나 보도 위에 그냥 널려 있었을 겁니다. 하지만 전망대 주변에는 차들이 없었어요. 주차 자체가 불가능했으니까요. 보도 위에 할 수는 있겠지만 그라나다 사람들은 그런 짓을 시민 의식에 위배되는 부끄러운 행동으로 간주합니다.

앞서 스페인 여행이 즐겁지만은 않았다고 해놓고는, 이제 와서 말을 번복하게 되는군요. 솔직히 그라나다 여행은 상당히 즐거웠습니다. 스페인의 다른 많은 도시도 환경을 존중하고 도시 공간을 가꾸려는 성향이 상당히 강하다는 점은 저도 알고 있습니다. 솔직히 말씀드리면, 스페인은 제 성장 과정에 큰 영향을 끼쳤습니다. 스페인의 도시와 역사에 대해 관심이 많았죠. 저는 스페인 내전을 계기로 눈을 뜨고 파시즘이 정치와 사회가 비열하고 퇴폐적인 방식으로 변질된 결과라는 것을 깨달으면서 반파시스트가 되었습니다. 스페인은 저와 같은 부류의 청년들이 사리를 분별하게 해 주는 일종의 잣대 역할을 했습니다. 우리는 지적인 차원에서 시비를 가리고 우리만의 입장을 취할 수밖에 없었습니다.

스페인에 대한 궁금증을 해결하기 위해 제가 내전에만 관심을 기울였던 것은 아닙니다. 시도 읽었어요. 《코렌테Corrente》나 《콰드리비오Quadrivio》 같은 문예지를 통해 주로 가르시아 로르카, 안토니오 마차도Antonio Machado, 페드로 살리나스Pedro Salinas, 라파엘 알베르티Rafael Alberti 같은 시인들의 시를 읽었죠.

그런데 여기 이탈리아에 계시면서 스페인에서 벌어지는 일들을 얼마나 알 수 있었을까요? 들려오는 소식은 틀림없이 당국의 검열을 거쳤을 텐데요.

물론 대중 매체라는 공공의 경로를 통해 소식을 접했던 건 아닙니다. 보통은 지인들을 통해, 그리고 이곳 이탈리아에서도 누군가는 들을 수 있었던 외국 라디오 방송의 소식들을 전해 들었죠. 처음에는 정보가 부정확하다는 느낌을 받았지만 뒤이어 좀 더 확실한 소식을 접했을 때 전체 상황을 파악할 수 있었습니다. 하지만 상황을 보다 명확하게 인식한 건 한참 뒤의 일입니다. 그러니까 스페인에서 투쟁하던 아나키스트들을 만나 자세한 이야기를 들은 1943년 이후였죠. 이들은 감금되어 있던 프랑스에서 돌아오거나 망명지였던 다른 나라에서 돌아오던 중이었어요.

계단 위의 살쾡이
그라나다 여행을 기점으로 두서없는 이야기를 길게 늘어놓다

보니 다사다난했던 유년 시절의 기억들이 서서히 되살아나는군요.

제 아버지는 튀니지 태생입니다. 시칠리아에서 튀니지로 이주해 온, 굉장히 가난한 집안에서 태어났죠. 할아버지와 할머니는 개척자로서 일하기 위해 이주한 장인이었습니다. 당시 튀니지는 프랑스의 식민지였기에 두 분에게도 어쩔 수 없이 식민주의적인 면이 있었지만 나름 개방적인 의식을 지닌 분들이었죠. 시칠리아에 남아 있었다면 아마도 개방적이긴 힘들었을 겁니다. 반면에 칠레에서 태어난 어머니의 집안은 이탈리아 피에몬테 출신이었습니다. 어머니는 평생 이탈리아어만 사용했습니다. 아주 가끔씩 스페인어 문장을 섞어서 말하거나 글을 쓸 때 가벼운 실수를 하는 정도였죠.

유년기와 청소년기에 저는 아버지와 어머니가 이혼을 하는 바람에 복잡한 상황에 놓여 있었습니다. 저는 아버지 밑에서 자랐어요. 당시에는 이런 상황이 상당히 어려웠습니다. 지금은 모든 것이 간단해졌기 때문에 당시의 상황이 얼마나 어려웠는지 기억하지 못해요. 아버지는 일을 해야 했기 때문에 저를 돌볼 시간이 없었습니다. 그래서 저를 조부모님께 맡겼고 저는 튀니지로 가게 되었습니다. 친할아버지는 일종의 떠돌이 수호신 같은 분이었습니다. 기술자였지만 튀니스-라마르사 구간의 철로 감시원으로 일했기 때문에 튀니지 곳곳을 여행할 수 있었죠.

튀니지로 가기 전에는 제노바와 리보르노에서 살았고, 뒤이어 다시 제노바에서 살았습니다. 그래서 저는 일종의 불안한 여행객이었습니다. 다음에 어디로 떠날지 몰랐으니까요. 근본적으로는 어디에도 소속되지 않았고 평생토록 고향이라는 걸 모르고 살았습니다. 어디를 가든 이방인이었죠.

누군가 자신이 일하면서 사는 곳을 기반으로 자신의 정체성을 구축하더라도 그가 모든 면에서 그 공동체의 일원으로 인식되는 것은 아니지 않나 싶은데요.

모든 면에서는 불가능하죠. 그리고 그 사람 또한 어떤 장소도 자신의 것으로 여기진 않게 됩니다.

제노바에서 사는 동안 저는 아버지와 함께 이 아름답고 놀라운 도시를 자주 돌아다녔습니다. 제노바의 집들은 1층뿐만 아니라 지붕을 통해서도 들어갈 수 있었어요. 조선기술사였던 아버지는 저를 자주 선창으로 데려가곤 했습니다. 갑판 밑으로 내려갔다가 밖으로 나와 다시 햇빛을 보던 놀라운 경험이 제 기억에 생생하게 남아 있습니다. 가끔씩 그 기억이 다시 떠오를 때마다 저는 이 경험이 제 삶에서 얼마나 중요했는지 새삼 깨닫곤 합니다.

제노바를 떠나 이주한 곳은 리보르노였는데, 이 도시에 대한 기억 역시 여전히 생생합니다. 제 상상력에 각인되었다고나 할까요. 제가 처음으로 지적이고 감각적인 차원의 공간 재구성을 의식적으로, 혹은 무의식적으로 시도했던 순간들 역시 저는 아주 또렷하게 기억하고 있습니다. 그중 하나가 바로 3차원 공간을 처음으로 경험한 순간이었죠.

우리 가족이 살던 곳에서 있었던 일입니다. 당시에 할아버지는 리보르노의 안살도Ansaldo 작업장에서 일했습니다. 자식들도 같은 일을 하면서 야간 학교를 다녔죠. 우리가 살던 곳은 작업장과 중심가를 연결하는 움베르토Umberto 가의 한 건물 6층이었습니다. 제 기억으로 그때 저는 6살이었습니다. 집으로 올라가는데 마지막 층 계단에서 느닷없이 동물 한 마리가 눈앞에 나타났습니다. 얼핏 강아지처럼 보였지만 다리가 상당히 길고 고양이 머리에 꼿꼿한 수염과 녹색 눈을 지니고 있었어요. 살쾡이 아니면 시베리안 그레이하운드나 커다란 아프리카산 야생 고양이 서벌캣일 수도 있다는 생각이 들었습니다.

지금 말씀드리는 이 이야기는 실제로 일어났던 일인데, 듣는 사람들은 모두 그럴 리가 없다면서 믿지 않았어요. 하지만 저는 어느 시점에선가 그 살쾡이 때문에 제가 제 몸의 정확한 위치를 파악하고 또 도망가기 위한 통로를 발견하기 위해 주변 공간을 가늠하기 시작했다고 뚜렷하게 기억하고 있습니다. 그 순간에 태어나서 처음으로 넓이와 높이, 수평면과 경사면, 계단을 위아래로 오르내리는 움직임에 대해 의식적으로 감지하기 시작했던 거죠. 그런 식으로 제 머릿속에 각인된 계단은 지금까지도 제 공간 지각력을 지배하고 있습니다. 그래서인지 높이차가 있는 공간과 달리 평평한 공간은 제게 아무런 영감도 주지 못합니다.

저는 그때 민첩하고 영리한 살쾡이를 마주한 상태에서 공간을 측정하고 전방 위로 탐침을 던져 온몸으로 공간을 이해하고 살피는 법을 배웠다고 생각합니다.

무언가가 공간을 가로막고 있는데 그런 사실 자체가 공간을 의미 있게 만든다는 점이 상당히 흥미로운데요. 1300년대에 피렌체의 젊은 상인들은 창고에 쌓아 놓은 상품들의 부피를 모양새와 상관없이 한눈에 알아볼 수 있도록 훈련을 받았다고 합니다. 즉시 유리한 흥정을 하기 위해서였죠. 누군가는 르네상스 시대의 원근법이 이처럼 공간을 상당히 경험적이고 실용적으로 인지하는 훈련 방식에서 유래했다고 주장하기도 합니다. 공간을 측정하는 훈련은 모든 감각을 동원하는 경험의 핵심적인 기반이 될 수 있다고 봅니다. 건축가에게는 더욱 더 그럴 테고요.

건축을 눈앞에서 벌어지는 일종의 사건으로 간주한다는 것은 곧 건축을 자신의 신체적 차원에서 바라보며 몸으로 이해한다는 뜻입니다. 두뇌로만 이해하지 않고 감각적으로도 이해한다는 뜻이죠. 그래야만 한 공간의 규모와 성격을 제대로 평가하게 됩니다. 세부적인 요인들을 가늠하면서 총체적인 측면을 이해하고 또 반대로 전체를 통해서도 세부사항을 파악하게 되죠.

튀니지에서 보낸 청소년기의 경험도 선생님께 커다란 영향을 끼쳤을 텐데요. 당시를 어떻게 기억하고 계신가요?

튀니지에 도착했을 때 저는 대략 중학교에 다닐 나이였습니다. 그리고 프랑스가 통치하는 식민지에서 이민자로 살아가는, 불안하고 불편한 상황이었죠. 프랑스는 어쨌든 이주민 수도 훨씬 많고 활동적인 이탈리아인과 협약을 해야 하는 상황이었습니다. 튀니지에서 농업이 발달했던 것도 사실은 이탈리아 이주민, 특히 시칠리아 사람들이 있었기 때문이에요. 이탈리아인은 열심히 일했고 아랍인이 가꾸지 않는 땅을 헐값에 사서 부자가 되기도 했습니다.

이탈리아 이주민은 프랑스인도 아니고 아랍인도 아니어서 유리한 점이 있었을 텐데요.

당시 튀니지는 식민 시대였습니다. 그것이 제가 아랍어를 배우는 데 걸림돌이 되었던 요인이죠. 나중에 그토록 좋은 환경에서 아랍어를 배우지 못한 것이 정말 후회스러웠습니다. 우리가 식민화하는 입장이면 식민화된 사람들이 우리 언어를 사용하기 때문에 우리는 굳이 그들의 언어를 배울 필요가 없습니다. 이처럼 부당한 상황에 동의했다는 사실을 저는 한참 뒤에야 깨달았습니다. 당시에는 닥치는 대로 이탈리아어나 프랑스어를 사용했어요. 아랍인들이 프랑스어나 이탈리아어를 사용했기 때문에 아랍어를 배울 필요가 없었습니다.

튀니지에서 경험한 것들 가운데 의미 있었던 것은 무엇인지요?

튀니지는 굉장히 아름다운 나라입니다. 특히 아랍인들이 세운 도시는 물론, 해안과 내륙의 마을들이 너무나 매혹적이었어요. 저는 아랍 건축이 제 상상력 속에 각인되어 있었다고 봅니다. 공간들의 상호 침투성이 아주 구체적이고 열린 공간과 닫힌 공간 사이에 본질적인 차이가 없는 점이 아랍 건축의 특징이죠. 아랍의 도시 공간에서는 인간의 모든 활동이 뒤섞인 채 전개됩니다. 다시 말해 아무것도 안 하는 것과 무언가를 하는 것 사이에 커다란 차이가 없습니다. 예를 들어 장사를 하거나 낚시를 하거나 주사위 놀이를 하거나 손금을 보는 일 말입니다.

저는 시장에서 많은 시간을 보냈습니다. 학교 친구들과 함께 카페나 아랍 음식점에 자주 들렀죠. 그곳에서 간식으로 쿠스쿠스를 사먹곤 했습니다. 유럽인들은 이 음식을 비위생적이라고 말하지만 제게는 아주 매력적이었습니다. 저는 아랍인만 출입하는 모든 장소에 흥미를 느꼈습니다. 물론 궁금증뿐만 아니라 경계심도 가지고 있었죠. 솔직히 말씀드리면 제겐 여전히 아랍인에 대한 의구심이 남아 있습니다. 아랍인이 어느 정도는 불가해하게 느껴지는 거죠. 저는 아직까지도 평정과 동요, 활동과 휴식, 무언가를 하는 것과 안 하는 것의 차이를 아랍인이 어떤 식으로 이해하는지 완전히 깨닫지 못했습니다. 저는 튀니지의 아랍인들이 하루 종일 땅바닥에 앉아 후드가 달린 기다란 외투 안에 틀어박혀 마치 이 세상에 존재하지 않는 것처럼 지내는 모습을 보아왔습니다. 아랍 문화가 궁금해서 아랍인과 소통하고 싶었지만 이들이 살아가는 방식을 이해하기가 너무 어려웠어요. 결국 이들과 접촉하는 데 실패했죠. 제가 아랍인의 세계에 살던 시절에 가깝게 지낼 만한 아랍인이 극히 드물었지만 아랍의 건축은 분명히 제게 큰 영향을 끼쳤습니다.

그러니 제가 건축가로 '타고났다'는 식의 얘기는 피하고 싶습니다. 왜냐하면 타고난 건축가란 존재하지 않으니까요. 저는 튀니지에서 아랍인들이 수크souk라 부르는 시장의 경이로운 공간들을 돌아다니며 일종의 환희를 느꼈고 그 느낌을 기억 속에 뚜렷이 간직하고 있습니다. 그 환희가 건축적인 감성에서 비롯되었다는 것을 당시에는 의식하지 못했을 뿐이죠. 그건 이색적일 뿐 아니라 온갖 기호와 빛과 그림자로 가득하고 주변 공간과 하나가 되어 움직이는 사람들로 가득한 흥미진진한 환경에서 돌아다니며 느낀 환희였습니다. 유럽의 도시들에서는 전혀 경험할 수 없는 느낌이었죠.

튀니지에서 바라본 파시즘

당시에 튀니지에 사는 이탈리아 출신 고등학생의 관점에서 이탈리아 파시즘은 어떤 이미지였나요?

당시에 파시즘에 대한 저의 생각이나 입장은 불분명했습니다. 제가 너무 어렸기 때문일 겁니다. 하지만 파시즘은 외국에서 사는 이탈리아인의 삶에도 적잖은 영향을 끼쳤습니다. 아마도 파시즘의 전략이 아주 어리석지는 않았기 때문이겠죠. 예를 들어 튀니지의 중고등학교에서 강의하던 이탈리아인 선생님들은 모두 훌륭한 분들이셨는데 저는 이분들 가운데 상당수가 국외로 추방당한 반파시스트였다는 사실을 뒤늦게야 알았습니다. 이분들은 감시를 받았고 그래서 반파시스트적인 입장을 좀처럼 겉으로 드러내지 않았습니다. 하지만 탁월하고 진지한 교육자들이었어요.

반대로 파시즘은 이탈리아인들의 입장에서 볼 때 오히려 긍정적이고 좋은 측면도 가지고 있었습니다. 한때는 이탈리아인들이 고국으로 떠나거나 튀니지로 돌아올 때 프랑스 세관에서 가방 안에 들어 있는 물건들을 모두 공중으로 집어던지는 일이 비일비재했습니다. 이탈리아인을 괴롭히며 이들이 약자라는 것을 상기시켰던 거죠. 하지만 파시즘이 정권을 장악할 무렵부터 프랑스의 태도는 변했습니다. 이탈리아를 존중하기 시작했거든요. 결과적으로 피지배자와 지배자가 대등하다는 느낌을 가질 수 있었습니다. 그런 식으로 이탈리아인의 성향은 아랍인보다는 프랑스인의 편으로 기울어지기 시작했어요.

이상한 일도 많이 벌어졌습니다. 상급반 청년들이 스스로 파시스트라고 선언하고 나서는 경우가 많았어요. 이들은 고등학교를 졸업한 뒤 이탈리아로 돌아가 대학을 다녔지만 여름 휴가철에는 튀니지로 돌아와서 「인터내셔널가l'Internazionale」[26]를 불렀습니다.

튀니지에서 청년 파시스트 운동에 참여했던 이들이 이탈리아에서 오랫동안 머물다가 돌아왔을 때에는 완전히 변해 있었어요.

많은 청년들이 이와 동일한 경로를 밟았습니다. 예를 들어 훗날 나폴리의 시장이 된 마우리치오 발렌치Maurizio Valenzi가 그랬고 이탈리아 공산당 국회의원이 된 나디아 갈리코Nadia Gallico, 또는 일간지 《우니타Unità》의 토리노 지사 편집장을 역임한 마르코 바이스Marco Vais가 그랬습니다. 이들보다 어렸던 우리 또래의 학생들 입장에서는 선배들의 이러한 변화가 정말 놀라웠습니다. 하지만 나중에 우리가 이탈리아를 방문했을 때 모든 걸 깨달았죠. 아마도 태어날 때부터 이탈리아에 산 사람들보다 훨씬 더 빨리 깨달았을 겁니다.

26 노동자 해방과 사회적 평등을 노래하는 19세기 말의 민중가요

항상 멀리서만 바라보다가 가까이서 관찰하니 파시즘의 적나라한 모습을 곧장 알아볼 수 있었던 거죠. 물론 스페인에서는 이미 내전이 일어났고 나라 분위기가 경직되면서 온화함이 사라지고 잔인함이 사회를 지배하고 있었습니다. 국제 여단Brigate internazionali이 형성되었을 무렵 우리 가운데 몇몇은 이탈리아 전역에서 활동하던 반파시즘 운동 단체에 관심을 기울이며 접촉을 시도했습니다. 반파시즘 단체들은 사람들의 과장된 견해와는 달리 상당히 소규모였고 불안정한데다 깊숙이 은폐되어 있었어요.

해군 아카데미에서 대학으로

이탈리아로 돌아온 것은 진로를 결정하거나 환경과 인간관계의 변화를 받아들이면서 미래를 위해 중요한 선택을 했다는 의미였을 텐데요.

이전 세대의 아버지들은 자식들의 미래에 대한 집착이 굉장히 강했습니다. 오늘날 부모가 기울이는 관심과 애착의 정도를 훨씬 뛰어넘는 것이었죠. 무엇보다도 가난한 집안의 가장들이 더 그랬고 자식들에게 확실하고 안전한 미래를 보장해주는 것이 자신들의 가장 중요한 임무라는 생각을 떨쳐버리지 못했습니다. 제 아버지도 이런 근심을 공유했고 그래서 저를 해군 아카데미Accademia navale에 보내고 싶어 했습니다. 여기서 엔지니어 과정을 마치면 이 분야에서 훌륭한 경력을 쌓을 수 있으리라고 생각했던 거죠. 아버지는 좋은 분이셨어요. 꿈이 많고 굉장히 너그러운 분이셨지만 제 걱정을 많이 하셨고 당신이 공학도였기 때문에 제가 같은 길을 걷길 원했습니다.

그래서 해군 아카데미의 기초 과정을 밟기 시작했는데, 저는 첫날 깨달았습니다. 여기에 남았다가는 제 인생이 이렇게 끝나겠다는 걸요. 하지만 저는 자존심이 강했고 무능력한 모습을 보이고 싶지 않았어요. 그래서 아카데미에 다니기 싫다는 얘기를 하기 전에 먼저 입학 허가부터 받고 싶었습니다. 결국 기초 과정을 전부 수료하고 모든 시험을 통과해 본과의 입학 허가를 받았습니다. 그리고 다음 날 사령관에게 그만두겠다고 말했죠. 아버지는 제 결정을 흔쾌히 인정해주셨어요. 어떤 식으로든 제가 장교는 할 수 없으리라는 걸 아셨기 때문이에요.

어쨌든 그 힘든 경험을 통해 무언가를 배웠다는 것만큼은 분명합니다. 예를 들어 선박이나 배의 내부처럼 협소한 공간 안에 머물기 위해서는 스스로의 몸을 가눌 줄 알고 자신의 생각을 정리할 줄 알아야 한다는 걸 배웠죠. 뭐든지 사실대로 말하고 이에 뒤따르는 책임을 질 줄 알아야 한다는 점, 엄격한 생활 방식을 유지해야 한다는 점을 깨달았습니다. 표트르 크로포트킨이 『회고록Memorie』에서 군대 생활을 언급하며 이와 비슷한 얘기를 했는데, 아마도 기억하실 겁니다. 군대 같은 권위적인 조직 사회에서도 이를 비판적으로 관찰하며 긍정적인 면을 발견할 수만 있다면 무언가를 배울 수 있다는 결론을 내렸죠. 그러면서 덧붙이기를, 스스로를 자유주의자로 여기는 많은 사람이 틀리는 이유는 권위주의를 무너트리기 위한 투쟁에 나태함, 무질서, 혼란 그리고 타인은 물론 자신마저 존중하지 않는 태도가 깔려 있기 때문이라고 했어요.

해군 아카데미를 그만 둔 뒤에 저는 대학에 진학하기로 마음먹었습니다. 하지만 학과를 결정하지 못해 고민을 많이 했죠. 당시에는 제가 건축가가 되리라고는 전혀 예상하지 못했어요. 예술에 대해 막연한 흥미를 느꼈을 뿐 순수예술을 하고 싶은 생각은 없었습니다. 창조적인 동시에 유용한 일을 할 수 있는 분야를 고르고 싶었죠. 제게 유용한 일이란 가난한 이들을 돕는 일이나 선교활동이 아니라 창조적인 일을 통해 사회의 변혁에 일조하는 활동을 의미했습니다. 건축이 이러한 요구를 충족시킬 수 있다는 건 한참 뒤에야 깨달았어요.

저는 결국 기술 공학을 공부하기 위해 밀라노 공과대학Politecnico di Milano에 진학했습니다. 하지만 머지않아 기술 공학 그 자체가 제 관심사는 아니라는 것을 깨달았어요. 밀라노에서 기술 공학과 교수나 학생들보다 훨씬 더 매력적인 비전을 지닌 사람들을 만나면서 그런 생각을 하기 시작했습니다. 이들은 미술 비평가이자 건축 비평가였던 라파엘로 졸리Raffaello Giolli를 비롯해 그와 교류하던 수준 높은 사람들, 예를 들어 에도아르도 페르시코Edoardo Persico, 잔카를로 팔란티Giancarlo Palanti, 주세페 파가노 그리고 브레라 거리의 자택에서 일종의 문화 클럽을 운영하며 제자들을 가르쳤던 빈첸초 첸토Vincenzo Cento 교수 등입니다. 이런 상황에서 저는 어떤 식으로든 건축 문화와 관련된 일을 하던 사람들과 교류하며 건축과에 관심을 기울이기 시작했습니다. 당시에 공과대학은 규모가 상당히 작았고 기술 공학과가 차지하던 몇몇 건물만 벗어나면 곧장 건축학과 건물에 도달할 수 있었습니다. 저는 그곳 내부의 분위기가 마음에 들었죠. 그런 식으로 우선은 건축학과 학생들이 작업하는 과정을 관찰했고 이어서 청강생 자격으로 이들의 수업을 듣기 시작했어요.

당시에 건축학과 학생은 몇 명이었나요?

아마도 스무 명쯤이었을 겁니다. 건축학과 학생들이 스케치를 하거나 토론하는 모습을 관찰하곤 했죠. 이들의 작업 방식이 굉장히 마음에 들었어요.

그래서 저는 기술 공학과의 시험들을 가능한 한 빨리 치렀습니다. 좀 더 흥미로운 주제들을 다룰 시간을 벌고 더 매력적인 환경에 자주 참여하기 위해서였죠.

파르테논 신전에 걸린 나치의 문장

그러는 사이에 전쟁이 터졌습니다. 졸업을 앞둔 학생은 병역 의무를 연기할 수 있었어요. 저도 그 기회를 놓치지 않았습니다. 1942년이었어요. 전쟁의 거센 파도가 몰아치고 있었죠. 저는 민간 기술 공학과를 조기 졸업했습니다. 기술 공학과를 5년 만에, 말 그대로 떨쳐버렸죠. 다음 날 곧장 건축학과에 등록했습니다. 그리고 해군에서 징집영장이 날아오는 바람에 리보르노로 떠났어요.

전쟁에 참가하고 싶은 생각은 조금도 없었습니다. 하지만 당시에는 피할 길이 없었어요. 이민을 갈 수도 없었고 숨어있을 수도 없었습니다. 어쩌면 관공서에 근무하는 것으로 기피할 수 있었을지 모르지만 그러고 싶진 않았어요. 결국 리보르노에서 1개월간 훈련을 받은 뒤에 그리스로 파병되었습니다.

그리스를 굉장히 좋아했어요. 우리 문화의 뿌리였으니까요. 그런 그리스가 파시스트들의 공격을 받고 있었기 때문에 저는 그리스인들의 저항운동을 열광적으로 지지했습니다. 제가 그리스로 떠나기 전부터 알고 지내던 주세페 파가노는 자원병으로 그리스에 다녀온 적이 있었습니다. 그리스가 파시즘을 상대로 항쟁하고 있었기 때문이죠. 그는 "직접 대가를 치러야" 할 때라고 믿었어요.

화가 살바토레 판첼로Salvatore Fancello가 그리스와 알바니아의 국경에서 사망했다는 소식이 전해지자마자 파가노는 브레라에 그를 추모하는 자리를 만들었습니다. 그날 파가노는 당시에 그리스를 비롯한 여러 지역에서, 특히 이탈리아에서 일어나는 일에 치욕을 느낀다고 분명히 말했습니다.

당시에는 파가노도 여전히 파시스트였습니다. 파시스트 신비주의La mistica fascista[27]라는 이름으로 불리던 반체제 운동을 대표하는 인물들 가운데 한 명이었죠. 하지만 당시에는 우리보다 반 세대쯤 앞선 청년들 거의 모두가 파시스트였습니다.

알고 보면 모두가 파시즘 안에서 태어났던 셈이죠.

맞습니다. 하지만 일부는 파시스트 신비주의 당에 속해 있었습니다. 파시즘 내부에서 자라난 일종의 반체제 당이었죠. 브레라에서 파가노는 광기에 사로잡혀 열변을 토하며 판첼로가 덧없이 죽었다고 주장했습니다. 나라는 썩어가고 있었고 대

27 파시스트 신비주의는 파시즘 내부에서 생겨난 운동의 이름으로, 정치에만 치중하는 태도를 멀리하고 정신적인 측면에 주목했던 파시스트 지성인들의 핵심 사상이었다.

가를 치러야 한다는 생각에 성급히 자원병으로 떠날 결심을 했기 때문이라는 겁니다.

지금은 이러한 태도가 모호하게 여겨지겠지만 사실 그것은 용기 있는 자세였고 그래서 많은 젊은이들이 매력을 느꼈습니다. 파가노 같은 사람은 자신의 신조를 버릴 줄 몰랐습니다. 그래서 더 이상 존재하지 않는 순수한 파시즘의 이름으로 속죄할 방도를 모색했던 거죠.

시간이 흐른 뒤 저는 파가노와 같은 집에 살며 일할 기회가 있었습니다. 덕분에 그의 너그러움과 고뇌를 잘 이해할 수 있었죠. 생애의 마지막 몇 달 동안 그는 속죄의 경계를 훨씬 넘어서 있었습니다. 왜냐하면 마우트하우젠 강제수용소에 수용되었고 결국 그곳에서 사망했으니까요.

무엇보다 윤리적인 입장 때문이 아니었나 싶은데요.

맞습니다. 윤리적 입장 때문이었죠. 하지만 그것이 그렇게 분명했던 것은 아닙니다. 물론 이런 이야기는 윤리적 입장이 명료할 수 있다는 전제하에서만 가능하겠죠. 그런데 실제로 명료한 경우는 상당히 드물다고 봅니다. 성인이나 종교심문관, 생쥐스트Saint Just같은 인물들은 윤리적 입장이 명료할 수 있겠죠. 하지만 그만큼 위험하기도 합니다. 어쨌든 레나토 구투조Renato Guttuso나, 안토넬로 트롬바도리Antonello Trombadori, 마리오 알리카타Mario Alicata, 줄리오 카를로 아르간Giulio Carlo Argan 같은 훌륭한 청년들을 비롯해 많은 이들이 파가노의 입장을 공유했습니다. 카를로 돌리오도 이들 무리에 속해 있었습니다. 이 무리의 구성원들이 바로 리토리알리Littoriali[28]에 참가해 항상 승리를 거머쥐던 뛰어난 인재들이죠. 이들이 정치적으로 의존했던 인물은 파시스트 문화부 장관이었던 주세페 보타이Giuseppe Bottai인데, 그는 분명 바보는 아니었습니다. 문화적인 성격을 갖춘 모습으로 당을 조직할 줄 알았고 이를 통해 파시즘에 복합적인 이미지와 지적인 얼굴을 부여할 줄 알았죠. 덕분에 마르첼로 피아첸티니Marcello Piacentini는 파시즘 정부의 보호하에 엄청난 일거리를 맡을 수 있었습니다. 파가노도 로마 대학 물리학 연구소의 설계를 맡을 수 있었고요. 로베르토 파리나치Roberto Farinacci가 크레모나 상[29]을 제정한 한편 보타이도 베르가모 상[30]을 제정했습니다. 구투조가 이 상을 받고 「십자가형Crocifissione」을 전시하면서 유명해졌죠.

치밀하게 계산된 파시즘의 이중성은 젊은이들이 파시즘의 정확한 정체를 쉽게 파악하지 못하도록 만들었습니다. 특히 저보다 5~10살 많은 세대, 그러니까 스페인 내전이 터지기 전에 어른이 된 세대가 덫에 걸려들었습니다.

파시즘의 모호성은 이들에게 모종의 알리바이를 제공했습니다. 어쩌면 무의식을 심어주었는지도 모르죠. 게다가 이들은 스스로를 무언가와 견주고 행동으로 옮기고 싶어 했어요.

몇 년 뒤 이들 대부분이 반파시즘 운동과 저항운동에 참여했습니다. 그리고 강제 수용소에서 사망하거나 총살당했죠.

---

28 리토리알리는 1932년과 1940년 사이에 해마다 열리던 체육 문화 예술 분야의 경연 대회를 말한다. 주로 파시스트 대학생들이 참여했다.

29 크레모나 상Premio Cremona은 1939~1941년 이탈리아 크레모나에서 열리던 미술 콩쿠르

30 베르가모 상Premio Bergamo은 크레모나 상과 경쟁하기 위해 1939년에 생긴 미술 콩쿠르

이들에게는 반대편에 서서 저항군의 입장을 취한다는 것이 어떤 면에선 성장이자 고통스러운 선택이었을 텐데요. 이러한 변화를 이들 자신은 어떻게 이해했나요? 당시에는 반역 행위로 간주될 수도 있었고 시간이 어느 정도 흐른 뒤에는 기회주의적인 선택으로도 비칠 수 있었을 것 같습니다.

이들 중 일부는 일종의 희열을 느꼈습니다. 기쁜 동시에 파괴적인 희열이었죠...

어쨌든 제 개인사로 돌아와서, 그리스로 떠나던 순간부터 다시 이야기해보죠. 베네치아에서 그리스로 출발하기 위해 화물 기차에 올라탔습니다. 저는 리보르노에서 기초 훈련을 방금 마치고 나온 신참 장교였고 다른 다섯 명의 장교와 함께 그리스에 가야 했습니다. 이틀 안에 아테네에 도착할 계획이었지만 우리는 화물칸에 8일 동안이나 갇혀 있었습니다. 기관사가 어디로 가야 하는지 몰랐고 독일군이 탄 기차에 철로를 양보하면서 방향이 파악되지 않는 곳으로 끊임없이 우회해야 했습니다. 이탈리아가 불운한 전쟁을 이길 수 있었던 것은 독일군이 개입한 덕분이었습니다. 그래서 그리스에 머물던 이탈리아인들은 권력의 광대가 되고 말았죠. 장군들과 사령관들은 신념과 자존심을 잃고 부정부패에 빠졌습니다.

제가 발견한 아테네는 상상하기 힘들 정도로 혼란스러웠습니다. 해군 지휘부에서는 저를 어디로 보내야 할지 몰랐어요. 할 일도 없이 급료도 받지 못한 상태에서 열흘이 지난 뒤에야 연락이 왔습니다. 머지않아 구축함 칼라타피미Calatafimi 호가 피레아스에 도착할 텐데 크레타에 들를 가능성이 있으니 이 배를 타고 크레타에 가서 잠수함 지원 함선 파치노티Pacinotti를 찾으라는 것이었습니다. 그래서 구축함에 승선했지만 배는 크레타로 가기는커녕 이오니아 해를 지나가는 화물선들을 호위하기 바빴습니다. 나쁠 건 없었죠. 어쨌든 놀라운 경험을 했으니까요. 레이더를 갖춘 영국군들은 아주 수월하게 우리를 추적하고 있었죠. 우리는 영국군 뇌격기가 무서워 갑판 위로 올라가 포신 아래에서 방수포를 덮고 잠을 잤습니다. 아주 힘들었지만 젊었던 제게는 흥미진진한 모험이었습니다.

이탈리아 해군은 전시 상황에서 공군이나 육군보다 더 당당한 자세를 보여주었다는 생각이 드는데요.

공군이나 육군보다는 더 잘했다고 보는 게 맞겠죠. 왜냐하면 해군에는 좀 별난 기상이라고나 할까, 일종의 정당한 경쟁의식 같은 것이 있었으니까요. 목숨을 건 군인들은 전쟁을 일종의 스포츠 경기로 간주했습니다. 전쟁에 친숙해지기 위해서였죠. 내부에서는 영국 해군을 마치 해군의 어머니인양 상당히 존중하는 분위기였습니다. 반면에 독일 해군은 얕보는 경향이 있었죠. 배에 오른 독일군은 감자와 절인 양배추만 먹는 포메라니아의 농부들에 비유되곤 했습니다. 영국군은 자유자재로 폭탄을 퍼부었고 우리의 어뢰정들은 침몰하면서도 스포츠 정신을 잃지 않았어요.

우리 잠수함 부대들은 굶주리고 겁먹은 늑대의 모습으로 항해에서 돌아오곤 했습니다. 영국군이 레이더로 이들을 감지하고 바다 깊숙한 곳까지 폭탄을 투하했기 때문이죠. 어떤 식으로 방어해야 할지 모르니 가능한 한 깊이 잠수하는 수밖에 없었어요. 선박 정비소를 찾아와서 잠수함의 파손된 부위를 수리할 때 부대원들의 얼빠진 얼굴에서 사람도 수리가 필요하다는 걸 한눈에 알아볼 수 있었습니다.

제가 함선 파치노티 호를 발견한 곳은 하니아Xania 근교였습니다. 배는 영국 순양함 요크York 호 앞에 정박하고 있었는데, 요크 호는 만에 침몰한 채 수표면 위로 살짝만 모습을 드러내고 있었습니다. 저는 파치노티 호로 배를 옮겨 탔어요. 제 첫 번째 임무는 요크 호의 전자 장비를 조사하는 것이었습니다. 제가 기술 공학과를 나왔기 때문에 기술적인 문제를 해결하는 일에 배치된 셈이죠. 이탈리아군 지휘부에선 그 장비로 놀라운 신기술을 발견할 수도 있다고 보았지만, 잘 만들었을 뿐 특별히 흥미로울 것은 전혀 없는 장비였습니다. 그러니까 사실 파치노티 호 같은 배의 함장들은 뭘 어떻게 해야 할지 몰랐던 거죠.

사람들은 잠수복을 입혀 저를 바다 깊숙한 곳으로 내려보냈습니다. 그것 역시 상당히 흥미로운 경험이었습니다. 쥘 베른Jules Verne이 쓴 책의 화보에서나 볼 수 있던, 납으로 만든 장화와 커다란 헬멧에 호흡기가 달린 잠수복을 제가 입게 되리라고는 결코 상상해본 적이 없었으니까요. 함장은 제게 요크 호에서 중요한 두 장소를 찾아내라고 지시했습니다. 하나는 '금고'이고 다른 하나는 영국인들이 그토록 좋아하는 위스키가 쌓여있을지도 모를 '바'였어요.

전쟁은 비열할 뿐 아니라 우스꽝스러웠습니다. 어쨌든 우리 입장에서는 패배한 전쟁이었고, 저는 하루 빨리 끝나기

만을 기다렸어요.

크레타에서는 크노소스 궁전을 방문할 기회도 있었고 몇 명의 크레타 시민도 사귈 수 있었습니다. 물론 대부분은 아이들과 여자들, 노인들이었습니다. 왜냐하면 성인 남자들은 모두 산으로 숨어들어갔으니까요. 하지만 이들이 산에서 내려올 때에는 금발의 거인이나 고대의 목동 같은 느낌을 주었어요. 손에 기관총을 들고 있었을 뿐이죠. 크레타 시민들은 우리 이탈리아인들에게 상당히 친절했습니다. 반대로 독일인들은 무서워했어요. 그럴 만한 이유가 충분히 있었죠.

저는 크레타에서 겨울을 지낸 뒤 배를 타고 아테네로 돌아왔습니다. 아테네에서 제가 갈 수 있는 곳은 모두 방문했습니다. 가장 인상 깊었던 곳은 역시 파르테논 신전이었어요. 그때 파르테논을 처음 봤는데 높은 장대에 달아 놓은 나치의 깃발이 주변을 억누르듯 휘날리고 있었습니다. 좀 더 아래에 작은 이탈리아 국기가 매달려 있었어요. 나치의 불길한 상징물이 그리스 문화의 온순함과 모든 문화에 담긴 지성에 덧씌워진 느낌을 주었죠.

저는 전투 부대에 4개월간 머물러 있었습니다. 전쟁은 하염없이 길었어요. 아테네로 돌아온 지 한 열흘쯤 됐을 때, 직접 요청했던 것도 아니고 보호를 기대할 상황도 아니었는데, 저는 밀라노로 후송되었습니다.

밀라노의 레지스탕스 활동

그러니까 밀라노로 돌아오신 건 선생님의 선택은 아니었군요.

맞습니다. 그냥 우연이었죠. 하지만 제게는 굉장한 행운이었습니다. 어쩌면 해군 파견부대로 보내질 수도 있었는데 밀라노의 해군 기술부Genio navale 사무실 직원이 되었으니까요. 밀라노의 생활은 보잘것없었지만 덕분에 반파시즘 운동권과 접촉할 수 있었고 본격적으로 지하 활동을 펼칠 수 있었습니다. 제가 루차토Luzzato 형제의 소개로 참여하기 시작한 모임은 뒤이어 '프롤레타리아 통일 운동Movimento di Unità Proletaria(MUP)'으로 발전했습니다. 모임에 참석하던 이들 가운데 잔카를로 팔란티Giancarlo Palanti와 이레니오 디오탈레비Irenio Diotallevi 같은 건축가들이 있었죠. 모임을 이끌던 이들은 렐리오 바쏘Lelio Basso와 비오토Viotto라는 인물이었는데 바쏘가 레닌인 척하던 세련된 지성인이었다면 비오토는 밀라노의 노동자 계급 사이에서 발이 넓은 전직 노조활동가였습니다. 한참 뒤에야 깨달았습니다만, 둘 다 기존의 지도자들과 크게 다를 바 없는 정치인들이었습니다. 그냥 어떤 당에도 가담할 필요가 없다는 말을 듣고 이들은 좀 다를 거라고 믿었던 거죠.

사람들은 제가 제복을 입고 돌아다닐 수 있다는 점을 이용해 제게 공장을 돌아다니며 전단지를 배포하는 위험천만한 일을 시켰습니다. 불법으로 공장에 침입해 있던 조직원들을 주로 만났는데 그중에는 훌륭한 사람들도 있었고 때로는 스파이도 있었어요. 뒤늦게야 저는 제가 아주 위험한 일을 하고 있다는 걸 깨달았습니다. 군복을 입은 상태에서 붙잡혔다가는 틀림없이 군사 재판에 회부될 테고, 결국에는 총살을 당할 테니까요. 국가의 체계는 이미 흔들리고 있었지만, 그렇다고 해서 위험이 줄어든 것은 아니었습니다. 질서가 무너지고 정부의 통제력이 약해질수록 국가는 더 잔혹해지는 법이니까요. 하지만 우리처럼 경험이 없는 청년들은 몸을 아낄 줄 몰랐습니다. 레지스탕스 초기에 우리의 활동은 게임과 다를 바 없었습니다. 마치 인디언 놀이나 카우보이 놀이를 하는 것 같았죠. 우리는 폭탄과 권총을 손에 쥐고 돌아다녔는데 사실은 아주 위험한 짓이었어요. 시간이 한참 지난 뒤에야 돌아다닐 때에는 무기를 소지하지 않는 편이 더 낫다는 것을 배웠습니다.

앞서 제가 '프롤레타리아 통일 운동'에 가담해 체계적인 활동을 벌이기 시작했다는 말씀을 드리고 있었는데, 이 단체는 공산주의도 사회주의도 표명하지 않았습니다. 단순히 혁명을 부르짖을 뿐이었죠. 물론 지금의 시점에서는 '단순히'가 아니라 '심지어' 그랬다고 해야 할 겁니다. 우리는 사회주의를 오래된 공구 정도로 생각했습니다. 불평불만만 늘어놓고 결론을 내릴 줄 모르는 사회주의는 모든 걸 탕진한 상태였죠. 실제로 파시즘이 휩쓸고 지나간 후에도 사회주의자로 남은 이들은 소수의 구세대 변호사들뿐이었습니다. 사회당Partito socialista과 자유당Partito liberale을 모두 그리워하던 아주 젊은 계층의 변호사들은 대부분 행동당Partito d'azione으로 모여들었습니다.

활동적이면서 능력과 조직력을 갖춘 이들은 공산주의자들이었습니다. 개인적으로 이들의 업적은 인정하지만 이들을 좋아하지는 않았습니다. 공산주의자들이 스페인에서 아나키스트들을 제거했다는 사실을 알고 있었고 그래서 이들의 광신주의에 의혹을 품었기 때문이죠. 해방 후에 저는 오랫동안 아나키스트들과 같은 운명을 공유해야 했습니다. 많은 반파시즘 운동가들과 마찬가지로, 30년 넘게 지속된 음모론에 연루되었으니까요. 공산주의자들을 비판한다는 건 곧 우파라는 선언이었고, 자본주의 사회인 미국의 돈에 의해 움직이는 스파이라고 밝히는 것이나 마찬가지였습니다. 이는 협박과 크게 다르지 않았고, 이러한 메커니즘은 좋지 않은 결과로 이어졌습니다. 보다 현대적이고 자유분방하며 대안을 마련해야 할 좌파의 성장을 방해했으니까요. 게다가 상당수의 공산주의자들을 이러한 메커니즘을 악용하기도 했습니다. 화가, 조각가, 건축가 들 가운데에는 동일한 메커니즘을 탁월한 방식으로 활용해 자신들의 개인적인 이익을 도모한 이들도 있습니다.

개인적으로 저는 공산당에 입당하고 싶은 유혹을 느껴본 적이 없습니다. 이들의 권위주의나 부족한 비판 의식, 군집 본능, 유머를 모르는 당원들의 성격이 싫었기 때문이죠. 이들이 스탈린과 모든 변종 스탈린주의에 맹목적으로 복종하는 것도 참기 힘들었습니다. '프롤레타리아 통일 운동'은 어떻게 보면 트로츠키적인 조직이었습니다. 적어도 젊은 세대였던 우리가 알고 기대하던 바로는 그랬죠.

저는 트로츠키와 레닌뿐만 아니라 레프 카메네프Лев Ка́менев와 그레고리 지노비예프Григо́рий Зино́вьев가 쓴 글들을 전부 읽었습니다. 그건 제가 어떤 부인과 얼마간 교류할 기회가 있었기 때문인데-그녀가 스파이라는 것은 나중에 알았습니다만- 부인은 저를 방금 낚여서 낚시 바늘에 여전히 매달려 있는 물고기처럼 다루었습니다. 그리고 대체 어디서 구했는지 제게 카메네프와 지노비예프의 책들을 주었어요. 젊었던 저는 당돌하고 두서없이 책에 대한 감상을 늘어놓았고, 그러면 그녀는 제게 또 다른 책을 가져다주곤 했습니다. 사실 다른 곳에서는 절대로 구할 수 없는 책들이었죠. 그 책들을 저는 단숨에 읽어치웠습니다.

당시에 저는 조직화된 정치적 입장들 사이에서 그마나 나은 것을 고르고 있었습니다. 그때까지만 해도 조직화되지 않은 입장은 고려하지 않았지만 궁금증이 생기기 시작했습니다. 바르셀로나의 전화국에서 일어난 아나키스트와 공산주의자 간의 충돌 사건[31]과 가슴 아픈 결말에 대해서는 익히 알고 있었습니다. 저는 아나키스트가 더 마음에 들었어요. 하지만 이들이 에스파냐에서 잔인하게 공격당했다는 것 말고는 아는 것이 별로 없었습니다. 당시에는 몰랐지만 뒤늦게 부에나벤투라 두루티Buenaventura Durruti가 엉망으로 조직된 부대를 이끌고 바르셀로나를 떠나, 명령 체계나 위계질서도 없이 민병들의 열정에만 의지한 채 파시스트를 상대로 첫 전투에서 승리했다는 이야기를 들었습니다. 하지만 결국 공산주의자들은 아나키즘의 전염성을 고려해 아예 씨앗부터 잘라내자는 심사로 이들에게 화포를 열었습니다.

줄리아나

이 시기에 줄리아나를 만났습니다. 아름답고 똑똑하고 감수성이 풍부한 여자라고 느꼈죠. 줄리아나는 지금도 아름답고, 어느 때보다 더 지적이고 감성적입니다. 하지만 당시에는 정말 예뻤어요. 게다가 보통 여자들과는 다른 매력이 있었죠. 당시에 줄리아나는 결혼을 한 상태였고 남편은 반파시즘 운동

31 1937년 에스파냐 내전 도중 공산주의 파벌과 무정부주의 파벌이 바르셀로나 시내에서 시가전을 벌인 '바르셀로나 5월 사건'을 가리킨다.

권에 접근하고 있었습니다. 우리는 서로를 원한다는 걸 깨닫고 많은 어려움을 겪었어요. 그녀의 남편이 파시스트들의 단속에 걸려 투옥되자 상황은 아주 복잡해졌습니다. 무엇보다 우리의 입장이 곤란했어요. 회의가 들고 괴롭기까지 했습니다. 하지만 우리 두 사람은 결국 서로를 포기할 수 없었어요. 우리는 꼭 같이 살아야 한다는 확신이 들었죠. 그렇게 해서 우리는 동거를 시작했고, 이제야 말하지만 굉장히 오랫동안 지속했습니다. 여전히 서로에 대한 지극한 관심 속에서 계속하고 있고요.

줄리아나는 아주 특별한 사람입니다. 우리 가족 중에 천재는 줄리아나예요. 제가 성공적으로 해낸 일들은 모두 제 아내 덕분입니다. 우리 가족 4명 중 가장 풍부한 재능과 예술적인 기질과 창의력을 지닌 사람은 줄리아나입니다. 순응주의를 거부하는 성향이나 자유주의적인 성향이 가장 강한 사람도 줄리아나죠. 재능이 너무 많아서 하나하나 인정받지 않아도 그녀는 신경 쓰지 않습니다. 제 생각입니다만, 자신의 재능을 인정받는 일에 전혀 신경을 쓰지 않는다는 것이야말로 천재적인 사람이 지닐 수 있는 가장 값진 재능이 아닐까요.

줄리아나는 선생님께서 활동하시는 데 정서적인 면이나 작업의 측면에서 중요한 역할을 했을 텐데요.

줄리아나가 없었다면 저는 다른 사람이 되었을 겁니다. 다른 일을 했겠죠. 그리고 잘 해냈을 리도 없습니다. 그녀는 제가 끊임없이 참고해야만 하는 존재였습니다. 제가 하는 일의 좋고 나쁜 점을 가늠하는 일은 오로지 제 자신과 그녀의 대조를 통해서만 가능했습니다. 그런 식으로 저는 제가 어느 방향으로 나아가고 있는지 깨달을 수 있었고 방향을 지속적으로 수정할 수 있었습니다. 지금 하고 있는 이야기를 아내가 들으면 난처해하면서 아니라고 하겠지만, 전부 사실입니다.

제가 그녀를 만날 무렵부터 우리의 삶에서 가장 열광적인 시기가 시작되었습니다. 줄리아나는 지하 운동을 벌일 때에도 저와 함께했고, 건축가는 아니었지만 건축에 굉장한 흥미를 느꼈어요.

당시의 일화 하나가 생각나는군요. 머릿속에 각인되어 결코 사라지지 않는 기억이죠.

어느 날 우리는 스칼라Scala 광장 갤러리 모퉁이 쪽에 있는 알가니Algani 책방의 가판대 앞에 서 있었습니다. 그곳에 외국 신문을 펼쳐보러 자주 가는 편이었는데, 우리를 찾는 파시스트들이 쉽게 알아보지 못하도록 약간의 변장을 하고 있었습니다. 그날은 가판대 한쪽에 알프레트 로스의 책 『새로운 건축Die Neue Architektur』이 전시되어 있었습니다. 책값은 비쌌고 우리는 터무니없이 가난했어요. 하지만 줄리아나가 맑은 눈으로 저를 바라보며 이렇게 말했습니다. "저 책 우리가 사요."

결국 우리는 수중에 있던 돈을 모두 모아 책을 사는 데 썼습니다. 저는 그 책을 산으로 가져왔고 시간이 날 때마다 알바 알토Alvar Aalto나 르 코르뷔지에의 도면을 그대로 베껴 그렸습니다. 적이 나타나지 않아 아무것도 하지 못하는 상황에서 하염없이 흘러가던 지루한 시간에 저는 계속해서 두 건축가 혹은 책 속에 실린 다른 건물들의 도면을 그렸습니다.

로스의 『새로운 건축』은 당시에 출판된 가장 멋진 책 가운데 하나였습니다. 진정한 현대건축의 언어는 건축이 처한 상황에 따라 변화해야 한다는 것을 처음으로 보여주는 책이었어요. 멕시코의 건축은 영국이나 네덜란드 혹은 이탈리아의 건축과 같을 수 없고, 또 바로 그런 이유에서 현대적이라는 얘기였죠. 놀라운 것은 국제 양식에 반하는 메시지를 다름 아닌 알프레트 로스가 썼다는 점입니다. 로스는 훌륭한 건축가였지만 그의 문화적 배경은 상당히 실용주의적이었습니다. 어쨌든 훌륭한 건축을 하거나 논하기 위해 이론가가 될 필요는 없다는 거죠.

파시즘과 새로운 건축

당시에 건축의 상황은 어땠나요? 파시스트 정권이 후원하는 건축가들만 일을 했었나요? 젊은 건축가들의 이상은 무엇이었나요?

건축 잡지 《카사벨라Casabella》가 발행되고 있었습니다. 전쟁이 끝나갈 무렵 주세페 파가노와 에도아르도 페르시코가 몇 회에 걸쳐 이 잡지에 상당히 흥미로운 기사들을 소개했죠. 예를 들어 프랑코 마레스코티Franco Marescotti와 이레니오 디오탈레비의 감수로 공동주택을 다룬 기사는 당시에 젊은 건축가들의 지대한 관심을 불러일으켰습니다. 이탈리아에서는 파시즘이 지배하던 시기를 비롯해 그 이전부터 양질의 공동주택이 상당히 많이 건설되었지만, 젊은 건축가들은 다른 나라에서 일어난 변화에 대해 아는 것이 별로 없었습니다.

그래서 우리는 신문을 기다리듯 《카사벨라》의 다음 호가 나오기만 기다렸습니다. 페르시코는 네덜란드 건축과 바우하우스, 프랭크 로이드 라이트를 소개했고 파가노는 피아첸티니Piacentini와 모든 파시스트 학자들을 강력하게 비판하기 시작했습니다. 아울러 전원 건축에 대한 기사들을 발표하기 시작했고 이 기사들을 후에 단행본으로 출판했습니다. 우리의 진정한 건축 전통은 파시스트 정권의 건축가들이 주장하는 로마의 전통이 아니라, 자신이 돌아다니며 발굴하고 롤라이Rollei 6×6로 사진을 찍어 소개하는 토속 건축에 있다고 주장했죠.

그의 주장은 놀랍게도 기성세대 문화 전체와의 단절을 의미했죠.

더 나아가서, '조국의 제단'에 바치는 모든 미사여구와의 단절, 파시즘 건축과의 단절을 의미했습니다. 파가노는 기념비주의Monumentalismo 건축과 파시스트 건축가들의 무지를 비판하면서 우리에게 인간이 척도가 되는 건축의 지평을 열어주었습니다. 우리의 입장에서 《카사벨라》는 학교나 마찬가지였습니다. 권력에 뿌리를 둔 교수들 족속이 모든 걸 지배하는 건축학교의 대안이었죠.

그러다가 1943년 7월과 무솔리니 정부가 무너지는 날이 왔습니다. 파가노는 얼마 전에 카라라에서 밀라노로 돌아와 있었어요. 그는 피에르루이지 네르비Pierluigi Nervi와 함께 선박 모양의 자급자족형 콘크리트 건물을 만들기 위한 방법을 연구하고 있었습니다. 당시에는 자급자족에 대한 일종의 강박관념 같은 것이 있었거든요. 어쨌든 이것이 계기가 되어 네르비는 콘크리트를 아주 특이한 방식으로 활용하며 자신의 흥미로운 건축물들을 창조해 낼 수 있었습니다.

무솔리니 정권이 무너진 뒤에 파가노는 밀라노에 정착했습니다. 저는 그를 프랑코 알비니Franco Albini와 잔카를로 팔란티Giancarlo Palanti의 스튜디오에서 처음 만났어요. 팔란티는 '프롤레타리아 통일 운동'에 참여하고 있었습니다.

'프롤레타리아 통일 운동'에서 '프롤레타리아 공격 부대'로

'프롤레타리아 통일 운동'에는 알비니도 참여했을 거라고 생각했는데요.

그렇지 않습니다. 알비니는 그저 다정다감한 지지자였을 뿐이에요. 우리를 자신의 스튜디오에 초대하며 환대했지만 투사는 아니었습니다. 다시 말해 우리 편이었지만 활동가는 아니었어요.

어느 날 우리가 모여 있는 알비니의 스튜디오에 파가노가 나타났습니다. 그때부터 우리는 함께 지하 운동 단체들을 훈련시켰습니다. 저항군이 파시스트들과 독일군에 맞서기 위해서는 하루빨리 조직력을 갖추어야 했기 때문이죠.

1943년 9월 8일, 바돌리오Badoglio 정부가 해체되고 독일군이 이탈리아를 점령했을 때 우리는 팔란티, 파가노, 델피노 인솔레라, 디오탈레비, 로돌포 모란디Rodolfo Morandi, 루치오 루차토Lucio Luzzato, 그리고 청년 열댓 명과 함께 자전거로 부대의 핵심 자원, 그러니까 파르티잔 활동을 계획하던 반파시스트 운동의 핵심 당원들을 찾아다녔습니다. 하지만 7월 26일에 이탈리아에 와 있던 당 지도자들은 9월 8일, 이미 장군들과 함께 스위스로 돌아간 상태였습니다. 그래서 조직의 흔적이 더 이상 남아 있지 않았죠.

상황이 진정되면 당 지도자들이 돌아온다는 걸 알고 있었을 텐데요...

그랬을지도 모르죠. 하지만 이들은 공산주의자들과 달랐어요. 떠나지 않고 남아서 조직을 만들었던 공산주의자들은 당 지도자들이 누가 남아야 하고 누가 떠나야 하는지를 결정했죠. 그리하여 훈련도 받은데다 조직력이 뛰어난 당원들만 남았고, 이들은 가리발디 여단Brigate Garibaldi을 결성했습니다.

7월 25일과 9월 8일 사이에는 구닥다리 사회주의자들이 '프롤레타리아 통일 운동'에 합류했습니다. 우리 같은 청년들은 이들을 별로 좋아하지 않았어요. 우리는 젊은 만큼 순진했고 이들은 정치에 이골이 난 여우들이었습니다. 하지만 9월 8일이 되자 이들 역시 사라졌고, 우리는 투사들을 여러 조로 나누어 산은 물론 도시에도 배치하기 시작했습니다. 이들을 '프롤레타리아 공격 부대Squadre di Assalto Proletario(SAP)'라고 불렀죠. 저는 델피노 인솔레라와 함께 조별로 부대원들을 만나러 다녔습니다. 델피노는 밀라노에서뿐만 아니라 제 인생에서도 중요한 역할을 했던 인물입니다. 저처럼 해군에 있었고 또 복무를 포기했죠. 우리는 대원들을 보살피며 정치와 군사훈련을 시켰고, 우리가 구할 수 있는 얼마 되지 않는 무기들을 이들에게 나누어주었습니다.

밀라노에 도착한 후 파가노는 곧장 우리 조직에 들어왔습니다. 이어서 소대원들을 훈련시키는 데 전념했죠. 파가노가 제1차 세계 대전과 가브리엘레 단눈치오의 피우메Fiume 점령을 주제로 들려주던 영웅담이 생각나는군요. 그는 대단한 전투 경험과 억제할 수 없는 열정의 소유자였습니다. 그런 열정이 청년들을 열광시켰죠.

최근에는 좌파에서도 피우메 점령의 경험을 재평가하고 있습니다. 무엇보다도 일부 미국인들의 무정부주의적인 관점과 유사한 혁명의 경험으로 평가하기 시작했죠. 그만큼 이 사건에는 우파와 관련짓기 힘들 뿐 아니라 파시즘과는 전혀 다른 역사를 쓴 상당수의 인물이 연루되어 있었으니까요. 최근에는 피우메 점령의 경험에 대한 기사도 많이 쏟아져 나왔습니다. 예를 들어 카르나로 헌장의 한 항목에 대한 언급이 있었죠. 「건설에 관하여Dell'edilità」라는 제목의 이 항목은 어떤 면에서 피우메 점령의 '혁명성'을 증명하는 글이었는데, 파가노의 성장 과정에 중요한 역할을 했다고 봅니다.

맞습니다. 피우메 점령의 경험을 재평가하고 있는 건 사실이에요. 하지만 저는 이것이 몇 년 전에 시작된 대대적인 리바이벌 전략의 일부에 지나지 않는다고 생각합니다. 그러니까 과거의 역사를 총체적으로 정당화함으로써 현대 사회가 저지르고 있는 몇몇 행위들의 잔혹성을 함께 정당화하려는 시도죠. 피우메 점령이 하나의 가면에 불과했다는 것은 우리가 다 아는 사실입니다. 도대체 왜 견해를 바꿔야 하는지 그 이유를 모르겠어요.

파가노 이야기로 돌아와서, 제가 장담할 수 있는 건 그가 자신이 하는 일에 확신을 지니고 있었고 너그러웠으며, 그래서 젊은 청년들이 그에게 열광했다는 것입니다. 무엇보다도 그는 탁월한 이야기꾼이었고 완벽한 배우였습니다. 자전거를 타고 우리와 함께 저항할 사람들을 찾아 롬바르디아 북부를 돌아다닐 때 우리는 누구도 못 말리는 그의 상상력 때문에 기상천외한 모험을 하곤 했습니다.

그런 혼란의 시대를 산다는 건 믿기 어려운 경험이었을 겁니다. 게다가 머지않아 비극으로 이어질 수밖에 없었으니까요. 파가노를 비롯한 많은 이가 투옥되고 그가 강제수용소에서 비참한 최후를 맞았다는 사실을 잊어서는 안 됩니다.

물론이죠. 당시에 이탈리아에서는 믿기 어려운 일들이 벌어졌습니다. 나라가 산산조각 나고 있었죠. 모두가 도주했고, 우리는 어느샌가 이러한 상황의 주인이 되어 있었어요. 우리는 경험도 없고 무기도, 힘도 없었습니다. 우리가 지닌 유일한 힘이라곤 나라를 바꾸기 위해 남아 있는 사람들과 끝까지 함께한다는 생각뿐이었어요.

하루는 수가 얼마 되지 않는 공군 장교들과 부딪친 적이 있습니다. 이들은 트럭에 생필품을 잔뜩 싣고 자리를 뜨던 참이었어요. 파가노는 이들을 상대로 공격을 지시했습니다. 장교들은 굉장히 놀란 눈치였어요. 우리는 모든 걸 압수했고 트럭도 빼앗았습니다. 대신에 우리가 타던 자전거를 남겨 주었죠. 그날 파가노는 단검을 꺼내들었습니다. 알바 알토가 그에게 선물한 핀란드 단검 푸코pukko였죠. 알토의 단검으로 파가노는 트럭 덮개를 찢었습니다. 우리는 물자들을 끌어내려 자리를 마련한 뒤 트럭에 올라탔습니다. 그리고 스위스 국경선을 따라 산악 지대를 돌아다니며 저항군 투사들을 찾기 시작했죠. 하지만 결국에는 아무도 발견하지 못했어요.

우리가 마조레Maggiore 호수를 지났을 즈음 우리와 함께하던 두 명의 정치가가 자취를 감추었습니다. 국경과 가까운 지점이었는데, 아침에 일어나자 사라지고 없었어요. 생각을 바꾸고 반대편으로 넘어간 거죠. 두려웠던 겁니다.

이 일화를 말씀드리는 이유는 당시의 상황이 어땠는지 정확하게 알려드리고 싶어서입니다. 그러니까 저항운동을 하는 투사 진영은 소대들 간에 교류가 전혀 없었고, 이들을 이끌 정치인도 없었습니다. 모두 도망쳤으니까요.

맞습니다. 정말 고국에 남아 있던 투사는 선생님의 소대뿐이었으니까요!

그러는 사이 '국민 해방 위원회Comitato di Liberazione Nazionale(CNL)'가 결성되었습니다. 공산주의자 루이지 롱고Luigi Longo가 호령하며 위원회를 이끌었죠. 산드로 페르티니Sandro Pertini도 사회주의자를 대표해서 위원으로 활동했습니다. '국민 해방 위원회'에서는 우리더러 롬바르디아 지역의 지휘권을 잡으라고 지시했어요. 파가노가 지휘관이었고 제가 부지휘관이었죠. 엄청난 책임감이 뒤따르는 일이었고, 이미 독일군이 도처에 깔려 있는 상황이었어요.

사실 이건 한참 뒤에 벌어진 상황이고, 그전에 우리 부대가 해체되는 일이 있었어요. 그러니까 부대원들이 자전거로 돌아다니던 시절 이야긴데, 우리는 각자의 길을 가기로 하고 부대를 해체했습니다. 누군가는 도시로 돌아갔고, 저는 일군의 투사들과 함께 코모 호수의 산악지대에 남았습니다. 하지만 국민 해방 위원회에서 가끔씩 산으로 사람을 보내줘서 소대의 수가 불어났죠. 델피노 인솔레라가 그때 저와 함께 있었습니다. 우리는 같이 돌아다니면서 근교에 남아 있는 여러 그룹과 모임을 가졌습니다. 보통은 저녁에, 소대원들이 진영으로 사용하던 폐가에 모여 회의를 했어요. 우리는 상황을 분석하려 했지만 결국에는 영락없이 강의를 하는 꼴이 되었어요. 제가 저항군 투사들에게 예를 들어 르 코르뷔지에가 누구인지, 현대건축이 무엇인지, 왜 대학에서 가르치는 파시즘의 허식적인 건축이 억압의 도구가 되는지 설명하는 식이었죠. 델피노 인솔레라는 투사들에게 파블로 피카소와 이고르 스트라빈스키, 폴 클레, 사르데냐의 민요 이야기를 했습니다. 때로는 과학을 주제로 상대성 이론이나 양자역학을 다루기도 했죠.

우리가 돌아다니면서 이런 주제로 대화를 나눈다는 소식이 전해지자 국민 해방 위원회는 사람들을 보내 곧장 그만두라고 지시했습니다. 우리가 허튼 곳에 씨앗을 뿌리고 있다면서요. 하지만 우리는 허튼 곳에 씨앗을 뿌리는 게 아니며 중요한 건 세상을 혁신하는 것이라고 답변했습니다. 혁신의 주인공들, 즉 파르티잔 투사들은 자유를 모든 측면에서 이해해야 한다고요. 하지만 국민 해방 위원회는 물론 위원회 내부의 공산주의자들은 한 가지만 분명히 했습니다. 투사들은 독일군과 싸우고 소련군을 도와 전쟁에서 이겨야 한다는 것만 알면 그만이라는 것이었죠. 그것이 투사들의 유일한 동기라는 것이었어요. 모든 걸 떠나서 정말 전문가다운 생각이었죠.

요원들의 지역별 배치는 어떤 식으로 이루어졌나요? 선생님께서는 먼저 산에 계시다가 나중에 밀라노로 오셨는데, 계기가 따로 있었나요? 소대원은 많은 편이었나요? 일반인들의 지원은 있었는지요?

당연히 가능성을 따져보고 필요에 따라 여러 지역에 요원들을 배치했지만, 모든 일이 어느 정도는 혼란스러웠어요. 원활하게 소통할 수 없었기 때문이죠. 코모 호수 뒤편의 산악 지대에서 얼마간 시간을 보냈을 때 국민 해방 위원회에서 저를 밀라노로 부르더니 저항운동 지부를 조직하라고 하더군요. 그때부터 사실상 가장 힘들고 또 가장 위험한 시기가 시작되었어요.

레지스탕스 활동에는 사실 아주 극소수가 참여했다고 말씀드리고 싶습니다. 물론 나중에는 너 나 할 것 없이 모두 참여했지만 그때는 독일군이 이미 철수한 뒤였어요. 온 국민이 우리와 함께했다는 이야기는 동화에 불과합니다. 사실이 아니에요. 시민들로부터 지지와 지원을 얻기란 여간 어려운 일이 아니었어요. 대부분의 사람이 나치는 물론 난폭해진 파시스트를 두려워했기 때문이에요.

저 역시 산에서뿐만 아니라 도시에서도 많은 어려움을 겪었습니다. 사람들 대부분은 우리가 나타나면 한시라도 빨리 떠나기를 바랐어요. 우리가 독일군과 파시스트의 이목을 끌었기 때문이죠. 시민들에게 우리는 그저 위험한 존재에 지나지 않았습니다. 우리가 도움이나 식량을 요청해도 줄 생각을 하지 않았어요. 보복이 두려웠기 때문입니다. 그래서 우리를 싫어했어요. 몇몇 그룹은 살아남기 위해 가진 것을 팔거나 도둑질을 했습니다. 하지만 우리는 인간적인 관계를 유지하고 싶었고, 그래서 정직하고 친절하려고 노력했어요. 결국 심각한 문제들을 안고 살아갈 수밖에 없었죠.

도시에서 활동하던 시기에, 줄리아나와 저는 이사를 8번이나 했습니다. 우리가 살던 건물의 주민들이 이상한 낌새를 차리거나 우리 집에 사람들이 들락거리는 모습을 보게 되면 곧장 우리더러 떠나라고 했기 때문이에요. 떠나지 않으면 경찰에 신고하겠다고 협박을 했죠. 여하튼 역사가들이 흔히 묘사하는 놀랍도록 보편적인 연대 의식 같은 건 없었습니다. 전쟁이 끝나고 미군들이 도착하기 바로 며칠 전에 무솔리니가 밀라노 시내에서 연설을 했고 이때 엄청난 군중이 모였어요. 그리고 며칠 후에 로레토Loreto 광장으로 다시 엄청난 군중이 몰려들었습니다. 그곳의 한 주유소에 무솔리니가 거꾸로 매달려 있었죠. 둘 다 똑같이 역겨운 일화들입니다. 로레토 광장의 일화도, 물론이죠. 보기에 역겨웠어요.

그날 로레토 광장에는 비토리니도 와 있었습니다. 그리고 우리처럼 절망에 빠져 있었죠. 바로 전날까지만 해도 파시스트였던 수많은 사람이 자존심을 상실한 채 거꾸로 매달린 이들의 몸에 침을 뱉는 모습에 절망하지 않을 수 없었어요. 군중들은 며칠 전까지만 해도 자신들이 영웅이자 우상으로 추앙하던 이들을 향해 침을 뱉었던 거죠.

인생은 그런 거라고, 사회는 간사하다고 말할 수도 있을 겁니다. 사실상 소수의 엘리트만이 저항하며 혁명을 일으킬 줄 아는 법이니까요. 저항하기 위해 군집하는 사회 계층이나 무리가 있기 마련이지만 대부분의 경우 변화를 추진하는 이들은 엘리트예요. 사실상 할 수 있는 건 아무것도 없다고도 얼마든지 말할 수 있습니다. 권력은 사람들에게 치명적인 영향을 끼친다고, 사람들은 그것이 두렵기 때문에 권력을 사랑한다고 말할 수 있어요. 하지만 저는 그런 말을 하고 싶지 않습니다. 게다가 항상 그래왔던 건 아니라고 여전히 믿고 있어요. 밑바닥부터 시작된 혁명도 있습니다. 러시아에서 일어난 마흐노주의 운동이나 해군이 주도한 크론슈타트 반란이 그런 예죠. 민중이 정치 선동가들을 사랑한다는 건 잘 알고 있습니다. 민중이 무시무시한 사기극에 속아 넘어갈 수 있다는 것도요...

질서와 빵만 가져다준다면 무슨 말이든 믿죠.

맞아요. 하지만 항상 그랬던 건 아닙니다. 정말 뿌듯해질 만큼 예외적인 경우들이 의외로 많았어요.

이제 제 이야기로 돌아가 볼까요. 앞서 말씀드린 '자전거' 부대가 해체된 후, 파가노는 카라라로 돌아갔고 그곳에서 반파시스트들과 함께 일하기 시작했습니다. 하지만 그의 저돌적인 성격 때문에 일찌감치 체포되어 브레샤 성곽의 감옥에 갇혔어요. 옥살이를 하는 동안 머리를 길게 기른 그의 모습은 마치 거구의 슬라브족 사제를 보는 것 같았습니다. 긴 머리의 거인이 끊임없이 소리를 질러 대며 간수들을 두려움에 떨게 만들었죠. 자기를 풀어주지 않으면 복수하겠다고 위협까지 해댔고요. 간수들은 시간이 흐르면서 그를 존중하기 시작했고, 수감자들과 모임을 가져도 관여하지 않았습니다. 수감자는 대부분 일반인이었지만 정치인도 섞여 있었죠.

어느 날 밤, 연합군이 대규모 폭격을 감행한 적이 있어요. 그때 감옥도 피해를 입었는데, 간수들이 줄행랑을 치자 파가노가 감옥의 철장을 열어젖히고 모두를 탈옥시켰습니다. 그는 다음 날 밀라노에 와 있었어요. 저는 프랑코 알비니의 스튜디오에서 그를 다시 만났습니다. 긴 머리에 죄수복을 입은 그가 제게 이렇게 말했죠. "명령대로, 내가 여기에 왔네. 브레샤 감옥을 깨끗하게 비우고 왔지." 우리는 서로 부둥켜안았고, 그 순간부터 다시 활동을 시작했습니다. 밀라노와 롬바르디아주에서 형성되던 저항군 그룹을 시내에서 활동할 수 있게 조직하고 훈련시키는 것이 우리의 임무였죠.

밀라노에서 파가노와 함께

우리는 로몰로Romolo 가의 한 아파트에서 살았습니다. 완전히 촌구석이었는데, 8층짜리 건물의 꼭대기 층이 저희의 보금자리였죠. 우리에게 아파트를 내어준 가브리엘레 무키Gabriele Mucchi는 화가이자 건축가였고 예술적인 재능과 정치적 입장, 인간적인 소양의 측면에서 굉장히 훌륭했던 인물입니다. 아침에 우리는 자전거를 타고 움직였습니다. 저녁에는 통행 금지령 때문에 집에서 지냈고요. 저와 줄리아나, 파가노 셋이서요.

델피노 인솔레라와 팔란티를 비롯한 친구들이 우리 집에 자주 놀러 왔습니다. 평소에는 너무 비싸서 접할 수 없는 음식을 같이 나누곤 했어요. 우리는 모여서 음악도 듣고 예술과 건축에 대해 이야기를 나누었습니다. 마치 조그만 파티를 연 것 같았죠. 우리는 그 모임을 바이람[32]이라고 불렀습니다.

파가노는 남는 시간을 활용해 포르노 소설을 썼어요. 굉장히 재밌어 했죠.

그분의 독특한 취미에 대해서는 저도 읽은 적이 있습니다.

우리는 끊임없이 토론하며 정치와 예술, 특히 건축에 대해 이야기를 나눴습니다. 저는 우리가 나눈 토론의 상당 부분이 저의 진짜 대학 수업이었다고 믿습니다.

그러던 어느 날 아침 파가노가 '코치 군단'에게 검거되는 일이 벌어졌습니다. 피에트로 코치Pietro Koch[33]는 영리하고 주도면밀한 사람이었을 뿐 아니라 첨단의 경찰 시스템을 확보하고 있었어요. 산시로San Siro 근처에 있는 파올로 우첼로Paolo Uccello 가의 한 빌라에 감옥과 고문센터를 만들어 운영했고 비밀리에 개인용 특별 수사단을 지휘했죠. 심지어는 파시스트들조차도 '코치 군단'의 정체를 몰랐습니다. 실제로 코치는 아무도 모르게 장관 한 명의 명령에만 복종하며 일을 벌였습니다.

코치는 지하 운동가들 사이에 잠입해 있었고 그의 끄나풀들도 도처에, 심지어는 우리 프롤레타리아 공격 부대 내

---

32 바이람Bayram은 이슬람력 9월(라마단)의 단식이 끝났음을 기념하는 무슬림들의 신성한 축일 '이드 알피트르'의 터키어 이름이다.

33 피에트로 코치(1918~1945년)는 이탈리아의 군속 경찰이자 범죄자이다. 제2차 세계 대전이 종결될 무렵 '코치 군단Banda Koch'이라 불리던 특별 수사본부의 지휘관으로 활동했다. 주로 로마와 밀라노에서 수사를 빙자해 수많은 정치범과 수감자를 고문하거나 살해하는 등 온갖 만행과 범행을 저질렀다.

부에도 침투해 있었어요. 어느 날 저녁, 포르타 로마나Porta Romana에 있는 한 가옥에 많은 사람이 모인 가운데 회의가 열렸습니다. 파가노는 해산 직전이면 항상 그랬듯이 큰 소리로 외치면서 다음 날 약속을 예고했어요. 다음 날 아침 전화국(Stipel) 중앙 본부 앞에서 만나자는 거였죠. 자전거를 타고 집으로 돌아오면서 저는 회의장에 첩자가 숨어 있을지 모르니 그런 식으로 광고를 해서는 안 된다고 귀가 따갑도록 그에게 충고했습니다. 아니나 다를까, 그날 회의에 실제로 첩자들이 와 있었고, 다음 날 아침 코치의 끄나풀들이 파가노를 잡아갔어요. 줄리아나와 저는 너무 가슴 아파 어쩔 줄 몰라 하며 로몰로 가의 아파트에서 도망쳐 나왔습니다.

이후 그가 파올로 우첼로 가의 빌라에 있다는 소식을 들었고, 저는 그와 자주 편지를 주고받았습니다. 한 여성 요리사가 제게 전해주던 그의 편지들은 제가 가지고 있지만, 한 소방관을 통해 제가 그에게 보냈던 편지들은 남아 있지 않습니다. 그가 검거되고 나서 여러 주가 지났을 때 우리는 날을 잡아 새벽에 그를 감옥에서 탈출시킬 계획이었습니다. 하지만 우리가 도착했을 때 한발 늦었다는 걸 깨달았어요. 바로 전날 저녁 정부의 파시스트들이 코치의 빌라를 점령한 뒤 파시스트와 반파시스트 가리지 않고 모든 죄수를 산 비토레San Vittore로 후송한 뒤였으니까요.

하지만 파가노와는 연락이 가능한 상황이었습니다. 심지어 그가 부탁한 톱과 줄을 개인적으로 보내주기도 했죠. 하지만 독일군들이 느닷없이 그를 마우트하우젠 수용소로 보내야 할 대상으로 지목했고, 그는 그렇게 떠나 버렸어요.

파가노가 코치의 빌라에 수감되어 있을 때 코치는 항복의 조건을 국민 해방 위원회와 협상하도록 그를 바깥으로 내보낸 적이 있습니다. 조만간 연합군이 상륙할 기미가 보였기 때문이죠. 하지만 밖으로 나오기 전날 밤에 그는 심하게 구타를 당했습니다. 코치의 끄나풀 한 명이 그의 포르노 소설을 훔치자 화가 난 파가노가 코치에게 사실을 폭로하고서 모든 걸 되돌려 받았지만, 그는 그날 밤 감방 안에서 죽도록 두들겨 맞았어요.

우리가 변호사 폴리스티나Polistina의 사무실에서 얼굴을 마주했을 때 저는 그를 끌어안았습니다. 그는 통증을 느꼈는지 괴로워하며 한편으로 물러서더니 셔츠를 들어 올려 흉부에 시퍼렇게 멍든 자국들을 보여주었어요.

그리고 우리와 국민 해방 위원회의 위원들에게 코치의 요구 조건에 대해 설명한 뒤 받아들이지 말라고 충고했습니다. 게다가 우리에게 코치의 빌라로 되돌아갈 거라고 했어요. 그가 돌아가지 않으면 감방 동료들이 대가를 치를 거라고요. 무엇보다도 약속을 지키고 싶다고 말했어요.

도망칠 수도 있었을 텐데 약속을 지킨 거군요.

코치의 끄나풀들이 그가 도망치면 빌라 안에 남아 있는 동료 죄수들을 모두 죽여 버리겠다고 협박한 거죠. 그는 동료들이 보복을 당할까 봐 두려워했고 약속을 어기는 것에 치를 떨었어요.

에든버러에서 표트르 크로포트킨의 편지를 읽은 적이 있습니다. 당시의 브리태니커 백과사전 편집자에게 보낸 편지였죠. “기쁘게도 저는 프랑스에 가서 몇 달 정도 감옥살이를 해야 합니다. 그곳에 해결되지 않은 소송 문제가 남아있으니까요. 그동안 제 아내를 보살펴 주시기 바랍니다. 제 아내는 계속해서 제가 정신이 나갔다며 저더러 그러지 말라고 하지만 저는 그러고 싶습니다. 왜냐하면 제가 내린 결정이니까요.” 크로포트킨은 결국 영국을 떠나 프랑스로 몇 달간 옥살이를 하러 갔습니다. 파가노가 염두에 두었던 것도 바로 이러한 차원의 윤리가 아니었나 싶어요. 적에게 스스로를 내어주는 식이죠!
소송 문제를 해결하는 방법이었을 테지만, 그건 아마도 또 다른 기회에 프랑스로 돌아갈 수 있는 방도를 마련하기 위한 포석이었을 겁니다. 따지고 보면 관건은 이성적 판단입니다만, 사실은 어떤 형태의 인간적 진실성을 보존하려는 의도였다고도 볼 수 있을 텐데요.

그건 제가 해군에서 존중하는 규칙, 특히 선박과 관련해서 했던 얘기와 일맥상통합니다. 그러니까, 각자가 진실을 말해야 할 의무를 느껴야 하고 책임을 질 줄 알아야 한다는 거죠. 그러지 않으면 사람들이 그를 영원히 경멸할 테니까요.

크로포트킨이 상트페테르부르크에서 사관학교를 다닌 것도 무관하지는 않겠군요.

그는 주목할 만한 인물입니다. 사람은 항상 스스로를 온전하게 보존할 줄 알아야 합니다. 그러지 않으면 느슨해지고 명석함을 잃어버리죠. 스스로의 행동 윤리를 지속적으로 관찰할 줄 모르면 몰락의 길을 걷게 됩니다. 크로포트킨은 자신이 내

뱉은 말을 지켜야 한다는 의무감을 느꼈습니다. 그가 자신의 말을 지키지 않고 이를 사람들이 알게 되면 누가 자신의 말을 지키려 하겠는가라고 생각했던 거죠. 그러지 않으면 그 누구도 믿을 수 없는 세상이 된다고 보았던 겁니다. 그는 모범이 되고자 했어요.

파가노도 마찬가지였습니다. 그는 코치의 빌라로 되돌아가야 한다는 점을 조금도 의심하지 않았어요. 왜냐하면 약속을 했으니까요. 뒤이어 사람들은 그를 산 비토레San Vittore로, 그다음에는 독일로 데려갔습니다. 그는 그곳에서 죽었어요. 사람들은 그가 마지막으로 쓴 편지를 발견했습니다. 그와 함께 마우트하우젠으로 끌려갔던 대원 한 명의 허리춤에서 발견되었죠. 이름이 미노Mino였어요. 이발사였죠. 파가노는 굉장히 아름다운 편지를 남겼습니다. 우리 한 사람 한 사람에게 인사를 전하는 편지였죠. 그리고 미래에는 좀 더 나은 세상이 될 거라고 말했습니다.

보시다시피, 파르티잔 활동을 벌이던 시기는 굉장히 괴로울 뿐 아니라 모든 것이 복잡하고 위험천만했습니다. 하지만 제게 특히 고통스러웠던 기억은 지독한 가난입니다. 먹을 것이 떨어질 때가 많았어요. 우리의 손을 거쳐 많은 돈이 오갔습니다. 조직에서 주는 돈을 배분하는 것이 우리의 임무였어요. 커다란 책임이 뒤따르는 일이었습니다. 우리는 양심의 가책을 느끼지 않기 위해 식량 관리국의 배급증에 규정된 것 이상은 먹지 않기로 했습니다. 배급증이 일종의 기만에 불과하다는 건 우리도 잘 알고 있었습니다. 사실은 모두가 암시장을 이용했으니까요. 하지만 배급증이 가장 널리 알려진 기준이었기 때문에 그 이상은 취하지 않기로 했습니다. 우리가 다루는 돈에서 암시장의 설탕 한 줌에 해당하는 돈도 빼돌리지 않았다는 것을 모두에게 분명히 해야 했기 때문입니다.

돌이켜 보면, 우리가 정한 규칙들은 우스꽝스럽거나 추상적이었고 이데올로기적이면서도 결과적으로 광적인 측면이 있었습니다. 사실이 그랬어요. 오늘날에 와서야 그냥 웃어넘길 수 있는 거죠. 이런 규칙들은 집단적 기억 속에서 희미해지기 마련이니까요.

사소하긴 하지만 또 다른 사회를 예시할 수 있는 규칙들이 아닐까 싶은데요.

이 시기에 우리는 원래의 정치 집단에서 탈퇴해 있었습니다. 사회주의자들이 함께 가담하고 있었기 때문이죠. 이어서 우리는 이탈리아 노동당Partito Italiano del Lavoro이라는 독특한 형태의 정당에 가입했습니다. 이 정당은 고딕 전선Linea Gotica[34]을 뛰어넘어 에밀리아로마냐주에 모체가 있었기 때문에 어떤 식으로 구성되어 있었는지는 그다지 분명하지 않았어요. 그리고 밀라노에서는 피에트로 스파다Pietro Spada가 대표를 맡고 있었죠. 델피노 인솔레라와 카를로 돌리오, 클라우디오 파보네Claudio Pavone, 레오네 크라흐말니코프Leone Krachmalnicoff, 단졸리니D'Angiolini 형제 등이 이 정당을 지지했습니다. 이들

34 고딕 전선은 제2차 세계 대전이 끝날 무렵 독일군이 이탈리아 중북부에 건설한 방어전선으로 300km가 넘는다. 아펜니노 산맥을 가로지르며 서부 도시 카라라에서 피렌체 북쪽의 산맥지역을 거쳐 동부 도시 페사로까지 이어진다.

이 노동당을 지지한 이유는 당시에 개혁을 꾀하던 정당들의 기회주의적인 행보와 이들이 되풀이하는 낡은 악습을 참지 못했기 때문입니다.

이 새 정당에서 우리는 활동을 시작했습니다. 1970년대에 들어 이탈리아에 테러리스트가 등장했을 때 저는 이들이 지닌 사고방식의 메커니즘과 이들의 행동을 정확하게 파악할 수 있었습니다. 광신주의와 정신적 고립 상태에 빠져 터무니없이 바보 같은 짓을 저지르면서 그것을 위대한 덕목으로 착각하는 지경에 이른 것이었죠. 경험자인 제 입장에서 볼 때 분명했습니다. 열광을 넘어 결국 자신이 세계의 중심이라고 믿게 되었던 거죠. 정신적 고립은 아주 위험합니다. 왜냐하면, 적을 대변하거나 다스리는 몇몇 인물만 제거하면 훌륭한 사회를 만들 수 있다고 믿게 만들거든요. 우리는 아무도 제거하지 않았습니다. 그저 태업을 주도하거나 당을 위해 돈과 무기를 확보하는 데 힘쓰고, 시간 가는 줄 모르며 세계의 미래에 대해 이야기를 나눴을 뿐이에요.

그러다가 해방이 되었죠. 정당들은 공개적으로 활동을 시작했고 우리는 더 이상 존재하지 않는 것처럼 되어 버렸어요.

저도 이른바 '한탕'을 하러 나가는 경우가 많았습니다. 어리석게도 여러 번 목숨을 잃을 뻔했죠. 하지만 저는 아무도 죽이지 않았습니다. 전쟁, 저항운동, 테러리즘 같은 잔인한 과정들을 전부 경험하는 동안 아무도 살해하지 않았다는 것이 지금에 와선 얼마나 다행인지 몰라요. 당연히 제게도 일어날 수 있는 일이었습니다. 하지만 다행히 일어나지 않았죠. 일어났다면 지금까지도 제게 커다란 짐이 되었을 겁니다. 불한당을 수도 없이 만났지만, 아무리 비열한 인간이라도 그를 죽이기까지 했다면 슬펐을 겁니다.

그런 경험은 시간이 흐르면서 참을 수 없는 기억으로 변하죠. 동기가 무엇이든 사람은 절대로 죽이지 말아야 합니다.

파시즘 정권이 무너진 지 며칠 지난 어느 오후, 파르티잔 활동가들이 스파도니Spadoni라는 이름의 범죄자를 트럭에 태우고 있었습니다. 그는 밀라노의 파시스트 경찰 가운데 가장 잔혹했던 에토레 무티Ettore Muti 행동 부대의 이인자로 알려진 인물이었죠. 저한테는 그를 미워할 이유가 충분했습니다. 제 동료 상당수가 그의 손에 죽었으니까요. 기회만 있었다면 그는 저 역시 죽였을 겁니다. 저는 검거 대상이었고, 독일군이 득실대는 레지나 호텔이든 무티의 행동부대가 주둔하던 로벨로Rovello 거리든 상황은 마찬가지였어요.

제가 스파도니라는 인간을 트럭에서 보았을 때, 그는 실컷 두들겨 맞은데다 사람들이 뱉은 침으로 뒤범벅이 된 굴욕적인 모습이었습니다. 저는 그런 상황이 정말 참기 힘들었습니다. 당연히 제가 할 수 있는 것은 아무것도 없었어요. 하지만 그런 폭력 자체를 견디기가 힘들었습니다. 모두들 즐거워하는 분위기였지만, 저는 만신창이가 된 그 비열한 인간의 모습을 바라보면 볼수록 마치 제 자신의 파멸을 목격하는 것 같았어요.

이건 어떤 종교적인 감정에 관한 이야기가 아닙니다. 저는 종교가 없어요. 하지만 저는 어떤 경우든, 정치뿐만 아니라 건축의 경우에도, 인간의 굴욕은 허락되어서는 안 된다고 확신합니다. 누군가의 굴욕은 모두의 굴욕이고 인간 자체의 파멸을 의미하니까요.

동의합니다. 누가 어떤 사람을 특정 상황에서 살해하는 경우는 발생할 수 있겠지만 굴욕은, 그것이 적의 굴욕이라 해도, 전혀 다른 차원의 것입니다. 우리를 같이 더럽히기 때문이죠. 무엇보다도 계획적이고 과학적일 때, 굴욕은 무언가 끔찍한 것으로 변합니다.

해방 직후, 밤이 되면 사람들은 거리에서 살인을 저질렀습니다. 방식과 이유만 다를 뿐 이전에 파시스트들이 저지르던 것과 조금도 다를 바 없었죠. 아침 일찍 거리에서 파시스트들의 시체를 발견하면 상당히 괴로웠어요. 그 보잘것없는 파시스트들은 군중의 분노에 던져진 일종의 먹잇감이었습니다. 군중의 분노도 이해는 가지만요. 정말 악랄한 놈들은 어딘가 안전한 곳에 숨어 있었겠죠. 이러한 본질적인 불의도 제가 폭력을 혐오하는 이유였습니다.

파르티잔 활동이 끝난 뒤에 정당들은 권력을 나눠 가지기 시작했습니다.

테러리즘이 기승을 부리기 전에 저는 산드로 페르티니Sandro Pertini나 피에트로 넨니Pietro Nenni 같은 이들과 접촉했습니다. 페르티니는 국민 해방 위원회 내부에서 사회주의자를 대변하던 인물이었고, 넨니는 가끔씩 고딕 전선을 거쳐 모습을 드러내곤 했습니다. 두 사람 모두 굉장히 용감했어요. 그래서 이들을 존중했죠. 그렇다고 해서 이들의 생각에 동의했던 것은 아닙니다.

넨니와는 몇 번에 걸쳐 이야기를 나눈 적이 있는데, 제 생각과는 완전히 다른 방식으로 사고하는 사람이었어요. 저는 우리가 현재와 다른 사회를 만들기 위해 투쟁하는 것이지 오로지 전쟁에 이기기 위해 싸우는 것은 아니라고 주장했습니다. 우리가 사회의 미래에 대한 논의를 멈추는 데 동의하더라도 그것은 잠시 미루는 것에 불과하다며 동지들의 입장을 대변했습니다. 그는 반대였습니다. 이런 이야기는 언급조차 하지 말아야 한다는 생각을 가지고 있었어요. 전적으로 공산주의 이론을 지지하고 있었기 때문이죠.

피에로 델라 주스타Piero Della Giusta라는 젊은 변호사가 한 명 있었습니다. 그는 유서 깊은 사회주의 가문 출신으로, 저와 함께 파르티잔 활동에 참여했습니다. 저는 이 친구와 같이 《일 파르티자노Il Partigiano》라는 이름의 작은 신문을 찍어내기 시작했습니다. 이 신문에 파르티잔 활동은 파시즘 이전 시대의 정치적 상황을 복구하기 위해서가 아니라 새로운 세상, 더 자유롭고 정의로운 세상의 기초를 닦기 위해 필요하다는 내용의 글을 실었습니다. 신문을 발행한 지 하루 만에 발행 금지령이 내려졌죠. 루이지 롱고가 직접 개입해서 활동을 그만두라고 명령했습니다. 공산당 총수가 이런 종류의 명령을 내렸을 때에는 가볍게만 받아들일 수 없었어요.

전쟁이 끝나고

마침내 전쟁이 끝나고 평화의 시대가 왔습니다. 초기에는 분위기가 열광적이었어요. 하지만 기독교 민주 동맹 국가가 형성되기 전까지 꽤 오랫동안 권력 체계가 혼란스러운 상태로 지속되었습니다. 우리에겐 의견을 표명할 수 있는 공간이 있었어요. 저와 줄리아나는 계속해서 알베[35]와 리카 슈타이너Albe, Lica Steiner, 페트랄리Petrali, 엘리오와 지네타 비토리니Elio, Ginetta Vittorini, 루이자와 비토리오 세레니Luisa, Vittorio Sereni, 조반니 핀토리Giovanni Pintori[36], 에르네스토 로저스Ernesto N. Rogers[37], 알비니Albini, 가르델라Gardella, 프랑코 포르티니Franco Fortini, 귀두치Guiducci, 델피노 인솔레라 등과 만났습니다. 이들은 모두 우리처럼 좌파에 속해 있었고 모두들 기독교 민주당의 득세는 물론이고 특히나 공산당이 지성인들 사이에서 둥지를 틀며 고개를 내밀고 있다는 사실에 거부 반응을 보였습니다. 비토리니는 처음에 공산당을 열광적으로 지지했지만 《일 폴리테크니코Il Politecnico》라는 주간지를 창간해 이탈리아 공산당Il Partito Comunusta Italiano(PCI) 측에서는 곱게 볼 수 없는 발언들을 게재하며 거센 비난을 받았습니다.

우리는 카를로 돌리오와도 자주 만났습니다. 뒤이어 비르질리오 갈라시Virgilio Galassi를 비롯한 아나키스트 운동권의 인물들을 만났죠. 돌리오는 언뜻 보기에도 조금 이상한 사람이었습니다. 풍성한 머리카락과 게으른 기질을 지닌 이 지성인은 항상 키가 아주 작은 아내와 함께 돌아다녔습니다. 놀랍

35 알베 슈타이너(1913~1974년)는 이탈리아의 디자이너, 저항운동가이다. 시각 언어의 가독성과 명백함을 극대화하는 방식을 모색하는 디자인 예술과 정치적 참여의 중요성을 강조한 인물로, 1960년대 이탈리아 디자인 문화에 커다란 영향을 끼쳤다.

36 조반니 핀토리(1912~1999년)는 이탈리아의 화가이자 디자이너이다. 뉴욕 MOMA에서 올리베티 산업 디자인전을 개최하며 두각을 나타나기 시작했다. 1984년에는 20세기의 가장 영향력 있는 디자이너 30명 가운데 한 명으로 선정되었다.

37 에르네스토 로저스(1909~1969년)는 이탈리아의 건축가, 건축 이론가, 대학교수이다. 여러 권의 건축 이론서를 남겼고 건축 잡지 «도무스»(1946~1947년)와 «카사벨라»(1953~1965년)의 편집장을 역임했다.

게도 아내는 운동밖에 모르는 뛰어난 농구 선수였죠. 돌리오와 함께하면서 저는 아나키즘에 대한 지식을 쌓았습니다. 저보다 훨씬 지식이 풍부했던 그는 제게 많은 것을 가르쳐 주었습니다. 어떤 책을 읽어야 하는지 소개해주고 들어본 적 없는 희귀한 사실들을 알려주었죠. 바쿠닌과 카피에로Cafiero 역시 돌리오를 통해 알게 되었습니다. 대신에 크로포트킨은 뒤늦게 제가 발견했습니다. 당시에 곧장 흥미를 느꼈고, 지금도 여전히 흥미로워하는 인물이죠.

바로 그 시기에 돌리오도 도시계획과 건축에 관심을 기울이기 시작했습니다. 두 분 사이에 암묵적인 상부상조 관계가 형성되어 있었다고 볼 수 있겠는데요.

그렇다고 볼 수 있죠. 자주 만나는 편이었으니까요. 저는 그에게 건축과 도시계획에 관심을 기울여야 한다고 했고, 그는 제게 다양한 세계관을 소개하면서 정치에 관심을 기울여야 한다고 했습니다.

정신없이 일에 몰두하던 그 시기에 경찰이 들이닥쳤습니다. 저를 잡으러 온 거죠. 전쟁이 끝난 지 얼마 되지 않은 때였고, 저는 로몰로 거리로 돌아와 있었습니다. 경찰의 설명에 따르면 제가 1943년 9월 8일 해군에서 탈영을 했다는 것이었습니다. 그들은 집에 혼자 있는 줄리아나에게 체포 영장을 남겨놓고 갔습니다.

마치 그날 이후론 아무 일도 일어나지 않은 것처럼 말이죠.

그래서 저는 경찰이 찾아왔고 이들이 저를 검거하려 한다는 사실을 페르티니에게 알렸습니다. 그는 곧장 넨니에게 연락해보겠다고 했어요. 넨니는 어느덧 이탈리아의 부총리가 되어 있었습니다. 넨니는 저더러 로마에서 만나자고 했습니다. 저는 조그만 트럭을 타고 악당들이 득실거리는 브라코를 통과해 이틀 만에 로마에 도착했습니다. 역에 도착했을 때 저는 곧장 넨니가 있는 외무성에 전화를 걸었습니다. 전화 속에서 그러더군요. "넨니입니다. 누구시죠?"

요즘 같으면 불가능했을 일이네요!

그에게 군복무와 관련된 불편한 사실에 대해 설명했습니다. 그는 자기를 직접 찾아오라고 했어요. 저는 곧장 그의 사무실로 찾아가서 제가 겪고 있는 일을 상세하게 설명했습니다. 그는 팔미로 톨리아티Palmiro Togliatti가 곧 도착할 거라고 했습니다. 톨리아티는 당시에 법무장관이었는데 그와 이야기하는 편이 나을 거라는 얘기였죠. 톨리아티가 도착하자 넨니는 제가 24개월간 파르티잔 투사를 했는데 경찰이 이제 와서 9월 8일에 해군을 떠난 것이 탈영이었다고 주장하며 저를 고소하려 든다고 설명했습니다. 그래서 톨리아티가 경찰국의 지휘부에 전화를 걸자 모든 문제가 즉시 해결되었죠.

그 시점에 이탈리아 총리 페루초 파리Ferruccio Parri가 나타났습니다. 영국 군용기를 타고 밀라노에 갈 참이라고 하더군요. 그러자 넨니가 총리에게 저를 함께 데려갈 수 있겠냐고 물었어요. 비행기를 타면 위험천만한 장거리 트럭 여행을 피할 수 있으니까요. 결국 우리는 함께 지프를 타고 공항으로 가서 군용기에 올라탔습니다. 그건 사실 미국 비행기였어요. 우리는 나란히 나무 의자에 앉았고, 30분 만에 밀라노에 도착했습니다. 총리가 도착했는데도 밀라노 공항에 의장대는 없었습니다. 장군도, 추기경도 없고 그냥 지프 한 대만 있었어요. 지프를 타고 이동하다가 총리는 관저에서, 저는 집에서 내렸습니다.

마치 집안일처럼 일사천리로 해결되었군요.

하지만 이탈리아는 들끓고 있었습니다. 우리는 토론을 벌이면서 미래를 위한 계획을 세웠어요. 세상이 이전 상태로 되돌아가서는 절대로 안 된다고 생각했기 때문이에요. 어쩌다 전철에서 제복을 입은 군인이 눈에 띄면 시선을 돌렸어요. 사제복을 입은 신부를 만나는 것도 마찬가지로 이상했습니다. 이 시기에는 신부들이 대부분 옷을 파르티잔 투사처럼 입고 다녔고 행동도 그렇게 했거든요.

당시에 우리의 마음가짐은 그랬습니다. 하지만 뒤이어 세상이 이전과 똑같은 상태로 되돌아가리라는 것을 깨달았을 때에는 정말 실망스럽고 안타까웠어요.

저는 그 당시를 넘치는 활력과 끝없는 호기심이 팽배했던 시기로 기억합니다. 우리는 발견과 발명이 끊임없이 계속되는 상황에서 살았습니다. 하지만 슬프기도 했습니다. 낡은 체제가 되살아나는 광경을 목격했으니까요. 정치인들은 세상을 정확하게 이전 상태로 되돌려 놓고 있었습니다. 좌파의 영향력이 결정적이었어요. 톨리아티는 스탈린의 이탈리아 대변인격이었습니다. 얄타 회담의 결정을 존중한다는 의미에서요.

이탈리아에선 모든 것이 잠잠해야만 했습니다. 혁명은 말도 꺼낼 수 없었어요.

2장
전후 시기

해방이 되자 사람들은 다시 말을 하기 시작했습니다.

해방은 전쟁과 독일군 점령, 나치와 파시스트의 잔혹한 경찰이라는 악몽의 끝이었습니다. 우리 모두는 이루 말할 수 없이 기뻤어요. 마치 삶을 되찾은 것만 같았죠. 안토니오 반피 Antonio Banfi는 국민 해방 위원회의 벽보를 온 거리에 내붙였습니다. 벽보엔 이렇게 쓰여 있었죠. '밀라노 시민 여러분, 달빛 아래서 춤을 춥시다.' 실제로 사람들은 밀라노의 모든 광장에서 춤을 추기 시작했습니다. 해질 무렵부터 새벽까지 춤을 췄죠. 지쳐서 쓰러질 때까지 부기우기를 췄어요.

해방은 시간에 구애받지 않는 공개 토론 문화를 부활시키기도 했습니다. 물론 레지스탕스의 마지막 시기는 순탄하지 않았어요. 동맹국들은 북부 이탈리아를 1944년 여름이 끝날 무렵이면 해방시키겠다고 선언했습니다. 비공식 주파수를 사용해 우리 저항운동 조직에 그렇게 알려왔죠. 하지만 가을이 시작되자 약속을 번복하며 해방을 1945년 봄으로 미루었습니다.

또 다른 겨울을 기다림 속에서 보내는 건 우리가 기대했던 바가 아니었어요. 그 누구도 원하지 않았습니다. 파시스트나 나치도 마찬가지였어요. 이들은 시간이 흐를수록 더 초조해졌고, 결과적으로 잔인하고 난폭해졌습니다. 1944년 겨울은 어쨌든 모두에게 암울한 시기였습니다. 무서운 피로와 침묵이 지배했죠.

하지만 해방과 함께 사람들은 말을 하기 시작했습니다. 청년들이 산에서 내려오고 은신처에서 바깥세상으로 나왔습니다. 스위스에서 되돌아오는 사람들도 있었고, 도시에 남아 계속 일을 하던 시민들도 밖으로 고개를 내밀었습니다. 사람들과 이야기를 하고 싶어서였죠.

모두들 토론을 벌였습니다. 현재는 물론이고 특히 미래에 대해 이야기했습니다. 미래는 불분명했고 무엇보다도 레지스탕스 투사들이 기대했던 것과는 전혀 다른 모습으로 전개되기 시작했습니다.

1년 전에 해방된 로마는 이미 정부가 들어선 상태였지만 정계 내부에 파시즘과 파시즘 이전 시대의 낡은 악습이 부활하고 있었습니다. 변신주의trasformismo와 위선이라는 악습이었죠. 이탈리아 남부에서 정부가 우선적으로 기대했던 것은 북부의 밀라노에서 그랬듯 세상을 바꾸기 위해 레지스탕스 활동을 벌였던 이들과 손을 잡는 일이었습니다. 남부와 북부의 협력은 빠르게 진행되었습니다. 레지스탕스의 핵심 세력이었던 이탈리아 공산당이 제안을 받아들였고 치밀한 계산하에 협력을 추진했어요.

그러니까 제가 하고 싶은 말은, 해방이 대다수의 우리에게 크나큰 기쁨을 안겨 주었지만 동시에 실망과 아픔도 가져다주었다는 겁니다. 나치와 파시스트들은 패했지만 세상은 바뀌지 않았어요. 가능한 한 빨리 이전 상태로 되돌아가려는 듯이 보였죠.

건축 분야도 빠르게 활동을 재개했고 해방 직후에는 유독 활발히 움직였습니다. 로저스가 스위스에서 돌아왔고, 루도비코 벨조이오소Ludovico Belgioioso[38]가 마우트하우젠에서, 프랑코 마레스코티가 시칠리아에서, 에우제니오 젠틸리Eugenio Gentili가 로마에서 돌아왔죠. 마르코 자누소Marco Zanuso, 비코 마지스트레티Vico Magistretti, 비가노Viganò, 케사Chessa, 테바로토Tevarotto, 안나 카스텔리Anna Castelli 등이 은신처에서 나와 활동을 시작했고 가르델라, 알비니, 팔란티도 공개적으로 모습을 드러냈습니다. 우리는 모두 함께 '건축 연구회Movimento di Studi per l'Architettura(MSA)'라는 단체를 설립했어요.

이 시기에 줄리아나와 저는 아주 많은 사람을 만났습니다. 약속을 하거나 전화를 걸어 만날 시간과 장소를 정할 필요조차 없었어요. 밀라노의 지식인들은 대부분 파시즘에 반대했는데, 이들은 당시의 클레리치Clerici 가에 있던 문화회관에서 거의 매일 저녁 모였습니다. 회관이 아니라 길을 가다가도 만날 수 있었어요. 당시에는 시내에서 걸어 다니는 것이 보통이었고, 저녁이면 길을 가다 아무런 계획 없이 사람들을

38 루도비코 벨조이오소(1909~2004년)는 이탈리아의 건축가, 디자이너, 대학교수이다. 1953년 베네치아 건축대학에서 교수 자격을 취득했다. 1958년에는 런던의 왕립 예술협회 회원이 되었고, 같은 해 밀라노에서 로저스와 함께 토레 벨라스카를 설계했다. 1962년에 밀라노 광역도시계획Piano Intercomunale di Milano(PIM)의 기술위원회 의장직을 맡았고 1963년부터 밀라노 공과대학 건축학과의 교수로 활동했다.

만나 이야기를 나누곤 했습니다. 주로 산 바빌라San Babila 또는 스칼라 광장에 가거나 몬테나폴레오네Montenapoleone, 산탄드레아Sant'Andrea, 스피가Spiga 거리를 걸었죠. 길을 가다 친구들을 만나면 이야기를 나누고 헤어진 뒤에 모퉁이를 돌면 또 다른 친구들을 만나 또 이야기를 시작했어요. 그때는 웃으면서 살았습니다. 많이 웃었죠. 해방 직후부터 1945년의 남은 시간 내내, 그리고 1946년에도 웃으면서 살았어요.

제가 에르네스토 로저스를 만난 것이 바로 이 시기였습니다. 제가 건축을 이해하고 다른 나라의 건축가들을 공부하는 데 많은 도움을 준 사람이죠. 그는 루도비코 벨조이오소, 엔리코 페레수티Enrico Peressutti와 함께 키오스트리Chiostri 2번가에 스튜디오를 가지고 있었습니다. 어떤 중요한 건축가가 밀라노에 오면 이곳에서 모임을 가졌죠. 바로 여기서 제가 처음으로 발터 그로피우스Walter Gropius, 리처드 노이트라Richard Neutra, 알바 알토, 스벤 마르켈리우스Sven Markelius를 비롯해 많은 건축가들을 만날 수 있었습니다.

로저스는 건축 잡지 《도무스Domus》의 편집장이기도 했습니다. 해방이 되고 지오 폰티Giò Ponti가 사임한 후에 이 직책을 맡았죠. 그는 《도무스》에 실을 계획이라면서 제게 프랭크 로이드 라이트에 대한 기사를 써보라고 했습니다. 라이트는 제가 관심을 가지고 공부했던 건축가였어요. 같은 시기에 저는 '건축 연구회'에서 윌리엄 모리스William Morris에 관한 대담을 가지기도 했습니다. 대담 내용은 후에 마씨모 카라Massimo Carrà가 편집한 발코네Balcone 출판사의 책에 실려 공개되었죠.

그러던 사이에 로저스는 《도무스》 편집장을 그만두고 새로운 건축 잡지 《카사벨라》의 편집장으로 부임했습니다. 그때 로저스가 저를 불러 편집을 맡아달라고 했습니다. 제가 마르코 자누소와 함께 출판 일정을 논하면서 《카사벨라》 제1호의 출간을 준비하는 동안 로저스가 편집부에 비토리오 그레고티Vittorio Gregotti를 데려왔어요.

르 코르뷔지에와 프랭크 로이드 라이트

제가 저항운동 시절에 알프레트 로스의 『새로운 건축』을 산으로 가져간 적이 있다고 말씀드렸는데, 그때 함께 가져간 책이 르 코르뷔지에의 『건축을 향하여Vers une architecture』와 그의 전집 중 한 권이었습니다. 국민 해방 위원회에서 저를 불러 파가노와 함께 프롤레타리아 공격 부대를 조직하라고 지시했을 무렵 저는 지하 운동가들의 거점 가운데 하나였던 '로사 에 발로Rosa e Ballo' 출판사와 접촉을 시작한 상태였어요. 얼마 지나지 않아 페르디난도 발로Ferdinando Ballo가 제게 르 코르뷔지에의 글을 모아 비평 선집을 기획해보라고 했습니다. 제게 르 코르뷔지에가 쓴 거의 모든 글을 검토할 수 있는 기회를 주었던 셈이죠.

당시에 이탈리아에서는 아마도 라이트보다 르 코르뷔지에가 더 유명했겠죠?

라이트는 거의 무명이나 다를 바 없었어요. 르 코르뷔지에 역시 소수의 건축가들과 그에 대한 소식을 접할 수 있었던 지식인들 사이에서만 알려져 있었습니다. 실제로 르 코르뷔지에의 글은 이탈리아어로 번역된 적이 없었어요. 그의 작품집이 출간되는 경우도 상당히 드물었고 몇몇 잡지사에서만 얼마 되지 않는 부수를 찍어냈을 뿐입니다.

출판사 '로사 에 발로Rosa e Ballo'는 기업가이자 반파시스트 지식인이었던 아킬레 로사의 자산과 페르디난도 발로의 지적 공헌으로 지탱되었습니다. 발로는 박식한 음악학자였고 대단한 에너지의 소유자였습니다. 그는 해방 이후 자신의 출판사를 만들겠다는 참신한 생각을 실행했고, 파시즘 정권 하에서는 논하기 힘들었던 주제들에 관한 책들을 조심스럽게 준비했습니다. 그가 불러 모은 상당수의 젊은 지식인 중에는 저를 비롯해 루치아노 안체스키Luciano Anceschi, 알베 슈타이너, 알폰소 가토Alfonso Gatto, 마씨모 밀라Massimo Mila, 루이지 로뇨니Luigi Rognoni, 브루노 마피Bruno Maffi, 파올로 그라시Paolo Grassi, 줄리아 베로네지Giulia Veronesi 등이 포함되어 있었습니다. 발로는 이들에게 각자가 특별히 관심 있어 하는 분야를 주제로 책을 써보라고 했습니다. 저한테는 르 코르뷔지에의 글을 모아 비평 선집을 기획해보라는 제안을 했고 줄리아나에게는 프랭크 로이드 라이트의 『건축과 민주주의Architettura e Democrazia』를 번역해보라고 했어요. 줄리아나가 완벽한 영어를 구사했기 때문이죠. 차근차근 번역을 해 나가는 줄리아나를 지켜보면서 저는 책의 내용을 파악할 수 있었습니다. 결과적으로 라이트의 생각을 이해할 수 있게 되었고 제가 당시에 공부하기 시작한 라이트의 건축을 그의 생각과 비교할 수 있었죠.

라이트 역시 어떤 식으로든 아나키즘에 근접해 있던 인

물이라고 봅니다. 헨리 데이비드 소로Henry David Thoreau와 월트 휘트먼Walt Whitman을 알고 지냈고 그가 윌리엄 모리스William Morris와 존 러스킨John Ruskin을 높이 샀다는 건 잘 알려진 사실이니까요.

프랭크 로이드 라이트는 의심할 여지없이 북아메리카 사상의 위대한 자유주의 사조를 대표하는 인물들 가운데 한 명입니다. 자유주의 사상가들은 19세기 말부터 20세기 초까지 아주 활발히 활동했습니다. 현대의 미국에 미치는 실질적인 영향력은 현저히 줄어들었지만, 여전히 은밀하게 생명력을 보존하고 있습니다. 자유주의는 아주 매력적인 사조입니다. 왜냐하면 자연의 신성함을 깊이 의식할 뿐 아니라 어떻게 보면 인간의 태도에 유기적인 실체를 부여하는 경외-두려움-고양의 긴장을 생성하기 때문이죠.

라이트의 스승 역할을 했던 건축가 루이스 헨리 설리번Louis Henry Sullivan도 어떤 면에선 동일한 문화적 배경에서 성장한 인물인데요.

네, 설리번 역시 미국의 위대한 자유주의 전통에 속하는 인물입니다. 그의 글들은 물론 그의 건축도 실용주의와 유토피아 사이를 오가는 사유와 존재 방식의 에너지를 가지고 있습니다. 북아메리카의 문화에 위대함을 선사한 에너지가 바로 이러한 주기적 변동 속에 있었죠.

아나키즘의 발견

독서나 문화적 영향을 제외하고 전쟁 직후에 선생님께서 아나키즘에 접근하게 된 최초의 동기들은 어떤 것들이었나요?

예전에 여러 번 했던 얘긴데, 제가 아나키스트라는 말은 할 수 없을 것 같습니다. 사실 아나키즘에 전 생애를 바친 사람이 아니고서는 그 누구도 스스로를 아나키스트라고 말할 수 없다고 봅니다. 타협을 거부하고 절대적 관대함을 추구하며 사명감을 가지고 분명한 방식으로 아나키즘을 실천하는 사람들만이, 필요하다면 죽어서라도 원리 원칙을 지킨 사람들만이 아나키스트라고 불릴 자격이 있는 거죠. 그 외의 사람들은 그저 아나키스트로 살아가려는 '성향'만 지녔다고 볼 수 있습니다. 아나키즘은 일종의 한계 개념입니다. 도달한다는 것이 절대적으로 불가능하다는 것을 인지한 상태에서 추구하게 되는 목표니까요. 도달할 수 없는 이유는 그것을 찾는 사이에 어딘가 다른 곳으로 가버리기 때문입니다. 여기에 바로 아나키즘의 놀라운 힘이 있습니다. 아나키즘 자체가 회합이나 정당, 혹은 일이나 직업, 일상, 보호수단, 경력 등으로 변질되는 걸 막아주는 힘이죠.

저는 전적으로 실용적인 영역에서 아나키즘을 발견했습니다. 개인적으로 성장하는 과정에서 서서히 발견했고, 문화적 교양을 쌓거나 나만의 행동 방식을 구축하기 위해 시도하고 경험한 것들 중 일부를 버리거나 선택하면서 아나키즘에 주목하게 되었죠. 제가 아나키즘에 끌렸던 건 거부감 때문이기도 합니다. 제가 연루되거나 관여하던 상황들 속에서 마음에 들지 않던 측면들을 거부하면서 아나키즘에 주목하게 된 거죠. 예를 들어, 저는 파시즘이 실망스럽고도 혐오스러워서 거부했습니다. 레지스탕스 시기는 물론 해방 직후에도 공산주의를 꺼리며 거부했습니다. 공산주의자들과는 오히려 가깝게 지냈지만 이들이 패하면서 상황이 바뀌었어요. 바로 저와 친하게 지내던 이들이 저를 협박하는 지경에 이르렀으니까요. 자기들 편이 아니면 모두 반동적이고 무지몽매한 우파로 간주하는 식이었어요. 하지만 저는 이들의 아둔한 당파주의를 받아들일 수 없었고, 의혹과 불확실성에 둔감한 성격, 목적이 모든 수단에 우선한다고 보는 관점을 수용할 수 없었습니다. 목적은 절대적 진리가 아니라 오히려 해결을 요하는 문제입니다. 아주 다양하고 복잡한 해결책들을 향해 열려 있는 문제죠. 따라서 진정한 정치적 임무는 수단을 선택하는 데 있습니다.

저는 그런 식으로 아나키즘에 접근했습니다. 줄리아나도 저와 같은 생각을 가지고 있었어요. 그녀는 자유주의적인 성향이 강했고 고귀한 야생 동물 같은 감각의 소유자였습니다. 우리는 같이 살면서 신비로운 조화의 결속력에 힘입어 아나키즘을 함께 받아들였습니다.

초기에는 카를로 돌리오가 일종의 촉매 역할을 했습니다. 해방이 되기 전에 몇 달 동안 우리는 디아나와 카를로 돌리오가 살던 루틸리아Rutilia 가의 조그만 아파트에 얹혀 살았습니다. 우리는 사방에서 쫓기는 신세였고 더 이상 숨을 곳이 없었어요. 그래서 이들의 환대가 마치 행운 같았죠. 게다가 두 사람은 아는 게 많았고 이들과 함께 나누는 대화는 흥미롭고 재미도 있었습니다.

저녁 일곱 시 이후는 통행 금지였습니다. 그래서 자러 가기 전까지 남은 긴 시간 동안 이야기를 나누거나 게임을 했습니다. 그리고 웃었죠. 카를로는 책을 읽고 느낀 점이나 체세나 Cesena에 살면서 읽었던 최초의 이탈리아 아나키스트 저자들에 대해 이야기해주었습니다. 그는 외국의 훌륭한 아나키스트 사상가들에 대해서도 꽤 알고 있었습니다. 표트르 크로포트킨에 대한 저의 관심도 그때 시작되었죠. 카를로는 크로포트킨을 프랑스나 이탈리아의 사상가들보다 한 수 아래로 평가했지만 제게는 그의 사상이 훨씬 더 매력적이었어요. 현재의 문제점들에 대해 훨씬 더 열린 자세를 지녔다고 느꼈기 때문이죠. 흥미로웠던 것은 그가 과학자인 동시에 지리학자, 환경학자, 여행가, 탐험가, 작가였다는 점입니다. 인문학과 과학을 모두 소화할 수 있는 보기 드문 교양을 갖춘 인물이었죠. 이는 19세기 말부터 20세기 초까지 활동했던 위인들에게서나 찾아볼 수 있는 특징입니다.

카를로 돌리오와 저녁에 나누던 이야기는 계속해서 델피노 인솔레라와 낮에 나누던 대화로 이어졌습니다. 델피노는 굉장히 폭 넓은 지식의 소유자였고, 그의 모든 지식이 새로운 세계에 투영되고 있었어요. 그는 새로울 뿐 겉만 번지르르한 것은 혐오했습니다. 그는 미래를 향해 열린 자세가 무엇인지 보여주었어요. 결과적으로 우리가 대화를 나누는 동안 아나키즘은 동시대적 의미를 띠게 되었고, 19세기의 다게로타이프 dagherrotipi 사진에 대한 향수에서 벗어나 현재를 구성하는 과학과 기술, 음악, 춤, 건축에 이르는 다양한 분야들을 검토했죠.

아나키즘에 대한 이러한 새로운 관점은 나중에 영국의 아나키스트들이 이탈리아에 발을 들여놓기 시작하면서 훨씬 개방적인 성격을 띠었습니다. 시작은 버논 리처즈였어요. 《프리덤》 그룹에서 예술 평론가 허버트 리드, 역사학자 조지 우드콕과 함께 일했던 인물이죠. 뒤이어 콜린 워드와 존 터너가 합류했습니다. 이들을 통해 영국의 도시계획과 건축이 지닌 문화적 색채가 부각되었고 이를 우리도 인식하게 되었죠. 동일한 문화적 색채의 전통이 표트르 크로포트킨에서 출발해 '패트릭 게데스를 거쳐 프레데릭 로 옴스테드Frederick Law Olmsted와 루이스 멈포드 등의 인물들까지 이어졌습니다.

같은 시기에, 스페인에서 투쟁한 뒤 프랑스에서 옥살이를 하거나 이탈리아 국경으로 망명을 떠났던 아나키스트들을 만날 수 있었습니다. 저는 이들 가운데 상당수와 계속 관계를 유지했습니다. 이들이 개최하는 집회가 매년 이탈리아에서 도시를 바꿔가며 열렸기 때문이죠. 역사적인 첫 번째 집회는 카라라에서 열렸습니다. 두 번째는 풀리아주의 카노사에서, 세 번째는 리보르노에서 열렸죠. 세 번째 집회에는 참석하지 못했습니다. 저 대신 줄리아나가 갔었죠. 줄리아나는 카노사에 갔었지만 카라라에는 안 갔어요. 그곳엔 저와 델피노 인솔레라가 함께 갔습니다. 아마 카를로 돌리오도 갔을 거예요.

카라라의 아나키스트 집회

1945년 여름에 밀라노에서 카라라로 이동하는 건 쉬운 일이 아니었어요. 철로가 폭격을 맞아 엉망이 되어 있었기 때문에 기차를 세 번이나 갈아타야 했고 10시간이나 걸렸죠. 자동차로 움직일 경우 브라코를 통과할 때 숲에 득실대는 산적들이 여행객을 상대로 약탈을 일삼기 때문에, 군인들의 호위하에 무리를 지어 움직여야 했습니다. 게다가 우리에겐 차가 없었어요.

다행히 저희는 조그만 토폴리노Topolino(피아트 500) 한 대를 찾아냈습니다. 키가 큰 근육질 청년이 모는 차였는데 아나키스트들이 궁금하다면서 우리를 데려다주기로 했어요. 그 작은 차에 운전자 외에 5명이 끼어 앉았습니다. 미국이나 영국에서 전화기 부스에 들어가는 사람 수의 세계 기록을 경신하기 위해 도전하는 청년들이 겪는 것과 비슷한 고초를 겪었죠.

열 시간 동안, 파다나 평야를 가로지르고 국도를 거쳐 브라코를 향해 오르막길을 달린 뒤에 라스페치아로 이어지는 내리막길을 달려 카라라로 향했습니다. 힘들었지만 재미도 있었죠. 다행히 훼방꾼들은 만나지 않았어요.

우리는 저녁이 되어서야 카라라에 도착했습니다. 그리고 중앙 광장에 위치한 커다란 공공 건물로 향했어요. 그곳에서 다음 날 아침 이탈리아 아나키스트들의 집회가 열릴 예정이었습니다. 전쟁 이후에 처음으로 열리는 집회였죠.

광장의 한쪽 구석과 건물의 정문 앞에 무장한 아나키스트 투사들이 진을 치고 있었습니다. 마치 스페인 내전을 보는 것 같았어요. 행사를 추진했던 카라라의 지지자들은 경찰들에게 도시 바깥으로 물러나 있을 것을 요구했습니다. 공공질서는 알아서 책임을 지겠다는 거였죠. 경찰은 이들의 요구를 들어주어 교외의 어느 마을로 후퇴해 있었고 집회가 끝날 때까지 나타나지 않았어요. 시내의 질서는 완벽에 가까웠습니다.

다음 날 집회 장소에는 아침 일찍부터 수많은 아나키스트들이 군집했습니다. 그리고 무슨 내용을 토론 주제로 다룰지에 대해 벌써부터 토론을 벌이고 있었죠. 그곳엔 1922년부터 유폐되어 온 스페인과 여러 지역의 생존자들을 비롯해, 파르티잔 활동을 펼치면서 성장한 청년들, 제도적 정치에 신물이 난 나머지 사회적 의무를 또 다른 차원에서 모색하기 위해 모여든 신입생 등이 모여 있었습니다. 토론을 시작하기가 무섭게 사람들의 성향은 아주 다양하다는 사실이 드러났습니다.

그 와중에도 크게 세 가지 노선이 두드러졌어요. 노동조합 노선은 모든 힘을 노동자와 농민의 해방에 집중시켜야 한다고 주장했고, 문화적으로 앞서 있던 계몽주의 노선은 아나키즘의 전통적인 원리와 방법을 혁신하기 위해 과학과 기술의 첨단 분야에 침투해야 한다고 주장했습니다. 끝으로, 스페인 공산주의자들과 분쟁한 결과로 생겨난 지도주의Dirigismo 노선은 아나키스트 운동이 좀 더 정확한 조직 형태를 갖추고 결론에 좀 더 빠르게 도달하기 위한 체계적인 방식을 취해야 한다고 주장했습니다.

저는 이처럼 열정적인 동시에 너그러운 정당 대회에 참석한 적이 한 번도 없었습니다. 다양한 입장을 주장하던 이들이 서로를 신랄하게 비판하며 심지어는 의자를 집어던지는 일까지 벌어졌지만 사실은 상대편에 대한 존중과 깊은 존경심을 잃지 않았어요. 시끄러운 분위기가 가라앉다가도 누군가 결론을 내야 하니 투표를 하자고 제안하면 분위기는 다시 뜨겁게 달아올랐습니다. 마치 다들 합의점에 도달하는 건 불가능하다고 외치는 것만 같았죠. 하지만 의견이 다름에도 이들은 결국 합의점에 도달했습니다. 다수파가 생성되더라도 소수파는, 적어도 어느 한쪽이 생각을 바꾸기 전까지는, 그들만의 길을 자유롭게 갈 수 있어야 한다는 원칙하에 합의점을 찾았죠.

카라라 집회라는 울타리 바깥에서 이탈리아의 좌파를 좌우하는 것은 비서실, 중앙위원회, 당규, 민주적 중앙집권제 그리고 소수파는 다수파의 결정을 존중해야 한다는 원칙이었습니다. 반면에 저는 동의하지 않을 권리를 하나의 확고한 원칙으로 유지하면서도 합의에 도달할 수 있다는 사실을 아나키스트들 사이에서 발견했고 이것이 제 남은 인생의 향방을 결정지었습니다.

아나키스트 집회에서 저는 아나키즘의 주인공들을 여러 명 만났고 해를 넘어서도 이들과 계속 관계를 유지했습니다. 이들 가운데에는 시라쿠사의 의자 제작자이자 비토리니의 어릴 적 친구인 알폰소 파일라Alfonso Failla, 체세나의 미장이였고 바르셀로나에서 두루티와 함께 투쟁 활동을 벌인 뒤 프랑스에서 감옥 생활을 했던 피오 투로니Pio Turroni, 혁신적인 정신과 능력을 인정받아 유럽의 모든 공장에서 그를 임용하기 위해 경쟁을 벌였던 선박 기술자 체사레 자카리아, 스페인 내전에서 사망한 카밀로 베르네리Camillo Berneri의 아내이자, 나폴리에서 자카리아와 함께 당시 이탈리아에서 가장 지적인 잡지 가운데 하나였던 《의지》를 출판하던 조반나 베르네리 등이 있었어요.

카라라에서 이루어진 아나키스트들과의 만남은 건축에 대한 선생님의 생각에 어떤 영향을 끼쳤나요?

아마도 프로젝트에 임할 때 어떤 건축적 관점이 다른 것보다 낫다는 원칙을 미리 세워놓지 않고 가능한 모든 관점에서 관찰하는 방법을 배웠다고 생각합니다. 특정 관점의 우월성을 원칙으로 세울 수 없다고 보는 이유는, 사물들의 질서는 바뀌기 마련이고 그것을 하나의 위계질서 안에 고정시키려는 모든 시도는 사실상 권력 행사에 지나지 않는다고 확신하기 때문입니다. 중요한 것은 결과가 아니라, 목표를 향해 나아가면서 만나는 모든 긍정적인 성과를 받아들이고 장애물을 두려워하지 않으며 결과를 얻기 위해 매진하는 과정이라고 생각합니다. 아울러, 의혹은 문제점을 다양한 방식으로 해결할 수 있는 열쇠입니다. 과정이야말로 진정한 목표이고 결과는 확인의 가치를 지닐 뿐이죠. 이 모든 것을 저는 다름 아닌 아나키즘에서 배웠고 저만의 건축 방식에 이식했다고 믿습니다. 카라라의 집회는 이러한 믿음을 생생하게 확인할 수 있는 기회였어요. 제게 굉장한 신뢰감을 심어주었죠.

카노사의 아나키스트 집회

두 번째 집회는 1948년 2월에 카노사에서 열렸습니다. 남부 문제, 농민들, 직업과 사회적 권리를 위한 투쟁의 복잡한 역사 등을 감안할 때, 전혀 다른 환경이었을 텐데요.

카노사에는 줄리아나, 카를로 돌리오, 비르질리오 갈라시 그리고 밀라노의 친구들 몇몇과 함께 갔었습니다. 엔리코 에마누엘리Enrico Emanuelli도 우리와 함께 있었어요. 그는 당시 이탈리아에서 매우 적극적이고 날카로운 기자이자 작가였죠.

카노사에서는 다정하고 친절한 농민들이 우리를 반겨주었습니다. 이들 가운데 상당수가 우리에게 숙소를 마련해주려고 산장으로 거처를 옮겼죠. 줄리아나와 제게는 골목 쪽의 문에서 빛이 들어오는 반지하층 방을 내주었어요.

카노사의 아나키스트들은 수가 많았지만 지도자가 없었고 조직력도 갖추고 있지 않았습니다. 하지만 미켈레 다미아니Michele Damiani라는 인물이 있었죠. 50대였고 키는 작지만 카리스마를 지닌 이 사람은 맑은 눈으로 주변을 주시하며 대로를 산책했습니다. 그러면 사람들이 그에게 다가가서 여러 가지 개인적이거나 보편적인 문제들을 털어놓고 조언을 구했죠. 그는 외면하듯 잠시 머뭇거리면서 사람들 주변의 허공을 바라보다가 마치 샤먼처럼 손동작을 크게 해가면서 부드러운 어조로 대답하곤 했습니다.

집회는 굉장히 흥미롭고 활달한 분위기 속에서 진행되었고, 에마누엘리처럼 아나키스트를 처음 만나본 사람들은 상당히 깊은 인상을 받았습니다. 가장 많이 논의된 주제는 '자유냐 조직이냐'라는 딜레마였습니다. 아나키스트들은 이후에도 동일한 주제를 가지고 수년간, 사실은 아무런 해결책도 찾지 못한 채 토론을 계속했습니다.

의문점은 많았지만 저는 조직이 빠르게 권력중심주의와 관료주의에 빠져들 것을 우려하는 이들이 더 마음에 들었습니다. 하지만 이미 말씀드렸듯이 저는 투사는 아니었습니다. 제 본성이 그랬어요. 누군가는 제 태도가 귀족주의적이라고 생각합니다. 솔직히 제 입장에서도 귀족정치주의자가 되지 말라는 법은 없지 않는가라는 생각을 해보기도 합니다. 모든 걸 떠나서 제가 조직과 제도와 전투를 싫어하는 건 사실이고, 크로포트킨도 귀족정치주의자였으니까요.

바쿠닌도 마찬가지였습니다.

물론이죠. 바쿠닌 역시 귀족정치주의자였습니다. 그러고 보니 신뢰할 만한 새 아이디어를 내놓으면 어쩔 수 없이 귀족정치주의자가 될 수밖에 없다는 결론을 내릴 수 있겠네요. 귀족정치주의자가 된다는 것은 공작이나 백작, 후작 같은 사람이 된다는 뜻도 아니고 어떤 이유에서든 타자보다 우위에 있다는 것을 의미하지도 않습니다. 그것은 위험한 위치에 기꺼이 서서 두려워하지 않고 결과를 받아들인다는 것을 의미하죠. 남들보다 우월하려는 것이 아니라 타자의 차원을 아예 뛰어넘으려고 노력한다는 뜻입니다.

노동자도 귀족정치주의적인 입장을 취할 수 있습니다. 자신의 일을 훌륭하게 해내는 데 자부심을 느끼고, 저녁에 음식점에서 사람들과 이야기를 나눌 때면 중요한 위치를 점하는 사람으로서 말하는 노동자의 입장이 될 수 있을 겁니다. 관건은 가문이나 혈연에 따르는 귀족정치가 아니라 무언가 다른 것에서, 그러니까 훈련과 사고의 명료함에서 유래하는 귀족정치입니다. 그것이 바로 제가 알고 지내던 많은 아나키스트에게서 발견했던 귀족정치주의입니다.

방금 말씀하신 내용은 귀족정치에 대한 저의 생각과 일맥상통하는 면이 있습니다. 귀족정치는 사실 내부적인 훈련에 가깝습니다. 조직이 강요하는 외부적인 규율과는 많이 다르죠. 저는 외부적인 규율을 수용하지 않습니다. 그래서 사실은 어떤 정당에도 적을 둘 수 없었고, 건축의 목을 조르는 규칙들에 반항하지 않고서는 복종도 할 수 없었습니다.

채워가고 계시던 모자이크의 한 조각이 다름 아닌 아나키즘이었던 같은데요. 하지만 아나키즘의 세계에 대한 선생님의 관심도 기본적으로는 우리가 '자유주의 도시계획의 아버지'로 정의할 수 있는 크로포트킨을 향해 있었고, 예술에 관심을 기울이던 영국의 아나키스트 또는 일찍이 아나키즘 사상을 섭렵했던 많은 건축가와 예술가 들을 향해 있었습니다.
1945년에는 르 코르뷔지에의 비평적 선집을 출판하셨고 1946년에는 라이트에 관한 기사를 발표하셨죠. 1947년에는 모리스에 관한 에세이를 발표하셨고요. 바로 이 시기에 어떤 건축 개념에서 또 다른 건축 개념으로, 양쪽의 무언가를 버리거나 살리면서 관점의 변화를 꾀하는 여정이 시작되었다고 봅니다.

건축가로 살아가기

당연히 제 성장의 기본적인 모체는 건축이었습니다. 제 인생의 어떤 시점부터 줄곧 건축이 제 삶을 지배했죠. 저는 건축가가 되고 싶었습니다. 처음에는 많은 어려움이 있었지만 결국에는 해냈어요. 물론 도움을 받은 덕이고, 누구보다도 줄리아나가 저를 도와줬기 때문입니다. 하지만 해방 직후에는 오랫동안 일거리가 없었어요. 가난했기 때문에 무슨 수를 써서라도 일거리를 찾아야만 했습니다. 알비니, 가르델라, 때로는 조반니 로마노Giovanni Romano를 도와 허드렛일도 했습니다. 주로 시공 견적서를 작성하거나 연필 드로잉을 펜으로 옮겨 그리는 일을 했죠. 그러다가 알비니 밑에서 견습생을 했습니다. 어느 시점에선가 알비니가 저더러 자기랑 루이자 카스틸리오니Luisa Castiglioni와 함께 레지오 에밀리아의 도시계획을 맡아 일해보자고 제안했어요. 같은 시기에 저는 알베 슈타이너와 함께 제8회 트리엔날레에서 '자생적 건축'을 주제로 전시회를 준비하고 있었습니다.

이 다사다난하고 여러모로 힘들었던 시기를 저는 좋은 기억으로 간직하고 있습니다. 제가 하게 될 일을 배우기 시작했고, 그리 바쁘지도 않아서 건축 공부를 아주 많이 할 수 있었기 때문입니다.

당시에 저는 '소치에타 우마니타리아Società Umanitaria'[39] 학교에 나가 청년들을 위해 야간 강의를 했습니다. 낮에 일을 해야 하는 청년들이 늦은 시간에 이론을 실무 단계로 끌어올리기 위해 작업실을 찾아왔죠. 저는 제가 스케치한 것들을 청년들에게 보여주고 이를 실시설계 도면으로 변형해보라고 했습니다. 뒤이어 자신들이 그린 설계도를 바탕으로 작업감독들의 도움을 받아 실물을 직접 만들게 했죠. 작업감독은 탁월한 목수, 철공 들이었습니다. 저 역시 이들과 학생들로부터 기술과 재료를 이해하는 데 많은 것을 배웠어요. 같은 시기에

39 소치에타 우마니타리아는 1893년 프로스페로 로리아Prospero Loria가 밀라노에 창설한 박애주의 교육기관이다. 특히 1, 2차 세계 대전의 위기에서 벗어나는 동안 '가난한 이들이 어려움을 딛고 스스로 일어날 수 있도록, 노동자들이 전문가로서 지적으로나 정서적으로 성장할 수 있도록' 주야간 학교를 열어 다양한 분야의 전문 교육 과정을 운영했고 이탈리아 기술 교육의 발전에도 크게 기여했다.

건축 연구회(MSA)에도 나갔죠.

건축 연구회는 구체적으로 어떤 모임이었나요?

건축 연구회는 젊은 건축가들의 모임이었습니다. 실제로는 프랑코 알비니 세대, 그러니까 저보다 대략 15살 정도 나이가 많은 건축가들이 주축이었고, 일부는 저와 비슷한 또래였습니다. 모두들 현대 건축가라는 자부심을 가지고 있었죠. 그건 이들이 이전 세대의 대부분이 그랬던 것처럼 절충적이거나 과장된 경향을 보이는 건축가들이 아니라는 의미였습니다. 우리는 일주일에 두 번씩 모임을 가졌습니다. 누군가가 특별히 흥미로운 문제를 주제로 강의를 준비했고, 강의가 끝나면 토론이 벌어졌죠.

오늘날에는 대학이나 전문가들의 협력 없이 이런 식의 모임을 만들기가 쉽지 않을 거란 생각이 드는데요.

맞아요. 오늘날에는 더 이상 건축을 논하기 위해 모이지 않습니다. 건축가들이 모임을 가질 만한 공간이 없다는 것도 사실입니다. 당연히 뒤따라야 할 조건임에도 말이죠. 우리는 클레리치 가에 있는 문화회관에서 모임을 가지기 시작했습니다. 이어서 우마니타리아 회관으로 장소를 옮겼죠. 모임에는 언제나 많은 사람이 참석했습니다. 알비니, 가르델라, 로저스, 벨조이오소, 무키, 피에로 보토니Piero Bottoni, 푸티Putti, 비가노, 자누소, 마지스트레티, 마냐기Magnaghi, 테르차기Terzaghi

등도 빠지지 않았죠. 밀라노 건축계를 대표하는 인물들이 모두 모더니즘 운동을 추구했던 셈입니다.

같은 시기에 로마에서는 '유기적 건축 협회Associazione per l'Architettura Organica'가 설립되었습니다. 한편으로는 브루노 제비Bruno Zevi, 다른 한편으로는 루도비코 콰로니Ludovico Quaroni의 영향을 받아 설립되었죠. 이러한 이중성 때문인지 '유기적 건축 협회'는 성격이 약간 모호했습니다. 콰로니와 제비는 이질적이었을 뿐 아니라 서로가 인정하지 않는 목표를 추구했습니다. 실상 이들의 목표가 어느 쪽으로 환원되어도 무방한 상황이었죠. 콰로니는 굉장히 총명했고, 탁월한 교습 능력뿐만 아니라 세련된 비판적 시각을 겸비한 인물이었습니다. 본질적으로 학자였던 그는 모더니즘 운동을 완전히 받아들인 적도 없고, 자신과 건축을 과거로 되돌려 보낼 기회만 엿보고 있었어요. 제비 역시 굉장히 똑똑하고 에너지가 넘치는 인물이었습니다. 모더니즘 건축의 복합적인 동기를 파악하지 않고서도 모더니즘을 사실상 승리로 이끈 인물이죠. 본질적인 의미에서 정치인이었습니다. 그는 전투에서 정보를 장악하는 자가, 충격요법을 활용해서라도 정보의 힘에 설득력을 부여할 때 승리한다고 확신했던 인물입니다.

제비는 해방 후에 이탈리아로 돌아와 정신분석과 프랭크 로이드 라이트라는 깃발을 치켜세우면서, 그런 메시지가 화려한 빛을 발할 수 있었던 로마와 지방에서 성공하는 행운을 얻었습니다. 하지만 밀라노와 수도 로마의 상류사회, 이탈리아의 여러 도시에서 라이트와 프로이트는 널리 알려진 상태였고, 이들의 생각을 다시 소개하는 단호하고 선동적인 어투를 사람들은 마음에 들어 하지 않았습니다.

게다가 사람들은 '유기적 건축 협회'에 대해 좀 더 본질적인 의혹을 품었습니다. 승리의 선언이라는 떠들썩한 연막 뒤에는 이탈리아의 모더니즘 건축가들이 정복했던 신선하고 확고한 입지에서 후퇴하려는 의도가 숨어있을 거라고요.

유기적 건축 협회의 연막은 결국 의뢰인들의 절충주의적인 취향에 적응하며 소형 빌라들을 만드는 데 집중했던 수많은 건축가의 작업을 정당화하는 결과로 이어졌습니다.

바로 그런 이유에서 제비는 밀라노를 정복하는 데 성공하지 못했습니다. 그는 대부분의 이탈리아 건축계를 이미 지배하고 있었고, 그런 자신의 영향력으로 밀라노까지 장악하려는 시도를 여러 번 했을 뿐이죠. 우리는 제비를 건축 연구회에 두세 번 초대한 적이 있습니다. 그는 초대에 응했고, 언제나 그랬듯이 당근과 채찍을 흔들어대며, 위협적으로 재앙을 예고하는 동시에 동맹을 조건으로 치유를 약속했죠.

저는 브루노 제비의 위대한 업적을 인정합니다. 건축의 역사와 정치를 주도하는 그만의 자극적인 언변과 열정으로 전쟁 이후의 이탈리아 건축에 활로를 열었다는 점은 인정할 수밖에 없죠. 하지만 그렇다고 해서 제가 그의 사고나 접근방식을 공유했던 것은 아닙니다. 그의 놀라운 열정만큼은 높이 평가했지만 그가 무언가를 평가하거나 논하면서 대충 얼버무릴 때마다 분노하지 않을 수 없었어요.

그 시기에 공부도 굉장히 많이 하시고 글을 쓰면서 출판을 시작하셨는데요.

말씀드린 것처럼 당시에 저는 공부에 혈안이 되어 있었습니다. 선집을 출판한 뒤에는 과거의 건축물들을 관찰하러 돌아다녔어요. 자력으로 접근이 가능했던 르 코르뷔지에의 작품도 보러 갔죠. 마르세유의 공동주택l'Unité di Marsiglia이 인상 깊었어요. 제 입장에선 공간을 활용하는 방식의 기발함이나 창조적 형식의 품격, 디테일의 정확성이 지니는 자연스러움이 놀라웠습니다. 예전에는 볼 수 없던 유형의 건물이었죠. 모든 부분이 새로웠고 전체적인 차원에서도 새로웠습니다. 하지만 선택의 여지가 없는 규범들을 기준으로 거주자의 요구와 갈망을 분류하고 선별한 뒤 규격화하는 방식만큼은 마음에 들지 않았습니다. 물론 거주자들은 르 코르뷔지에가 계획한 공간이 오히려 만족스럽다는 의견이었어요. 이들은 확고한 공동체 의식을 가지고 있었습니다. 비판적인 목소리가 들려오면 불안감을 느꼈죠. 문제점이 암시될 때마다 마치 귀신을 쫓아내려는 듯 일축하기 바빴어요. 거주자들은 마르세유의 전원에 고립된 휘황찬란한 성곽에 갇혀 포위당한 것처럼 굴었습니다. 마치 당면한 어려움을 확실히 극복하기 위해 굳건한 믿음이 필요하거나, 외부의 비판을 막아내기 위해 자신들이 사는 건물의 엄격한 규칙성에 복종해야 할 필요를 느끼는 것만 같았죠.

오늘날 마르세유의 교외는 르 코르뷔지에의 공동주택보다 열 배는 큰 건물들로 완전히 뒤덮여 있습니다. 공동주택의 필로티를 에워싸야 할 공원은 자동차가 모조리 점령했고, 아파트들은 건축가들이 살면서 골동품처럼 보존하고 있는 두 채만 제외하고 모두 폐허가 되었습니다. 지금 르 코르뷔지에의 성과은 사실상 출발선부터 안고 있던 약점과 문제점을 그대로 드러내고 있습니다. 르 코르뷔지에는 자기충족적인 귀족정치주의의 갑옷을 입었을 뿐 소심했습니다. 그는 그의 건물에 사는 거주자들이 승자가 되기를 원했습니다. 그의 건축이 표상하는 엄격한 규칙성을 바탕으로 그렇게 만들 수 있다고 생각한 거죠. 그건 르 코르뷔지에 이전이나 이후에도 많은 이들이 어떤 식으로든 추구했던 위험한 꿈이었습니다. 그러다가 어느 순간 사라져 버렸죠. 그때부터 정반대되는 꿈을 꾸기 시작했습니다. 건물의 사용자는 우연적이고 성가신 존재이니, 건축이 건축 자체를 표상하도록 만들 수 있다는 꿈이었죠.

또 한 가지 말씀드리고 싶은 것이 있습니다. 마르세유의 공동주택에는 관심이 많았지만 플랑 부아쟁Plan Voisin[40]은 도저히 받아들일 수가 없었어요. 도시에 본질적으로 내재하는 복합성과 비틀림을 매우 사랑하는 저로서는 파리의 놀라운 도시조직을 중요한 기념비만 덩그러니 남겨둔 채 지반에서 쓸어낸 뒤 태양빛에 번쩍이는 마천루들의 정방형 공간으로 뒤바꾼다는 것이 상상조차 하기 힘든 일이었어요.

르 코르뷔지에가 말은 그렇게 했지만 그것이 정말 그의 의도였을까요? 플랑 부아쟁은 어쩌면 판에 박힌 해결 방법을 깨고 건축과 도시계획의 탐구를 자극하기 위한 일종의 선언

40 플랑 부아쟁Plan Voisin은 르 코르뷔지에가 1922년과 1925년 사이에 계획해 1925년 '국제 현대 산업 예술 전람회Exposition internationale des Arts dècoratifs et industriels modernes'에 발표한 파리 중심가의 도시계획안으로, 십자형 고층 아파트 단지와 주변의 대로가 특징이었다.

이 아니었을까요? 당시에는 열흘에 한 번 꼴로 새로운 마니페스토가 등장했었으니까요.

르 코르뷔지에는 세상을 떠나기 얼마 전에 한 프랑스 음반사와 가진 인터뷰에서 파리에 대한 지극한 애착을 연달아 천명하며, 파리의 모든 주름과 있는 그대로의 모습을 사랑한다고 말합니다.[41] 그 이야기를 들어보면 플랑 부아쟁이 사실은 기획적인 차원의 제안에 불과했다는 것을 알게 됩니다. 직접적으로는 일종의 매력적인 자극제였습니다. 그러고 보면 자신이 목표했던 바를-지나칠 정도로 훌륭하게- 달성한 셈이죠.

어떻게 보면 미래주의자들이 베네치아의 수로를 시멘트로 메워 도로를 만들자고 제안했던 경우와 비슷하다고 볼 수 있겠네요. 아마도 그 계획을 정말 실현하려고 들지는 않았을 테니까요.

아마도요. 하지만 학자였던 마리네티라면 하려고 했을 겁니다. 보초니? 기대를 말아야죠. 발라? 누구보다 뛰어났던 인물이니까 하려고 하지 않았을 게 분명합니다.

선집을 준비할 때부터 저는 르 코르뷔지에의 권위적인 태도 때문에 좀 당황하고 있었습니다. 그래서인지 제 관심은 어느 시점에선가 라이트로 쏠리기 시작했어요. 라이트 역시 권위적인 인물이었지만, 그 이유도 기호도 달랐습니다. 이어서 영국 아나키스트들을 알게 된 뒤 저는 윌리엄 모리스에 접근했습니다. 모리스는 굉장히 정감이 가는 인물이었어요. 하

41 인터뷰 내용은《공간과 사회》의 초기 간행물에 수록되었다. - 원주

지만 분명한 생각을 가지고 있지는 않았습니다. 아니 굉장히 산만한 편이었죠. 하지만 그는 예술가로서, 도덕문학 작가로서 굉장히 의미 있는 인물이었습니다.

모리스는 상당히 개인적인 정치적 여정을 밟았습니다. 페이비언들과도 함께했고, 아나키스트들, 그리고 사회주의자동맹과도 함께 했는데요...

그는 중요한 것을 발견했습니다. 무엇보다도 오늘날의 상황과 관련 있는 것을요. 그는 산업화의 결과로 등장한 기계주의, 대량 생산, 노동의 합리적 체계화가 인간의 본성 가운데 가장 예민한 부분들을 파괴하리라고 진단했습니다. 이러한 요인들이 대세가 되면 장인적 노동의 깊은 의미를, 다시 말해 지성과 감각, 사고와 육체의 지속적인 대화를 바탕으로 전개되는 노동의 의미를 사라지게 만들 거라고 생각했죠. 그는 이러한 상실로 인해 제어가 불가능한 재난이 오리라고 느꼈습니다.

이어서 그 일이 어김없이 일어났죠.

모리스는 기술이 제공하는 도구들을 사용하되 위대한 장인의 정신으로 자신의 작품을 계획하고 실현함으로써 노동의 이유를 잊지 말아야 한다고 강조했습니다. 또 이를 위해 투쟁했죠. 그는 '어떻게' 하느냐도 너무나 중요하지만 그걸 '왜' 하는지 모른다면 아무런 의미가 없다고 보았습니다.

이 역시 제 가슴 속에 고이 새겨둔 가르침 중 하나입니다.

초기의 프로젝트들

건축가로 일하기 시작한 건 언제부터였나요?

실제로 건물을 짓는 일은 1950년대 초, 정확히 1951년에 시작했습니다. 그 전에도 집을 지어본 적은 있었습니다. 피에로 보토니가 8번째 트리엔날레를 계기로 만든 밀라노 8번 구역에서였죠. 이 집은 제가 루이사 카스틸리오니, 에우제니오 젠틸리와 함께 참여했던 공모전의 결과물이었습니다. 밀라노 주변에서 소규모의 공공건물을 계획하기도 했습니다만 결과는 좋지 않았죠.

사실 저는 밀라노에서 일을 해본 적이 한 번도 없습니다. 당시에도 그랬고 그 이후에도 마찬가지였죠. 단 한 번도 없어요. 저는 1937년부터 밀라노에 살았지만 저의 실질적인 고향이었던 이 도시는 제가 하다못해 개집 하나 만들도록 내버려두질 않았습니다.

그런데도 저는 오랫동안, 그것도 굉장히 열성적으로 밀라노와 관련된 일을 했습니다. 여러 기관과 갈등을 겪는 일이 비일비재했죠. 제가 보기에 이 기관들은 밀라노라는 도시가 표출할 수 있는 에너지를 감당할 능력이 없었습니다. 밀라노 광역도시계획Piano Intercomunale di Milano(PIM)을 제안하자 곧장 걷잡을 수 없는 분쟁이 일어났고 제 이름은 강제로 삭제되었습니다. 1963년이 되어서야 첫 번째 계획안이 소개되었죠. 시의회에서 누군가가 일거리를 맡길 인물로 제 이름을 거론하면 그 의견은 극렬하게 거부되곤 했습니다. 주로 의회 의원들, 사회주의를 신봉하던 도시계획 위원들이 저를 비방했죠. 출신이나 전공을 보면 밀라노라는 도시에 건축과 도시계획이 필요한 이유를 충분히 이해할 만한 사람도 있었는데, 이들은 무슨 수를 써서든 그 사실을 무시하려 했습니다. 민주기독교당이나 공산당도 만만치 않은 적수들이었고요. 어쨌든 시의회에서는 제가 불편한 존재이고, 제가 '밀라노 광역도시 계획'을 제안하는 바람에 시에서 이미 너무 많은 어려움과 분쟁을 겪었다고 주장했습니다. 하지만 그것이 사실의 전부는 아니죠. 밀라노 시의회는 오늘날까지 30년간 밀라노를 통치하며 도시를 지금 우리 모두가 똑똑히 보고 있는 불편하고 한탄스러운 상황으로 몰아넣었습니다. 그러니 지금은 그 썩어빠진 시의회에 진정한 어려움을 선사하지 못한 것이 오히려 후회스럽죠. 어쨌든 저는 이탈리아의 다른 도시들에서 일했고 가끔은 외국에서도 일했습니다.

트리엔날레를 위해 제작한 영상은 바로 이 시기에 만들어진 건가요?

영상은 이후에 만들었습니다. 열 번째 트리엔날레가 열린 1954년이었죠.

1951년에는 저도 많은 신세대 건축가들과 함께 '판파니 계획Piano Fanfani'에 참여해 설계할 수 있는 행운을 얻었습니다. 경제를 정상화하고 일자리 수를 늘이기 위해 마련된 이 계획은 노동자들을 위한 저가 주택 건설에 집중되었습니다. 당시 노동부 장관이었던 아민토레 판파니Amintore Fanfani가 가능한 모든 활동 가운데 주택 건설이 가장 저력 있는 분야라고 판단해 세운 계획이었죠. 만약 신발 생산이 가장 효과적인 분야였다면 그의 계획은 신발에 집중되었을 거라고 합니다. 다행히도 신발 산업은 비전이 없었고 결국에는 주택 개발에 집중하기로 결정했던 거죠. 젊은 건축가들을 위해서도 다행이었지만 따지고 보면 나라를 위해서도 다행인 일이었습니다.

'건설은 경제발전의 원동력'이라는 유명한 문구가 생각나는군요.

판파니 계획의 슬로건이었어요. 저는 학생들이 베네치아의 도시계획학과 학사과정에서 판파니 계획과 실행과정을 공부하기 시작했다는 이야기를 들었습니다. 기쁜 소식이에요. 왜냐하면 '국립 보험공단 산하 주택공사INA-Casa'는 이탈리아에서 어려운 시기에 미래를 내다보며 실행된 몇 안 되는 현명한 공공사업 가운데 하나이니까요. 자원은 시민들이 내는 소액의 세금에 의해 충당되었고(주택 건설 사업이 사실상 중단되었는데도 세금은 여전히 걷고 있죠.) 사업의 규모는 상당히 작았습니다. 적어도 초창기에는요. 로마에서는 대여섯 명의 젊은 건축가가 운영을 맡았으니까요. 이들은 구청을 선택해 토지 제공을 촉구한 뒤, 국가가 주관하는 심사과정을 거쳐 선발된 100명의 건축가 중 한 명을 골라 기획을 맡겼습니다. 구청에서도 목록에 들어 있는 건축가 중 한 명을 고를 수 있었지만 어쨌든 주관 기관은 '국민주택공사Istituti Case Popolari'였습니다. 다시 말해 국민주택공사에서 건물을 지어 올려야 할 과제를 안고 있었죠.

당시에 밀라노의 국민주택공사 대표는 국민해방위원회

가 직접 임명한 이레니오 디오탈레비였습니다. 프랑코 마레스코티와 함께 『국민주택La Casa Popolare』이라는 유명한 책을 쓴 인물이죠. 이 책은 단행본으로 출판되기 전에 《카사벨라》에 연재된 적이 있습니다. 파가노와 페르시코가 《카사벨라》를 이끌고 있었을 때 실렸죠.

어느 날 디오탈레비가 저를 부르더니 세스토 산 조반니Sesto San Giovanni에 주택단지를 지어야 한다고 그러더군요. 제게 토지와 사용 가능한 자원, 가구 수와 평수, 건물 높이, 완공 시기 등 아주 기본적인 조건들만 제시한 뒤 설계를 해보라고 했습니다. 이것이 진정한 의미에서 저의 첫 번째 일이었습니다.

저는 작업을 두 부분으로 나누어 진행했습니다. 하나는 복층 아파트의 구조를 일률적으로 구성하는 작업이었고, 다른 하나는 발코니가 달린 5층 건물에 50가구 정도가 들어갈 수 있도록 배치하는 작업이었습니다. 다층 건물은 제가 더 많은 노력을 기울인 부분입니다. 저는 밀라노의 국민주택이 지닌 발코니의 이미지를 상당히 매력적으로 느꼈어요. 거실과 침실은 전원을 향하게 했습니다. 당시에는 전원이었던 그곳에 지금은 건물들이 들어섰죠. 반면에 발코니는 도로 쪽으로 배치하고 벽 안쪽으로 들어가게 만들었습니다. 가능한 한 주변 아파트를 방해하지 않게 하기 위해서였죠. 이 아파트는 지금도 그곳에 멀쩡한 상태로 남아 있습니다. 저는 이 아파트 건물이 인간적인 척도와 정서를 갖추었다는 느낌이 들어요.

완공 뒤에도 저는 계속해서 건물을 관찰했습니다. 자주 가서 주민들이 아파트를 어떻게 사용하는지 지켜보곤 했죠. 그런데 저는 사람들이 발코니에, 그러니까 차들이 지나다니는 길 쪽에 나와 모여 있는 걸 발견했어요. 전원을 볼 수 있도록 만들어놓은 공간 대신 발코니가 주민들의 소통 공간이었던 셈이죠. 그래서 저는 《카사벨라》에 제 자신에 대한 비판적인 기사를 실었습니다. 저는 관찰을 하면서 주민들의 입장에서는 무엇보다도 소통이 중요하다는 것을 깨달았어요. 그리고 건축이 소통을 용이하게 하고 소통 욕구를 자극할 수 있어야 한다는 걸 배웠죠. 이를 위해서는 선입견을 버려야 합니다. 현대건축의 어떤 전제들을 수정해야 하는 경우가 생기더라도 이를 감수해야 하고, 어쩌면 이런 전제들 자체가 선입견이거나 혹은 더 이상 유효하지 않다는 점을 받아들일 필요도 있죠.

그때부터 저는 프로젝트를 또 다른 관점에서 시도하기 시작했습니다. 층수가 높지 않은 집들이 옹기종기 모여 있어서 만남이 용이하고, 편리한 외부 공간이 자연스럽게 조성될 수 있는 구조를 연구하기 시작했죠. 이러한 탐색의 결과는 다시 한 번 판파니 계획의 일환으로 바베노Baveno에 주택단지를 건설하면서, 아울러 우리가 《카사벨라》에 소개했던 일련의 주택 모형을 통해 모습을 드러냈습니다.

흥미로운 것은 같은 시기에 다른 건축가들이 동일한 방향으로 탐구를 시작했다는 것입니다. 덴마크에서 존 웃존John Utzon이, 파리에선 조르주 캉딜리스Georges Candilis, 샤드 우즈Shad Woods, 알렉시스 조시치Alexis Josic가, 암스테르담에선 알도 반 아이크Aldo van Eyck[42]가 분절된 건물군을 디자인하면서

42 알도 반 아이크(1918~1999년)는 네덜란드의 건축가이자 대학교수이다. 1954년부터 1959년까지 암스테르담의 건축 아카데미에서 학생을 가르쳤고 1966년부터 1984년까지 델프트 공과대학의

내부 공간과 외부 공간의 새로운 관계성을 탐구하기 시작했습니다. 특히 반 아이크는 소통을 유리하게 만드는 공간을 구성하는 데 집중했습니다. 그는 모더니즘 건축의 코드화를 혐오했습니다. 다시 말해 인간은 집에서 먹고 요리하고 잠만 잘 뿐 일과 놀이는 다른 곳에서 한다는 생각을 혐오했던 거죠. 그래서 그는 삶 속에서 일어나는 대로, 혹은 일어나야 하는 대로 인간의 모든 활동이 교차하며 전개될 수 있는 공간과 복합적인 거주 방식의 기반을 모색했습니다.

우리의 태도는 본질적으로 전문화를 거부하는 것이었습니다. 우리는 공간을 비롯해 삶을 전문화하려는 경향이 개인의 인생을 무미건조하게 만들고 사회적 반목을 조장하기 때문에 위험하다고 보았어요. 사람들은 소통하지 않으면 인간적인 잠재력을 상실합니다. 제가 지금 말씀드린 건축가들을 나중에 만났을 때 우리는 서로의 작업 내용과 생각들을 비교해보고 상당히 유사하다는 점을 발견했습니다. 우리 각자가 고유의 문화에서 나름대로 어떤 자유주의의 뿌리를 발견한 셈이죠.

어떤 의미에서는 그분들과 함께 공동체의 복원을 제안하셨다고 보고 싶은데요.

당시에 이탈리아에서 이루어지던 수많은 논의의 키워드가 바로 '공동체'였습니다. 아드리아노 올리베티Adriano Olivetti가 창단한 운동단체의 이름도 '공동체Comunità'였죠.

하지만 제가 그 운동의 이념들을 한 번도 수용한 적이 없

교수로 활동했다. 반 아이크는 구조주의 건축의 주인공들 가운데 한 명이었고 1990년에 영국 왕립 건축학회의 로열 골드메달을 수상했다.

다는 사실은 분명히 하고 싶습니다. 제 의견은, 아마도 틀린 생각이었겠지만, 사업가들이 후원하는 운동은 어떤 것이든 부당하다는 것이었습니다. 한편으로 영국에서 유래한 올리베티의 이념에는 제가 혐오하는 이탈리아 특유의 감상주의와 토속주의의 외피가 덧씌워지기 시작했다는 점도 있고요.

'공동체'의 기반에는 사회에 대한 그리스도교적인 비전도 있었습니다. 비록 이런 현상이 일련의 사회적 문제로 인해 생긴 것이지만요.

당시에 제가 알고 지내던 대부분의 건축가들과 달리 저는 한 번도 '공동체' 운동에 가담한 적이 없습니다. 그걸 불편하게 느꼈기 때문이죠. 아드리아노 올리베티가 저를 싫어했던 것도 아마 그런 이유에서였을 겁니다.

그럼에도 불구하고, 어떤 속셈이었는지 그는 이브레아의 한 주택단지 건축계획을 제게 맡겼어요. 하지만 나중에 계획안을 제출하면서 제가 가진 건축적 관점은 그의 관점과 상당히 다르다고 설명했더니, 기분 나빠하면서 제 기획안을 거부했습니다. 물론 지금 돌이켜보면 제 기획안이 그렇게까지 나쁘지는 않았던 것 같아요. 어쨌든 올리베티는 신사였고 두말 없이 제 수고비를 모두 지불했습니다.

그런데 어쩌다가 '공동체'랑 올리베티 이야기를 하게 된 거죠? 아마도 연상 작용 때문이겠죠. 그렇다면 문제없습니다. 연상 작용은 생각의 지평을 넓혀주니까요. 하지만 이 시점에서 약간 거슬러 올라가 볼까 합니다. 당시의 내 작업들에 대해 이야기하던 시점으로요.

선박 프로젝트

좋습니다. 당시의 프로젝트들과 이를 준비하던 시기에 대해 말씀해주시죠.

초기에 두 척의 배와 연관된 계획을 맡은 적이 있습니다. 앞에서 그냥 지나치듯 언급했지만, 당시에는 제게 상당히 중요했던 인물이 있습니다. 바로 체사레 자카리아예요. 저는 그를 카라라의 아나키스트 집회에서 처음 만났습니다. 그리고 카노사에서 다시 마주쳤고 그 뒤로 나폴리와 밀라노에서 여러 번 만났죠. 그는 이탈리아에서 공부한 선박 기술자였지만 그가 쌓은 교양은 본질적으로 영국적이었어요. 그는 기술자로서 배와 연관된 일을 하며 기술 발전 과정의 지속적인 변화 속에 있었습니다. 진보적인 인물이었고 정보에 밝았기 때문에 유럽의 선박 제조업체들 사이에서 인기가 많았죠. 그는 선박업자들을 위해 전쟁용 선박을 여객선이나 화물선으로 개조하는 일을 추진했습니다. 같은 시기에 조반나 베르네리와 함께 나폴리에서 《의지》라는 잡지를 발행하기도 했고요. 《의지》는 이탈리아 아나키즘의 좀 더 현대적인 입장, 좀 더 이성적이고 지적인 입장을 표명하던 잡지였습니다. 자카리아는 과학 교양이 풍부한 사람이었고, 그래서인지 소수가 다수의 결정을 수용하도록 강요해선 안 된다는 원칙을 충실히 고수했습니다. 그러지 않으면 탐구의 의미를 잃고 거역과 위반의 정신도, 따라서 예기치 못했던 발견의 가능성도 함께 사라진다고 보았기 때문이죠. 그는 이 원칙을 합리성의 틀 안으로 가져오려고 했습니다. 물론 아나키즘을 감성적인 차원에서 받아들인 이들은 이처럼 이성에 호소하는 태도를 간혹 낯설게 느끼기도 했습니다. 하지만 저는 그의 주장이 필요하다고 봤습니다. 지나치게 감성적인 자유주의자들에 대한 효과적인 해독제처럼 보였기 때문이죠.

바쿠닌적인 충만함과 크로포트킨적인 집단적 이성주의의 이원론적 대립이 또 다시 부각되는 것 같군요.

자카리아는 이탈리아의 아나키스트 중에서도 가장 크로포트킨적인 인물이었고, 이는 제게 흥미를 불러일으킨 요소들 중 하나입니다. 사실은 크로포트킨에게 직접적인 영향을 받은 영국 아나키스트들과 제가 접촉할 수 있도록 해주었던 인물도 자카리아였습니다.

저는 이탈리아의 '주거 조건'에 대한 연구 내용을 카노사에서 발표한 적이 있습니다. 자카리아가 제 연구 논문을 《의지》에 실어 출판한 뒤 버논 리처즈에게 보냈는데, 리처즈가 제 논문을 영어로 《프리덤》에 실어 출판했죠.

자카리아 덕분에 저는 두 번에 걸쳐 아주 매력적인 일을 맡기도 했습니다. 그와 협력해서 두 척의 선박을 정비하는 일이었죠. 두 척 모두 리버티Liberty 호였습니다. 군부대가 대서양을 이동하는 데 쓰이던 미국 운송선이었는데 모두 개조를 기다리고 있었습니다. 하나는 베네수엘라로 가는 여객선으로, 또 하나는 화물선으로 개조할 예정이었죠.

자카리아는 용골과 기술 장비 및 시설의 재설계를 맡았고, 갑판 위의 모든 것을 재설계하는 것이 제 임무였습니다.

첫 번째 배의 이름은 루카니아Lucania였어요. 배를 개조하던 선주들은 나폴리 사람들이었습니다. 사람들은 용골 위에 있는 모든 것을 '생물opere vive'이라는 이름으로 불렀는데, '생물'을 재설계해야 할 시점이 되자 자카리아가 저더러 그 일을 맡아 달라고 했죠. 사실 이런 종류의 일에 건축가를 기용하는 경우는 드물었고, 선주들은 굉장히 놀라는 눈치였어요. 하지만 마지못해 우리의 뜻을 받아들였습니다.

자카리아는 자기가 주장하는 바의 타당성을 증명하기 위해 맡은 분야에서 다른 모든 이보다 앞서려고 노력하는 유형의 아나키스트였습니다. 그리고 그 일을 기필코 해냈죠. 다른 이의 모범이 될 줄 알았습니다.

선박은 마르세유에서 개조했지만, 실내 장식물은 파리에서 제작했습니다. 그렇게 해서 밀라노와 프랑스를 오가기 시작했죠.

이 일을 하면서 감동적이었던 것은 배의 구조가 지니는 비밀에 눈을 뜨는 순간이었습니다. 일종의 절대적인 실용성에 대해 눈을 뜬 거죠. 처음에는 모든 구조물의 탈착이 불가능하다고 생각했습니다. 하지만 설계를 시작하면서 수리공들에게 미세한 위치 변경이 가능한지 물었을 때 저는 거의 모든 구조물을 바꿀 수 있을 뿐 아니라 위치를 변경할 수도 있고 대체도 가능하다는 사실을 깨달았습니다. 전체적인 균형만 어떤 식으로든 되살려놓으면 문제가 없었죠. 제가 "이 기둥만 없으면 공간은 훨씬 더 조화로워질" 거라고 말하자 사람들이 이렇게 대답하더군요. "위치는 바꿀 수 있습니다. 하지만 그러려면 다른 부위들의 위치도 바꾸고 뭐든 빼내고 추가하는 등의 작업이 필요합니다. 균형을 다시 바로잡아야 하니까요."
그 순간부터 저는 그런 식으로 생각하는 방식과 기법, 도구와 기술의 사용법을 결코 잊지 않았습니다.

전통적인 건축 공사장의 생리에 익숙한 입장에서는 어떤 구조 부재의 위치가 그렇게 자연스러운 방식으로 바뀔 수 있다는 생각을 도저히 할 수 없을 텐데요.

기둥의 위치를 바꿀 때, 그러니까 위치 조정이 필요하다는 결론에 도달했을 때, 가장 먼저 생각해야 할 것은 전체 구조의 균형을 다시 잡는 문제였습니다. 이어서 균형을 되찾아줄 일련의 변형 작업을 경험적인 측면과 창의적인 측면을 모두 고려해 가며 실행에 옮겼죠.

이러한 과정을 경험하면서 제가 분명히 깨달은 것이 한 가지 있습니다. 건축에서 하나의 모델이 지니는 미덕이란, 완벽한 세련됨에 있지 않고 변화무쌍한 상황에 적용할 수 있는 능력에 있다는 것이죠. 경직된 모델에는 이런 능력이 없습니다. 어떤 유형이나 상투적인 형태로 변해버리죠. 게다가 부류, 장치, 표준 형식을 양산해내고, 이런 것들은 후에 아무런 비판 없이 무분별하게 조합되기 마련입니다.

두 번째 배는 화물선이었고 피에트라 리구레Pietra Ligure에서 구조를 중심으로 개조되었습니다. 이름이 산타 루치아Santa Lucia였죠. 이번에는 건축적인 측면이 좀 더 심도 있게 다루어졌습니다. 왜냐하면 구조의 대부분을 다시 디자인할 수 있었거든요. 심지어는 굴뚝까지 바꿀 수 있었습니다. 그때 세 가지 유형의 굴뚝을 연구했죠. 선주들은 결국 가장 덜 혁신적인 것을 골랐어요. 이런 종류의 프로젝트는 어떤 의미에서 굉장히 순수한 작업이기도 했습니다. 왜냐하면 선박의 용도가 전적으로 실용적이었기 때문이에요. 장식적인 요소에는 할애할 만한 공간이 없었어요(설계를 하다 보면 때로 그런 공간이 정당화되기도 하죠. 하지만 그건 필연적으로 허구적인 요소입니다).

그런데 이런 장식적인 요소가 루카니아 호에는 있었습니다. 제가 보기에는 적합할 뿐 아니라 꼭 필요한 요소였어요. 이 시점에서 말씀드리고 싶은 일화가 하나 있습니다. 제게 예술적 창조와 건축적 창조 사이의 조화 또는 부조화에 대해 깊이 생각할 수 있는 기회를 마련해주었던 일화인데 바로 파리에서 위대한 화가 페르낭 레제Fernand Léger를 만났던 이야기입니다.

페르낭 레제와의 만남

마르세유에서 선박 개조 작업을 다 마쳐갈 무렵, 그러니까 내부공간이 완성되어 실내장식을 시작해도 될 단계에 이르렀을 때, 저는 선주들에게 빼앗길까 봐 일부러 감추고 있던 아이디어를 꺼내들었습니다. 공개하지 않을 수가 없었죠. 거실의 뱃머리 쪽 벽에 그림을 한 폭 걸 생각이었는데 그림을 골라야 할 순간이 온 거죠. 제가 우려한 대로 선주들은 그림을 거는 데 동의하면서도 화가는 자신들이 고르겠다고 했습니다. 어떤 나폴리 화가를 알고 있는데 푼돈만 쥐어주면 베수비오 화산의 전경을 멋지게 그려준다고 그러더군요.

당시에 저는 젊었고, 선주들이 강요하는 유화 때문에 제가 공들인 모든 작업이 수포로 돌아갈 수도 있다는 생각이 들자 미칠 것만 같았어요. 그래서 머리를 쥐어짜내 모험을 걸었습니다. 화가는 제가 벌써 찾아놨고 유명한 현대 화가 중 한 명이라고 허풍을 떤 거죠. 그리고 선주들이 원하는 화가보다 돈이 더 많이 드는 것도 아니라고 했습니다. 저는 머릿속으로 피카소, 브라크, 레제 같은 화가를 떠올리고 있었어요. 하지만 요새 물가를 고려해도 250만 리라[43]가 넘지 않는 돈이었는데, 그 푼돈으로 이들의 그림을 과연 어떻게 구할 것인가가 문제였습니다.

하나둘씩 포기하다가, 결국에는 레제로 결론을 내렸습니다. 어쨌든 가장 마음에 드는 화가이기도 했으니까요. 하지만 선주들은 그가 누구인지 몰랐습니다. 제가 현존하는 가장 위대한 프랑스 화가, 아니 전 세계에서 가장 뛰어난 화가라고 말하자 당황하는 눈치였어요. 하지만 이들은 영리했습니다. 다음 날 어디선가 레제에 관한 이야기를 듣고 와서는 제가 성공한다고 하더라도 자신들의 입장에서는 지출이 만만치 않을 거라고 하더군요. 영리할 뿐 아니라 의심도 많았던 겁니다. 결국 이들은 하고 싶었던 이야기로 돌아와서 레제가 정말 그 가격에 작업을 수락하리라고 확신하는지 제게 물었습니다. 그래서 저는 확신까지는 못하겠지만 시도는 해보겠다고 했습니다. 밤기차를 타고 파리로 가서 가능하다면 다음 날 만나 얘기를 나누어보겠다고 했죠.

선주들은 세 명의 형제였는데 모든 걸 함께 결정했습니

43 1990년대의 시세로 보면 원화 약 200만 원 정도가 된다.

다. 이들 가운데 한 명이 저더러 복제품이나 버린 작품 같은 걸 받아오는 일이 없도록 조심하라고 하더군요. 그래서 저는 도리어 내기를 걸었습니다. 제가 레제의 작품을 입수한다면 전문가들에게 평가를 의뢰해 이들이 제시하는 시가에서 선주들이 실제로 쓴 금액을 뺀 나머지 액수의 절반을 제게 달라고 했습니다. 셋이서 모여 이야기를 나누더니 곧장 그렇게 하기는 싫다고 하더군요. 모든 위험은 자기들이 감수하겠다고 했습니다. 그래서 저는 그날 밤에 파리로 떠났어요.

아마도 레제에 대해 충분한 정보를 입수했을 테니까, 레제의 작품 가격이 어느 정도 하는지에 대해서도 자세히 알고 있었겠죠.

물론입니다. 하지만 제 허세는 통했던 셈이에요. 이들을 적극적으로 만들었으니까요. 첫 수에서부터 이기고 들어갔던 거죠. 하지만 넘어야 할 고비는 여전히 많이 남아 있었습니다.

파리의 리옹 역에 도착해서 저는 레제에게 전화를 걸었습니다. 그가 직접 전화를 받더군요. 그를 단번에 찾아낸 거죠.

제가 말씀드리고 있는 이 일화는 이처럼 우발적이고 행운까지 곁든 사건들의 연속이었습니다.

칼 융이 '동시성'이라고 불렀던 현상 아닐까요? 물론 마술이나 미신과는 거리가 먼 이야기입니다만, 어떤 사건이 마치 우리를 기다리고 있었다는 듯이 일어나거나 꼭 만나고 싶었던 사람을 만나게 되는 일이 벌어지죠.

동시성, 물론이죠. 제게도 몇 번쯤 일어났던 일입니다. 하지만 이 정도로 놀라웠던 경우는 한 번도 없어요. 아침나절이었고 레제가 직접 전화를 받았는데 저는 그를 빨리 만나고 싶다고 했습니다. 흥미로운 일거리 하나를 제안하고 싶다고 그랬죠. 그는 약간 귀찮다는 듯이 좋다고 대답을 했습니다. 몽마르트 언덕에 있는 그의 아틀리에로 오후가 아니면 다음 날 아침에 찾아오라고 했죠. 저는 그를 더 빨리 만나야한다고 졸랐습니다. 레제는 한숨을 쉬며 수락을 했지만 당장 와야 한다는 조건이 붙었어요.

제가 도착했을 때 그는 혼자였습니다. 키가 크고 얼굴과 몸이 꼭 농사꾼 같았어요. 하지만 긴 수염에 가느다란 손과 조심스러운 눈매를 지니고 있었죠. 저는 그에게 제가 배 하나를 설계했고 객실에서 홀과 복도, 갑판 시설, 사관 선실에 이르기까지 건현 위에 있는 모든 것을 설계했는데, 작지만 햇볕이 아주 잘 들어오는 파티 룸에 폭 6미터, 높이 2미터 10센티에 달하는 그의 그림 한 폭이 필요하다고 말했습니다. 그의 그림을 구하지 못하면 제가 한 모든 수고가 수포로 돌아가게 될 거라는 이야기도 덧붙였죠.

그는 놀랐다는 듯이 저를 바라봤습니다. 약간은 의심스러워하는 것 같기도 했지만 제가 하는 말을 경청했어요. 긴 이야기는 생략하고 결론부터 말하자면, 레제는 제게 그 정도 규모의 그림을 그리는 데 수고비로 얼마를 주느냐고 물었습니다. 그래서 액수를 말해줬더니, 자리에서 벌떡 일어나 몇 걸음 앞으로 나아갔다가 잠시 후에 돌아와서는 제게 그러더군요. 그 돈으로는 캔버스와 물감도 못 산다고요. 저더러 자기를 아침 일찍 찾아와준 것은 고맙지만, 그만 가보라고 했습니다. 어찌 해볼 도리가 없지 않느냐는 것이었죠.

정말 어찌 해볼 도리가 없었습니다. 제가 보기에도 그랬어요. 밖에서 비가 내리고 있었기 때문에 우비를 다시 챙겨 입고 가져왔던 두루마리 도화지를 집어 들었습니다. 그리고 문 쪽으로 천천히 걸어갔죠. 그때 기적이 일어났습니다. 레제가 제게 두루마리 안에는 뭐가 있냐고 묻더군요. 배의 설계도라고 대답하자, 툴툴거리면서 그걸 보고 싶다고 그랬어요. 두루마리를 펼쳐주었더니 도면을 하나하나씩 관찰하기 시작했습니다. 그리고 제게 질문을 던지면서 설명을 요구했어요. 그러다가 마치 그곳에는 없는 누군가에게 속삭이듯 천천히 이렇게 말했습니다. "재주가 좀 있군!"

그의 말에 저는 감동을 받았습니다. 감격적인 순간이었죠. 저는 그에게 감사하다고 말한 뒤 그런 한마디가 제게 큰 용기를 준다고 했습니다. 하지만 그가 작업 제안을 거절한 건 제 입장에서 재난이나 다를 바 없는 일이라고도 설명했어요. 그랬더니 저를 천천히 뜯어보기 시작하더군요. 그러다가 중얼거리면서 제안이 흥미로운 건 사실이지만, 뭐랄까, 수고비가 너무 형편없다고 했습니다. 무엇보다도 마르세유가 너무 멀고, 그림을 캔버스에 그린 뒤에 부착해야 하니까 작품 운반과 설치에 들어가는 비용도 감안해야 한다고 했습니다. 조수들도 장시간 일을 해야 하니까 이들의 여행비도 고려해야 한다는 것이었죠.

레제는 한참 동안 말이 없다가 어느 순간 느닷없이 고함을 지르듯 저를 향해 외쳤습니다. 결정을 내렸다고요. 그림을 그려주겠다는 것이었어요!

저는 벅차오르는 가슴을 안고 그에게 운송비 같은 건 생각도 하지 말라고 했습니다. 그건 틀림없이 선주들이 지불할 거라고 그랬죠. 하지만 그는 기분 나쁘다는 듯이 제 말에 끼어들며 자기에게 기차만큼이나 기다란 자가용이 있으니 선주들에게 그 쥐꼬리만 한 수고비 말고는 원하는 게 없다고 했습니다. 그러면서 부자들만 예술 작품의 가치를 낮게 평가한다는 건 정말 우스꽝스러운 일이라고 반복해서 얘기했죠.

그리고 빠르게 결론을 내리고 싶어 했습니다. 제가 어떤 그림을 원하는지 물었는데, 저는 그 협소한 공간이 폭발적으로 확장되는 느낌을 줄 수 있도록 외향적인 성격의 그림을 원한다고 했습니다. 어떤 색깔을 썼으면 좋겠느냐는 질문에, 그건 그가 결정할 일이라고 했습니다만, 그는 자꾸 그 공간이 저의 것이고 건축가도 저라는 점을 거듭 강조했습니다. 시간을 얼마나 줄 거냐고 묻기에, 두 달 이상은 줄 수 없다고 하자, 투덜거리면서 수긍을 했습니다. 파리로 다시 와줄 수 있겠냐는 질문에 저는 필요하다면 언제든지 오겠다고 답변했습니다. 그래서 우리는 2주 후에 다시 만나기로 약속했어요. 레제는 그 사이에 제가 가장 적합한 것을 고를 수 있도록 세 장의 시작품bozzetto을 준비해 놓겠다고 했습니다. 저는 놀랄 수밖에 없었어요. 위대한 레제가 대안까지 마련해서 저처럼 당돌한 청년의 선택에 맡기겠다는 것이 믿기질 않았어요.

마르세유의 선주들도 굉장히 놀랐습니다. 스크루지 맥덕Scrooge McDuck을 황홀하게 만들던 돈이 이 나폴리 출신 선주들의 검은 눈에서도 반짝였죠.

저는 15일 후에 파리로 돌아왔습니다. 레제는 곧장 그가 준비한 세 장의 그림을 제게 보여주었어요. 저는 그림을 자세히 들여다본 뒤 젊은 혈기에 그만 맘에 드는 것이 없다고 말해 버렸습니다.

레제가 저를 빤히 쳐다보았죠. 제가 농담을 하는 건지 아니면 정말 당돌한 바보인지 살피는 눈치였어요. 그러다가 참아보자고 마음을 먹었는지, 왜 마음에 안 드냐고 물었습니다. 그래서 저는 세 장 모두 주변 공간을 더 작아보이게 만든다고 했습니다. 제게는 공간을 풀어 헤쳐 확대되는 느낌을 주게 하는 작품이 필요하다고 설명했어요. 레제는 제 말을 듣고, 처음에는 자존심이 상한 것 같더니만 조금 지나자 오히려 재미있어했고 어느 시점엔가 다시 흥미로워진 눈치였어요. 한참을 고민하더니, 결국에는 제 비판이 흥미로웠고 사실 맞는 말이기도 하다고 했습니다. 그러면서 생각해보고 뭔가 다른 걸 준비해놓을 테니 2주 후에 돌아오라고 했어요.

15일 후에 제가 파리로 돌아왔을 때 레제는 두 장의 새로운 대안을 보여주었습니다. 아주 멋졌어요. 그래서 둘 중에 하나를 골랐습니다. 그걸로 작품이 만들어졌죠.

레제가 그림을 그리던 당시에 저는 파리를 두 번이나 다녀왔습니다. 레제가 좀 더 큰 규모의 작품을 그릴 때 머물던 파리 교외의 스튜디오로 그를 찾아갔죠. 그는 스케치를 한 뒤에 여러 번에 걸쳐 색상 실험을 했습니다. 그리고 조수들에게 초벌 채색을 시켰죠. 레제와 함께 한 스튜디오에서 또 다른 스튜디오로 이동하기 위해 파리 시내를 지나면서 도시에 대해 이야기를 나누고 그가 들려주는 자신의 이야기를 경청하는 것은 제게 굉장히 특별한 경험이었습니다. 우리가 마지막으로 만났을 때 레제는 시작품들 가운데 하나를 저한테 선물하겠다고 했습니다. 세 장 전부를 주기는 어렵다고 그랬어요. 그의 에이전트가 구두쇠라 나중에 잔소리를 듣는다고요. 나머지 두 장은 제가 싸게 구입할 수도 있었을 텐데, 안타깝게도 그 당시에 저는 정말 가난했어요. 그런 곳에 쓸 돈이 없었죠. 그래서 그가 선물한 그림 한 점만 챙기는 것으로 만족할 수밖에 없었어요. 물론 그 그림은 아직도 가지고 있습니다. 최근에는 제 작업을 주제로 열린 밀라노 트리엔날레 전시회에서 전시된 적이 있습니다.

우리는 레제의 그림을 스케치용 압정으로 눌러 집의 한쪽 벽에 오랫동안 걸어두었습니다. 색이 약간 바랐지만 멋진 모습은 여전합니다. 그의 그림을 보고 있노라면 떠오르는 것들이 있습니다. 레제가 제게 들려준 위대한 인생 강의를 비롯해 그의 인간성이 전해주었던 용기는 물론 타인의 열정을 궁금해 하던 한 위대한 인물을 발견하고 느꼈던 감동이 떠오르죠. 젊은이들과 함께 일할 때면 항상 그때의 경험이 되살아납니다. 레제가 그 기적적인 상황에서 제게 얼마나 관대했었는지 떠오르는 거죠.

페르낭 레제는 정통파 공산주의자였던 것으로 아는데요.

파리 교외에 있던 큰 아틀리에는 원래 호텔이었는데 레제는 거의 개조를 하지 않은 채로 사용했습니다. 2층에 있는 작고 검소한 방들은 어느새 그의 조수들이나 레제를 만나러 오던 친구들이 묵는 숙소로 사용되고 있었습니다. 이 방들 가운데 하나를 레제가 사용했고요. 방 안에는 작은 침대 하나와 철제 탁자 하나가 놓여 있었습니다. 마치 의무실을 보는 것 같았죠. 탁자 위에는 세상을 떠난 지 얼마 되지 않은 아내의 사진이 놓여 있었고 곁에 스탈린의 사진이 놓여있었습니다. 맞아요, 공산주의자였습니다. 의심의 여지가 없었죠. 하지만 당을 들락거리기보다는 노동자들, 농부들, 평범한 사람들과 만나는 걸 선호했던 인물입니다.

트리엔날레

1950년대 초반은 선생님의 생애에서 많은 사건이 일어난 시기입니다. 레제의 그림을 담은 루카니아 호가 1952년에 완성되었고, 같은 시기에 우르비노 시와 협력관계가 시작되었습니다. 1954년에는 에르네스토 로저스의 요청으로 《카사벨라》의 편집 일을 시작하셨고 카를로 돌리오, 루도비코 콰로니와 함께 제10회 밀라노 트리엔날레의 도시계획 전시회를 기획하셨습니다. 1952년에는 아들 안드레아가, 1955년에는 딸 안나가 태어났고요.

당시의 트리엔날레는 지금과 많이 달랐습니다. 성장 단계에 있던 우리의 입장에서도 그보다 확실한 좌표는 없었죠. 트리엔날레를 통해 이탈리아뿐만 아니라 세계 여러 나라의 현대 건축을 접할 수 있었으니까요. 폴리니Pollini, 비비피알BBPR[44], 알비니Albini, 가르델라Gardella 같은 탁월한 건축가들을 비롯해

44 BBPR은 1932년 잔 루이지 반피, 루도비코 벨조이오소, 엔리코 페레수티, 에르네스토 로저스가 만든 건축 그룹이다. 그룹 이름은 각자의 성에 해당하는 Banfi, Belgioioso, Peressutti, Rogers의 앞 글자를 따서 만들어졌다.

폰타나Fontana, 니촐리Nizzoli, 카라Carrà, 데 키리코De Chirico 같은 독특한 예술가들, 페르시코Persico, 지올리Giolli 같은 비평가와 예리한 문화이론가가 트리엔날레에 참여했습니다.

트리엔날레는 이탈리아에서 가장 중요한 국제 현대문화제였습니다. 로마 곳곳에서 개최되던 다양한 형태의 행사는 물론 베네치아의 비엔날레보다도 더 중요했죠. 위대했던 밀라노의 영광을 가장 명쾌하게 보여주는 축제였으니까요. 물론 오늘날의 밀라노는 영광과는 거리가 멉니다. 건축은 내팽개치고 그냥 상업적 박람회에만 열중할 뿐이니까요.

트리엔날레는 전쟁 후에 곧장 활동을 재개했습니다. 피에로 보토니가 1948년에 8번째 전시회를 준비하는 진행위원장으로 임명되었죠. 그는 두 가지 창의적인 시도를 했습니다. 국제 전시회를 개최한 것과 밀라노의 산시로 지대에 이른바 QT8이라는 실험적인 지구quartiere sperimentale를 건설한 것이었죠. QT8은 전쟁 후에 구축된 훌륭한 지구 가운데 하나입니다.

트리엔날레의 진행위원 가운데 한 명이었던 프랑코 알비니는 몇몇 전시회의 책임자로 임명되었고, 저는 이른바 '자생적 건축'이라는 이름의 전시회를 맡았습니다. 많은 사람이 파가노가 관심을 기울이기 시작한 토속 건축까지 탐구 영역을 확장하려는 생각을 가지고 있었습니다. 결국 이탈리아의 모든 주에 한 명씩 담당자가 임명되었고 해당 지역에서 '건축가 없이 건축된 건축물'들 가운데 가장 흥미로운 것들을 조사하고 정보를 모으는 임무를 맡았습니다. 그렇게 해서 건축학적으로 탁월한 건축물에 대한 놀라운 자료를 엄청나게 모을 수 있었죠. 에글레 트린카나토Egle Trincanato, 카를로 코키아Carlo Cocchia, 로베르토 파네Roberto Pane, 조반니 아스텐고 Giovanni Astengo 등 많은 이가 위대한 유산을 발굴해냈습니다. 바로 이탈리아 전역에 걸쳐 산사람이나 목동, 고기잡이, 농사꾼들이 짓고 살던 집들이었습니다. 안타깝게도 오늘날에는 대부분 사라졌죠. 저는 이 자료들을 살펴보는 것이 상당히 흥미로웠습니다. 열정적으로 자료를 모으며 자신들이 발견한 것에 감격하는 이들과 함께 전시회를 준비하는 과정 자체가 흥미로웠어요.

오늘날에는 상상하기 힘든 열광적인 분위기와 지적 욕구와 희망이 지배하는 시대였죠. 어떻게 그 많은 지식인이 아무런 보수 없이 즐거워하며 열정적으로 공동 작업에 참여할 수 있었을까 생각하면 정말 놀라워요.

하지만 그 유산은 개조되거나 빈번히 토속적인 것으로 치부되고, 깨끗하게 보수되거나 외관이 완전히 바뀌면서 그것을 생산해낸 문화와는 전적으로 무관한 것이 되고 말았습니다.

알베 슈타이너와 함께 전시회를 준비했는데, 디스플레이 자체는 보잘것없었습니다. 수평으로 놓인 두 튜브 사이로 천을 늘어트려 구불구불한 관람 동선을 만들었죠. 굴곡이 있는 동선은 항상 직각의 격자 형태만 고집해온 기존의 전시공간에 비해 상당히 새로운 요소였습니다. 의도했던 것은 아니지만, 르 코르뷔지에가 싫어했던 구불구불한 '당나귀의 길'을 자극적으로 재해석한 셈이었죠.

이후에 열린 트리엔날레에도 참여하셨나요?

네, 1954년에 열린 제10회 트리엔날레에 참여했습니다. 도시계획 분야의 모든 전시를 관할하는 것이 제 임무였죠. 이 작업을 계기로 제가 가지고 있던 여러 생각을 정리할 수 있었습니다.

예술관 1층의 중앙 부스 전체를 차지하는 일련의 전시 공간이 사슬 모양을 형성하도록 배치했습니다. 그리고 제가 중요하다고 생각한 주제들을 각각의 공간에 하나씩 배분했죠. 예를 들어 기원과 목표라는 차원에서 공간이 지니는 가치나 유연성, 장소와 그 특성에 관한 이해, 사람들의 존재, 참여, 동일한 문제의 양면으로 존재하는 도시계획과 건축 같은 주제였습니다.

당시에 저는 여러 명의 화가와 조각가 들에게 협조를 요청했습니다. 이들 가운데 에르네스토 트레카니Ernesto Treccani와 마리오 투도르Mario Tudor도 있었습니다. 전시 공간을 관리하는 그룹의 일원으로 카를로 돌리오와 루도비코 콰로니를 지목했는데, 둘 중 어느 누구도 전시회 준비에 직접적으로는 참여하지 않았습니다.

돌리오는 뒤이어 전시회에 보조적인 역할을 하도록 도입된 다큐멘터리 영화에 관여했습니다. 간딘Gandin, 궤리에리Guerrieri, 페라리Ferrari가 감독한 세 편의 다큐멘터리 중에서 돌리오는 남부 이탈리아를 다룬 영화의 편집을 맡았습니다. 이탈리아 남부의 도시와 사회에 대한 다소 비관적인 인상을 담은 영화였죠.

나머지 영화의 편집은 제가 맡았는데 일을 하면서 상당히 재미있었습니다. 첫 번째 영화는 도시에 관한 것으로, 엘리오 비토리니와 함께 작업했어요. 도시의 병폐와 함께 도시의 무한한 긍정적 잠재력을 보여주는 다큐멘터리였죠. 두 번째 영화는 빌라 자누소Billa Zanuso와 함께 작업한 「도시계획의 교훈Lezioni di Urbanistica」이었는데, 한 남자(마임 배우 잔카를로 코벨리Giancarlo Cobelli 분)가 겪는 이야기였어요. 주인공은 최저생계비를 기준으로 지은 집들의 모든 병폐를 경험하며 고통스러워 합니다. 혼잡함과 서비스 시설의 부재, 망가진 경관, 쾌적하지 않은 건축에서 오는 불편함 등이죠. 이어서 세 명의 도시계획가가 일종의 해결사로 등장합니다. 첫 번째 인물은 순수한 심미주의자, 두 번째는 기술자, 세 번째는 분석과 통계, 규율의 통제력을 신봉하는 다재다능한 과학자입니다. 세 사람 모두 차례대로 대안을 제시하는데, 세 번째 도시계획가가 권위를 내세우며 불쌍한 주인공을 일종의 자동기계로 만들어버리려고 합니다. 다행히도 주인공은 이 덫에서 벗어나는 데 성공합니다. 도시계획가의 충고는 물론 기만과 폭력 없이도 혼자서 헤쳐나갈 수 있는 미래를 향해 도주하는 거죠.

이탈리아에서 도시계획가로 활동하는 사람이라면 이 영화에 등장하는 세 명 중 한 사람이 바로 자신이라고 인정할 수밖에 없었습니다. 결국 사람들은 엄청난 비난을 쏟아부었고 아무도 저한테 말을 걸지 않았어요. 특히 루도비코 콰로니는 굉장히 난처해했습니다. 콰로니 역시 제가 맡았던 영화 두 편의 편집 작업에 참여해야 했는데, 각본이 마음에 안 들었기 때문인지 아니면 영화 내용이 반발을 일으킬 게 뻔했기 때문인지 어느 시점에선가 슬쩍 빠져버렸어요. 만프레도 타푸리 Manfredo Tafuri는 그가 쓴 콰로니의 전기에서, 콰로니가 유명해지기 전에 이 두 편의 영화를 편집했다고 기록했는데 사실이 아닙니다. 사실 우리는 영화를 제작할 때 그를 한 번도 보지 못했어요. 전시회 개막식에도 나타나지 않았고요.

이 영화들을 한번 보세요. 「도시계획의 교훈」은 꼭 보셔야 합니다. 건축 학교들을 돌아다니면서 뒤지다 보면 찾을 수 있을 겁니다. 학생들이 흥미롭다고 느꼈으니 아마 학교에 비치되어 있을 거예요. 상당수의 학생이 이 세 명의 도시계획가 이야기를 여전히 현실적인 문제로 여깁니다. 실제로도 이 영화는 현실을 고스란히 반영한 작품으로 인식되었어요. 세 명의 도시계획가는 구체적인 인물이라기보다 이탈리아에서 도시계획을 가르치고 실행하는 전형적인 방식을 상징했죠. 그래서였을 겁니다. 저를 향해 쏟아진 비난은 정말 거셌어요. 저는 정교수가 되기 전까지 교수자격 취득 경쟁에서 네 번이나 떨어졌어요.

대학

하지만 당시에는 이미 대학에서 일을 하고 계셨는데요.

네, 맞아요. 1952년부터 베네치아 건축대학에서 가르치기 시작했습니다. 하지만 공식적으로 교수는 아니었어요. 봉급도 받지 못했고요. 당시에 학과를 개편하고 있던 주세페 사모나 Giuseppe Samonà가 과목 하나를 제게 맡겼고 저한텐 그것으로 충분했습니다.

그런 방식이 오늘날에도 여전히 유지되고 있습니다. 보수 없이 수년간 막연한 기다림 속에서 일을 하게 되죠. 베네치아의 건축학과는 어땠나요?

그 당시 베네치아 건축대학은 설립 이래 마법 같은 시기를 맞고 있었습니다. 다른 학교들과는 여러모로 달랐어요. 사모나 같은 지적이고 창의적인 인물이 대학을 이끌고 있었기 때문이죠. 그는 이탈리아의 가장 훌륭한 건축가들을 베네치아로 불러 모아 이들이 강의할 수 있는 자리를 마련했습니다. 이들은 완전히 실험적인 방식으로 가르쳤어요. 저도 공식적으로 과목 하나를 맡아 강의를 진행했습니다. 강의 제목은 때에 따라 바뀌었지만 제가 실제로 가르친 것은 건축이었어요. 모든 것이 자유로웠고, 우리 선생들은 학생들과 같이 살다시피 했습니다. 학교는 작았고 총 학생 수도 350명이 넘지 않았죠. 강의를 하러 일주일에 두세 번 정도 베네치아에 갔는데, 아침부터 저녁까지 학생들과 함께 지냈어요. 아침 식사를 하러 자테레Zattere 카페에 가곤 했는데 그곳에서부터 강의와 토론이 시작되었습니다.

제가 1969년에 건축학과에 입학했을 때 전체 학생 수는 500명이 약간 넘었는데, 다음 해에는 입학생 수만 500명이었고 1971년에는 1,000명, 1972년에는 2,000명으로 늘어났습니다.

1960년대 말에는 학교의 성장세가 빨랐죠. 거의 도약에 가까웠습니다. 하지만 사실은 재난이나 다를 바 없었어요. 선생들과 학생들의 긍정적이고 생산적인 관계가 무너졌기 때문이죠. 수업은 그때까지만 해도 제도 책상이나 소규모의 세미나에서 이루어지는 것이 보통이었는데, 나중에는 엄청난 수의 산만한 학생을 가르치는 산만한 선생들의 절대적인 권위가 우선시되는 모양으로 변했어요.

물론 지금은 모든 것이 자리를 잡았다고들 말합니다. 맞는 얘기예요. 하지만 학교는 거대한 사업체로 변했습니다. 스스로를 보존하기 위해 모든 걸 체계화하고 그에 따라 모든 창조적인 관점을 도려내려고 하죠. 그것이 체제 전복적인 요소로 변할 수 있다는 걸 알고 우려하기 때문입니다. 걱정을 하면서도 그 탓은 전부 학생들에게 돌립니다. 학생들의 수가 너무 많다든가, 게으르다든가, 동기부여가 되지 않았다든가 하는 이야기들을 늘어놓죠. 하지만 그렇지 않습니다. 학교의 본질적인 문제는 선생들이에요. 이들 대부분이 관료의 입장에서 생각하고 공무원처럼 행동하는 것이 문제입니다.

어쨌든 제 입장에서 수업은 굉장히 중요했습니다. 그래서 가르칠 때 진지한 자세로 임했고 계속해서 그렇게 하려고 노력 중입니다. '국제 건축 및 도시 디자인 연구소'에서 매년 5주 동안 풀타임으로 일하고 있고, 이탈리아와 외국 대학에서 단기 세미나나 강의를 하기 위해 자주 돌아다니는 편입니다.

말씀드린 것처럼 저는 한참 뒤에야 정교수가 되었어요. 덕분에 저는 제 자신을 아웃사이더로 간주할 수 있었습니다. 대학 사회의 구성원이지만 있으나 마나 한 존재였죠. 전 대학을 좋아한 적이 없습니다. 왜냐하면 대학은 게으르고 보수적이고 권위적일 뿐 아니라 본질적으로 마피아적인 성향을 지녔기 때문입니다. 항상 말했듯이 제가 학생들을 가르치는 이유는 젊은이들과 가까이 지내고 싶기 때문이고 또 이들을 통해 세상이 어떻게 바뀌어 가고 있는지 이해할 수 있기 때문입니다. 하지만 저는 대학 사회에 소속되지 않았고 소속된 적도 없습니다. 대학은 본질적으로 불량합니다. 단지 몇몇 괜찮은 인물들이 우연히 그 저질의 바다에서 떠다닐 뿐이죠.

《카사벨라》에서 에르네스토 로저스와 함께

대학에 항상 발을 들여놓고 계셨으면서도 말씀하신 것처럼 아웃사이더이셨고 한 번도 대학 세계를 인정하신 적이 없습니다. 그래서였을까요? 1950년대에는 지금도 작업에 활용하고 계신 일종의 안테나를 활성화하셨습니다. 바로 선생님께서 관여하셨던 건축 잡지 얘기인데, 예를 들어 여전히 《공간과 사회》에서 편집장을 맡고 계시죠. 이러한 활동은 1954년 로저스와 함께 《카사벨라》를 만들면서 시작되었습니다. 물론 두 분의 협력관계는 의견이 맞지 않아 조만간 끝났지만요.

《카사벨라》의 편집자로 일할 때 로저스와 이야기를 나눌 기회가 많았습니다. 그와 대화하는 건 항상 즐거운 일이었어요. 하지만 그가 가진 생각에 동의할 수 없는 상황이 자주 벌어지곤 했습니다. 로저스 역시 제 생각에 동의할 수 없었고요. 로저스는 인간적인 매력이 느껴지는 좋은 사람이었습니다. 친절하고 공평할 뿐 아니라 굉장히 너그러운 인물이었죠. 그는 세상이 어떻게 돌아가는지 알고 싶어 했습니다. 무언가를 발견했을 때 긴장하는 그의 모습이 저는 존경스러웠어요. 하지만 건축에 대해서만큼은 우리는 서로 의견이 달랐습니다.

난초와 빵에 관한 두 분의 유명한 대화가 떠오르네요. 두 분의 관계에 대한 얘기가 나올 때면 항상 회자되는 일화죠.

다시 들려드릴까요? 좋습니다. 어느 날 만초니 거리를 함께 걷고 있을 때였어요. 로저스가 느닷없이 난초와 빵 가운데 어느 것을 더 좋아하냐고 제게 물었습니다. 저는 그 질문이 달갑지 않았습니다. 그래서 그냥 빵이 더 좋다고 퉁명스럽게 대답해 버렸죠. 하지만 저는 그의 질문이 불공평하다고 덧붙였습니다. 왜냐하면, 제가 난초를 싫어하는 것이 아니라 그저 세상이 돌아가는 상황을 고려했을 때 빵을 선호할 뿐이었으니까요.

저는 사실상 존재하지도 않는 모순을 해결하라며 막다른 골목으로 몰아넣는 식의 질문이 마음에 들지 않았습니다. 모순이 존재하지 않는 이유는 빵과 난초의 가치가 생각과 현실의 맥락에 따라, 경제적 사회적 상황에 따라, 판단의 배경이 되는 문화적 환경에 따라 변하기 때문입니다. 난초를 선호하는 시대가 있을 수 있고 우리처럼 빵을 선호하는 시대가 있는 거죠.

그와의 토론은 나름대로 의미가 있었습니다. 왜냐하면 후에 우리의 관계가 서로에 대한 존중과 지적 호기심을 지닌 정감어린 관계로 발전하는 데 결정적인 역할을 했으니까요. 하지만 그의 입장에서 건축은 유용하고 아름다운 물건을 제작하는 것에 지나지 않았습니다. 제 입장에서 건축은 공간적으로 의미 있는 사건을 계획하는 일이었고 우리가 사는 시대를 표현하고 그것을 최상의 것이 되도록 자극하는 공간을 창출하는 일이었습니다. 아름다움이요? 아름다움은 목표이긴 하지만 중요한 건 그것을 생산해내는 과정입니다.

이러한 의견 차이는 《카사벨라》 간행 초기부터 지속적으로 노출되기 시작했습니다. 로저스가 최종 결정을 내렸지만 제게는 의견을 자유롭게 말할 수 있는 권한이 있었으니까요. 우리는 끝내 결별했습니다. 하지만 공평한 작별이었고, 후회도 없었습니다. 우리는 친구로 남았죠. 저는 우리의 결별이 이탈리아의 건축에 어떤 식으로든 영향을 끼쳤다고 봅니다. 제가 떠난 뒤에 《카사벨라》는 전혀 다른 방향으로 나아갔어요. 처음에는 신-자유양식neo-liberty을 통해 복고주의revivalismo 시대를 열었지만 이어서 자율성이라는 슬픈 해변에 도달했습니다. 다시 말해 르 코르뷔지에의 열렬한 신봉자였던 로저스가 그토록 싫어했던 아카데미즘에 빠지고 만 거죠.

그렇다면 르 코르뷔지에에 대해 두 분은 같은 견해를 가지고 계셨나요?

로저스와 이런 이야기를 나눈 적이 있습니다. 우리가 같이 일하기 시작했을 무렵인데 그때도 산책을 하고 있었어요.

당시에 밀라노에서는 산책을 많이 하는 편이었죠. 우리는 건축의 미래에 대해, 그리고 저처럼 일을 막 시작한 건축가가 무엇을 할 수 있을지에 대해 이야기하고 있었어요. 어느 시점에선가 로저스의 입에서 이런 말이 튀어나왔습니다. 제가 남은 인생을 르 코르뷔지에의 가르침을 실현하는 데 헌신

해야 한다는 것이었어요. 제가 그런 생각을 받아들여야 하고 그것이 저의 운명이라는 것이었죠. 한편으로는 그의 운명이기도 했고요. 로저스는 르 코르뷔지에가 역사에 이미 등장했고 건축을 머리끝부터 발끝까지 바꾸어 놓았기 때문에, 우리가 할 수 있는 일은 그가 세운 원칙들을 이해하고 건축언어의 활용법을 터득해서 이를 가능한 한 현실에 적용하는 것뿐이라고 보았습니다.

저는 그가 저한테 노예의 운명을 제안한다고 반박했습니다. 제 임무가 르 코르뷔지에를 대변하는 사제의 역할을 하는 거라면 아예 건축을 그만두겠다고 했죠. 저는 건축이 방대한 분야이고 모더니즘 운동이 다양한 관점을 열어젖혔다고 봤습니다. 그러니 또 다른 관점을 발견하는 것도 충분히 가능한 일이었죠.

이제 와서 돌이켜보면 그날 로저스가 오히려 자신의 믿음에 대한 회의에 빠져 있지 않았나 싶어요. 그렇다면 절망할 수밖에 없었겠죠. 몇 년 뒤인 1956년에 로저스는 토레 벨라스카Torre Velasca를 건축했습니다. 르 코르뷔지에적인 것은 조금밖에 없는 건물이었죠.

어쨌든 로저스 역시 완전한 르 코르뷔지에주의자는 아니었던 셈이군요. 하지만 르 코르뷔지에 자신도 1950년에 롱샹 순례자 성당Notre-Dame du Haut을 건축했습니다. 어떤 식으로든 자신의 원칙과 모순되는 작업을 했다고 볼 수 있을 텐데요.

하지만 그건 전혀 다른 종류의 이야기입니다. 롱샹의 건축은 복고적이지도, 회화적이지도, 토속적이지도 않습니다. 건축적 사유에만 탐닉한 것도 아니지만, 건축적 맥락에 무관심한 것도 아닙니다. 그저 완전히 새로운 것일 뿐이에요. 전대미문의 건축이었을 뿐입니다. 바로 그런 이유에서 모두를 놀라게 했던 거죠.

르 코르뷔지에가 1930년부터 1940년까지 권위주의적인 정치 체제에 대해 모호하게나마 호의적이었다는 것은 널리 알려진 사실입니다. 그는 스탈린, 무솔리니, 페탱이 자신의 건축세계를 현실화할 수 있을 거라고 생각했습니다. 그게 중요했던 거죠. 하지만 저는 전쟁과 더불어 그를 부역자라고 비난하는 목소리가 그에게 깊은 상처를 안겨주었다고 생각합니다. 요컨대 그는 목적이 수단을 정당화할 수 없고, 비난받아 마땅한 수단들은 결국 건축적 아이디어의 내적 일관성을 파괴한다는 걸 깨달았습니다. 전쟁이 끝난 뒤에 그는 바뀌어 있었어요. 르 코르뷔지에의 생-디에Saint Dié 도시계획을 살펴본 사람이라면 이 프로젝트에서 예전의 불확실한 관점들을 더 이상 찾아볼 수 없으며 '플랑 부아쟁'의 파벌주의와는 전혀 다른 차원임을 분명하게 확인할 수 있을 것입니다.

르 코르뷔지에는 그가 전쟁 이전에 설계했거나 기획했던 건물들 가운데 몇몇을 실제로 건설할 수 있었습니다. 드디어 기회가 주어졌기 때문이죠. 이들 가운데 하나가 다행히도 마르세유의 공동주택이었습니다. 하지만 몇몇 건물들의 경우, 예를 들어 미국 캠브리지에 지은 카펜터 센터Carpenter Center 같은 건물에선 그가 전혀 다른 유형을 탐색하고 있었다는 게 느껴집니다. 이 새로운 관점이 바로 롱샹의 성당에서 시적 폭발력을 유감없이 발휘한 거죠. 그 시점에 르 코르뷔지에의 태도가 바뀌었습니다. 조금 덜 권위적이고, 좀 더 부드럽고 친절한 사람, 타자의 문화에 주의를 기울일 줄 아는 사람으로 변한 거죠.

그는 지방 문화, 어떤 면에서는 토속 문화에도 관심을 기울였습니다. 알제리에서 그 유명한 사막의 롱샹을 본 적이 있습니다. 이 모스크에서 르 코르뷔지에가 롱샹의 성당을 만드는 데 빛의 사용과 개구부, 볼륨의 구성 측면에서 영감을 얻었다고 하죠.

그의 제자들은 롱샹을 이해하지 못했습니다. 모두 거부반응을 보였고, 배신당한 느낌을 받았죠. 그건 르 코르뷔지에가 디자인한 철로 위로 우편열차를 타고 달리다가 느닷없이 탈선할지도 모른다는 두려움을 느꼈기 때문입니다.

보카 디 마그라에서 보낸 바캉스

선생님과 엘리오 비토리니, 비토리오 세레니, 이탈로 칼비노의 친분 관계는 널리 알려져 있습니다. 1950년대에 매년 보카 디 마그라에서 바캉스를 함께 보냈을 때 이분들과 더욱 가까워지셨는데요. 이 '바캉스족'은 어떻게 탄생했나요?

1950년대에는 비토리니와 그의 애인 지네타Ginetta를 굉장히 자주 만났습니다. 지네타는 아주 멋진 여자였어요. 모두에게 사랑을 받았죠. 비토리니는 그녀와 열렬한 사랑에 빠졌고 전쟁 후에 동거를 시작했다가 후에 결혼했습니다. 이들의 사랑

이야기는 비토리니의 책에서도 읽을 수 있습니다. 그의 소설 『사람과 그 반대Uomini e no』에서 주인공으로 등장하는 저항군 투사 '엔네Enne 2'의 연인 베르타가 바로 지네타입니다.

비토리니는 아주 뛰어난 인물이었습니다. 오늘날의 문화계가 그를 잊은 척하는 것은 상당히 유감스럽습니다. 물론 비토리니는 불편한 인물이었습니다. 불안한 의식의 소유자인 탓에 타인의 의식을 들추어내는 경향이 있었죠. 대부분의 사람들이 그에 대한 언급을 가능한 한 삼가려고 수단과 방법을 가리지 않았어요. 하지만 이러한 억측은 세월의 힘을 견디지 못합니다.

어쨌든 저와 줄리아나는 엘리오와 지네타의 절친한 친구가 되었습니다. 그러다가 어느 시점엔가, 1950년대 초에 엘리오가 보카 디 마그라로 함께 여름휴가를 떠나자고 하더군요. 우리를 위해 강의 북쪽 연안에 있는 마을에다 방을 하나 잡아놨다고요.

마그라는 리구리아와 토스카나가 만나는 경계 지점에 위치한 도시입니다. 물론 정확한 경계선은 좀 더 아래, 사르자나Sarzana 밑이죠. 엘리오와 지네타는 이미 몇 년 전부터 휴가철마다 보카 디 마그라를 찾고 있었습니다. 지네타는 사실 아주 어렸을 적부터 아버지와 함께 이곳으로 놀러 왔어요. 보카 디 마그라를 발견한 그녀의 아버지가 밀라노의 화가들과 함께 이곳에서 여름을 보냈다고 했죠.

굉장히 매력적인 곳이었어요. 강이 있어서 주택지가 둘로 나뉘어 있거든요. 한편에는 보카 디 마그라가, 다른 한편에는 피우마레타Fiumaretta가 있습니다. 가운데에는 계절과

급류에 따라 사라졌다가 모습을 드러내는 조그만 섬도 있어요. 보카 디 마그라는 피우마레타와 마찬가지로 집들이 많지 않고 전부 소박했습니다. 그곳의 진정한 주인공은 강이었어요. 우리는 서서 노를 젓는 납작한 배를 타고 하루에 서너 번 정도 강을 건넜습니다. 피우마레타의 연안에 에이나우디Einaudi 출판사가 있었습니다. 줄리오와 레나타 에이나우디Giulio, Renata Einaudi, 체사레 파베세Cesare Pavese, 프랑코 포르티니Franco Fortini 등이 그곳에 진을 치고 있었죠. 맞은편에 엘리오와 지네타, 조반니 핀토리Giovanni Pintori, 비토리오와 루이자 세레니 등이 있었고요.

저와 줄리아나는 몇 년간 줄곧 이곳으로 바캉스를 왔습니다. 매년 휴가를 이곳으로만 오는 사람도 꽤 많았어요. 예를 들어 마르그리트 뒤라스Marguerite Duras, 디오니스 마스콜로Dyonis Mascolo, 시인 앙드레 프레노André Frénaud, 작가 로베르 앙텔므Robert Antelme, 탈리아코초Tagliacozzo나 보빙켈Bowinkel가의 사람들이 그랬고, 아니면 한 번이나 2~3년만 오고 만 사람들도 있었습니다. 이탈로 칼비노가 그랬고, 조지 오웰의 아내, 레비Levi 가의 사람들, 콰란토티 감비니Quarantotti Gambini, 알베와 리카 슈타이너가 그랬죠. 우리는 만나서 게임을 했습니다. 아무런 생각 없이 줄곧 게임만 했어요. 물론 토론도 했습니다. 흥미롭고 멋진 주제로 이야기를 나누곤 했지만, 주로 한 건 게임이었어요.

어쩌면 몇 년 뒤에는 대학에서 연구생들이 우리 그룹에 대한 논문을 쓰게 될지도 모른다는 생각이 듭니다. 1950년과 1960년 사이에는 보카 디 마그라에 생각이 깊고 열정적인 사람들의 문화 서클이 있었다고 쓰게 될지도 모르죠. 하지만 우리가 보카 디 마그라에 간 건 같이 지내면서 놀기 위해서였어요. 바캉스를 갔으니 놀아야죠. 우리는 경찰과 도둑 놀이, 축구나 수영을 하기도 하고 납작한 배를 타고 뱃놀이도 했습니다. 우리는 모두 젊었고, 또 전문 영역에 대한 열정이 있었던 건 사실이지만 그곳 보카 디 마그라에서만큼은 놀기에 바빴어요. 가끔씩 토론을 했을 뿐입니다. 지네타가 그 중심에 있었어요. 모두가 그녀에게 속마음을 털어놓았죠. 그녀는 소녀이자, 젊은 여자, 늙은 여자였어요. 귀엽기도, 추하기도, 자극적이기도, 매력적이기도 했습니다. 때로는 부드럽게 때로는 고집스럽게 굴었죠. 지독히도 아름답고, 매력적이고, 상냥하기 이를 데 없었어요.

해질 무렵이면 서너 명이서 강둑에 모여 앉아 저녁에는 뭘 할까 의논하며 이야기를 나누곤 했습니다. 저는 비토리니와 칼비노에게 도시에 대해 이야기했고 두 사람도 자신의 생각을 알려주었어요. 각자 자신의 관점에서 이야기를 하다가도 대화를 나누는 사이에 관점을 바꾸곤 했죠. 그런 식이었습니다. 그러다가 강 건너편으로 춤을 추러 갔습니다. 아니면 누군가의 집에서 연극을 준비하거나요. 어김없이 지네타가 여왕을 맡았고 우리는 돌아가면서 오텔로나 햄릿, 이아고, 탄크레디, 클로린다, 데스데모나, 리날도를 연기하거나 현시점의 우리 자신을 연기하기도 했죠.

글쎄, 하지만 다들 그렇게 젊은 나이는 아니지 않았나요? 35세는 전부 넘은 나이였을 텐데, 계속해서 그런 게임만 하며 노셨나요?

비토리니는 저보다 11살이 더 많았습니다. 우린 대략 30살에서 50살 사이였는데, 많은 나이인 것 같나요? 말씀드린 것처럼 우리는 주로 놀면서 즐겼습니다. 하지만 때로는 진지한 얘기도 나눴어요. 저는 강둑이나 푼타 비안카Punta Bianca의 바위에 앉아 칼비노, 비토리니, 세레니, 그리고 슈타이너, 핀토리와 함께 나눈 대화를 아직도 생생하게 기억하고 있습니다. 가슴 아픈 기억이기도 하죠. 우리의 토론 주제는 도시였습니다. 그것이 우리를 묶어주는 공통 관심사였으니까요. 비토리니가 생애의 마지막 시기에 쓴 책들은 전부 도시에 관한 것들입니다. 그중 『세계의 도시들Le città del mondo』이 그의 유작인데, 칼비노가 제목을 제안했죠. 어느 날 저녁 밀라노에 있는 지네타의 집에 모여 책을 어떤 식으로 출판할까 궁리하던 중에 말이에요. 당시에 칼비노는 『보이지 않는 도시들Le città invisibili』을 준비하고 있었어요.

언젠가는 보카 디 마그라 학파에 대해 이야기하는 날이 올 수도 있겠네요.

그것 보세요. 대담자도 학파 얘기를 하고 싶은 모양이네요. 하지만 그건 사실이 아니에요. 장담하지만, 학파하고는 거리가 멀었습니다.

　당시에는 비토리오 세레니도 우리와 함께 도시에 관해 이야기를 나누곤 했습니다. 놀라운 시인이었죠. 그의 작품 가운데 도시를 주제로 한 시가 상당히 많습니다. 보카 디 마그라를 언급하는 경우도 많았죠. 줄리아나와 저에게 헌정한 시도 있습니다.

말씀드린 것처럼 비토리니는 미완성의 책을 한 권 남겼습니다. 이는 편집 과정을 거쳐 출간되었죠. 굉장히 아름다운 책입니다. 그날 저녁 우리는 지네타의 집에 모였어요. 세레니, 칼비노, 저와 줄리아나, 크로비Crovi, 피포Pippo, 비토Vito 등이 와있었죠. 우리는 제목에 대해 이야기를 나누었고, 여러 제목이 거론되었습니다. 어느 시점엔가 칼비노가 자기라면 '세계의 도시들'로 정했을 거라고 하더군요. 엘리오가 평생 동안 다루었던 주제가 도시이기 때문이라는 것이었죠.

기억이 나네요. 언젠가 선생님께서 그 책을 우리 학생들에게 도시계획을 이해하기 위한 필독서로 소개하셨죠.

나중에는 칼비노의 책도 권했습니다. 도시와 땅에 대해 무언가를 이해하기 원한다면 두 권 모두 꼭 읽어야 할 필독서입니다.

비토리니의 책에서 제가 기억하는 것 중에 하나는 아들과 함께 등장하는 양치기의 모습입니다. 높은 곳에서 도시를 바라보며 소음을 감지하고, 바깥에서 도시를 이해해보려고 애쓰는 모습이 인상적이었죠. '우르비노 도시계획'에서 도시를 읽기 위해서는 망원경을 뒤집어 들어야 한다고 말씀하셨을 때 선생님도 이와 유사한 관점을 염두에 두셨던 것이 아닌가 싶은데요.

그랬을 수도 있겠네요. 생각해보니 마음에 듭니다.

전체를 바라볼 수 있는 외부에서 도시를 바라보는 건 도시계획에 있어서 중요한 경험입니다. 자연 환경과 도시 환경은 항상 밀접하게 연관되어 있을 뿐 아니라 끊임없는 갈등 관계에 놓여 있죠. 도시의 생활양식에 전염되지는 않을까 걱정하는 양치기의 두려움, 도심에 들어가기를 주저하는 이 유목민의 두려움은 이러한 갈등 관계의 은유라고 할 수 있습니다. 무언가를 정의하기 위해 그것을 경외하고 존중하는 자세로 주변을 배회할 필요가 있다는 비토리니의 생각이 저는 굉장히 아름답게 느껴지는데요.

가끔은 그 부분에 대해서도 이야기한 적이 있습니다. 보카 디 마그라에서요. 우리가 논의하던 도시와 전원의 관계는 당시에 마르크스주의적인 관점에서 대등한 관계로 이해되는 것이 보통이었습니다. 물론 제 입장에서는 마르크스의 해석이 지적이고 깊이가 있기 때문에 여전히 흥미롭고 말씀드리고 싶지만, 우리는 그 관계를 조금은 다른 방식으로 이해했습니다. 도시를 토지라는 훨씬 더 큰 기적 속의 기적으로 이해했죠.

도시를 다루는 일은 어려울 뿐 아니라 꼼짝달싹 못 하도록 빠져들게 만드는 측면이 강합니다. 도시계획가의 일반적인 성향과 달리 저는 여러 도시를 동시에 다룬 적이 없습니다. 특정 도시에 관여하려면 제가 보기에는 그 도시의 본질과 일체가 되어야 합니다. 하지만 이는 결코 쉬운 일이 아닙니다. 왜냐하면 본질적인 문제가 복합적이고 복잡할 뿐 아니라 불명료하고 조밀하기 때문이죠.

한 도시를 이해하기 위해서는 도시가 토지를, 토지가 도시를 지속적으로 발전시키는 복합적인 관계에 주목해야 합니다. 이는 적어도 도시를 바라보는 농부들의 입장에서 분명한 관점이었습니다. 현실의 이면에는 상징이, 지성의 이면에는 감각이, 경외의 이면에는 경악이 있었죠. 제2차 세계 대전

이전까지만 해도 이탈리아에서 농부들이 도시에 갈 일이 있으면 신발을 들고 다니다가 도심 안으로 들어서는 순간에 신발을 꺼내 신었습니다. 성 문턱을 넘어서기 직전 신발을 신고 도시에서 벗어나면 다시 신발을 벗었죠. 오늘날에는 이런 광경을 볼 일이 없습니다만, 신발을 신거나 벗는 일은 어쨌든 복종이 아니라 인정과 존중을 표명하는 행위였습니다. 교회에 들어갈 때 모자를 벗거나 시나고그에 들어갈 때 모자를 쓰는 행위, 혹은 모스크에 들어가기 전에 콧구멍과 손가락을 씻고 슬리퍼를 벗는 행위도 모두 같은 경우입니다. 어떤 의미인지 즉각적으로 정의할 순 없지만 모든 것을 말해주는 행위들이죠.

어떤 문턱을 넘어서기 전에 치르는 의례는 모든 고대문명에서 찾아볼 수 있습니다.

문턱과 통로가 주는 느낌이나, 밖으로 나가는 것과는 전혀 다른 상황 속으로 들어가는 느낌을 저는 항상 극적인 경험이라고 여겨 왔습니다. 인간과 공간 사이에서 전개되는 관계를 압축해서, 가장 본질적인 측면만 드러내며 보여주기 때문이죠. 공간의 경험은 어떤 상황에서 다른 상황으로 넘어가는 지속적인 통행의 결과입니다. 건축가가 이를 인지하고 표현할 능력이 없다면 그의 건축은 무미건조한 것으로 남을 수밖에 없습니다.

토지 이야기로 돌아와서, 저는 통행의 모든 시퀀스가 집약되는 장소, 모든 문턱을 넘어서는 장소가 토지라고 생각합니다. 토지에서 도시에 도달하게 되죠. 도시에는 아주 중요한 문턱이 존재하지만, 거기에 도달하기 전에도 또 다른 문턱들이 있고 들어간 후에도 또 다른 문턱들이 나타날 겁니다. 이 문턱들은 모두 다르지만 결국에는 일관성을 유지합니다. 시퀀스는 최종 목표를 갖지 않습니다. 왜냐하면 모든 문턱의 역할이 상황에 따라 바뀌니까요. 밟을 수 있는 경로는 다양합니다. 따라서 선택이 필요하죠.

도시는 토지의 특별한 경우에 속합니다. 토지는 다양하고 특별한 경우들로 이루어져 있고 도시는 이들 가운데 하나일 뿐이죠. 따라서 도시에 들어가는 것이 하나의 의례였다면 시골로 들어가는 것 역시 의례가 되어야 합니다. 실제로 과거에는 그랬습니다. 하지만 오늘날 전지전능한 자유시장이 조장하는 사람들의 이해 부족이, 이들로 하여금 농촌을 조만간 도시화될 대기 상태의 거대한 자원 정도로 간주하게 만들었어요. 그런 식으로 농촌은 대기 상태에서 황폐해졌습니다. 나무, 초원, 과실들은 고유의 의미를 잃고 장식물이 되어버렸죠. 저는 이런 식의 실수를 거듭하면 안 된다고 생각합니다. 이런 실수가 계속 반복된다면 결국 인류에게 형벌이 될 테니까요.

하지만 불행히도 지금 일어나고 있는 일입니다.

토지 관리의 차원에서 큰 실수들을 범했고 계속해서 범하고 있습니다. 도시계획가와 건축가들이 정치인들과 경제인들을 설득할 수 있을 만큼 똑똑하지도 못했고 열정도 지니지 못했기 때문이에요.

이 시점에서 보카 디 마그라에 관한 이야기부터 마무리 짓는 건 어떨까요. 선생님과 비토리니에 대해 좀 더 얘기해주시죠.

다시 말하지만, 솔직히 보카 디 마그라에서 별다른 일은 없었어요. 우리가 거기에 갔던 건 장소가 마음에 들어서였고, 우리가 만나던 사람들에게 관심이 있었기 때문이에요. 지적 의무나 노고가 요구되는 일에서 우리가 벗어났다는 점이 만족스러웠고 일차적인 목적이 바캉스이자 즐기는 것이라는 점이 마음에 들었던 거죠. 그곳에서 우리는 엘리트가 아니었어요. 그건 우리가 같은 직업을 가지고 있지 않았기 때문이기도 합니다. 제가 그곳에서 편안하게 지낼 수 있었던 이유 가운데 하나는 오히려 그곳에 건축가가 드물었기 때문이에요. 그래서 건축에 대해 이야기할 기회가 오면 전문가로서 이야기하는 것이 아니라 간접적으로, 그러니까 건축과 건축가에 대해 비전문적인 견해만 지닌 사람들을 상대로 이야기했던 거죠. 대부분은 문인들, 시인과 작가 들이었으니까요. 아마도 그랬을 겁니다. 그리고 이들 가운데 몇몇은 아침에 일을 하고 오후에 여흥을 즐겼어요. 비토리니도 아침에 작업을 하던 부류에 속합니다. 물론 그건 비토리니가 보카 디 마그라에 다른 사람들보다 더 오랫동안 머물었기 때문이기도 하죠.

우리는 밀라노에서도 비토리니 부부를 자주 만났습니다. 다르세나 데이 나빌리Darsena dei Navigli에 있는 같은 건물에서 살았으니까요. 지네타의 오빠가 지었는데, 난간을 두른 아주 밀라노다운 건물이었어요. 우리 아이들의 침실은 비토리니 부부의 거실과 접해 있었는데, 나중에 소통이 가능하도록 벽을 뚫어 창구를 하나 만들었어요. 그래서 우리가 밤에 비토리니 부부한테 가 있거나 혹은 영화를 보러 나간 사이 제 아이들이 자다가 깰 경우, 창구를 열고 부를 수 있었죠.

비토리니 부부는 항상 많은 사람을 만났습니다. 지네타는 손님을 굉장히 반기는 편이었고 저녁에 초대하는 경우도 많았어요. 손님들은 그녀가 뛰어난 솜씨로 만든 밀라노 요리를 맛볼 수 있었죠. 우리가 비토리니 부부와 함께 자주 만났던 이들은 비토리오와 루이자 세레니 부부, 슈타이너 부부, 조반니 핀토리, 칼비노, 줄리오와 레나타 에이나우디 부부였습니다.

줄리아나와 저에게는 이 그룹과 무관한 또 다른 친구들이 있었습니다. 그 가운데 한 명이 바로 델피노 인솔레라였어요. 주로 레지스탕스 활동 시기에 만났고 전쟁 이후에도 그가 볼로냐로 떠나기 전까지는 자주 만났습니다. 인솔레라에 대해서는 앞서 레지스탕스 활동을 다룰 때 언급했던 것 같은데, 다시 이야기하게 되니 기분이 좋군요. 그는 굉장히 놀라운 인물이었어요. 우리 가운데 상당수가 향유하던 문화와 존재하는 방식에 지대한 영향을 끼쳤죠. 모르는 것이 없었습니다. 이집트 상형문자 해독을 비롯해 양자물리학이나 현대예술의 아주 미묘한 뉘앙스는 물론 사르데냐 섬의 전통 민요나 보고밀파의 장례문화까지, 이 모든 것에 대해 아주 전문가적 지식을 지니고 있었기 때문에 우리는 계속해서 놀랄 수밖에 없었어요. 그는 가장 순수한 아나키스트 중 하나였습니다. 그가 그것을 원하지도, 밝히지도 않았지만요. 그는 어떤 식으로든 타협할 줄 몰랐고 모든 것을 자유로운 정신으로 탐구했습니다. 살면서 많은 일을 했고 많은 사람, 그와 제가 함께 알았던 모든 사람의 정신세계를 바꾸어 놓았지만 남긴 것은 적었어요. 다만 이탈리아의 문화가 전적으로 아카데미즘 문화였기 때문에 이를 바꿔야 한다고 생각해서, 보급용 과학 해설서 외에 책 한 권을 남겼습니다. 자니켈리Zanichelli 출판사가 1997년에 출간한 『세상을 어떻게 설명해야 하나Come spiegare il mondo』인데, 그가 쓴 글의 일부가 이 책에 실려 있습니다. 꼭 한번 읽어보세요. 그가 쓴 모든 것이 계시이자 예견에 가깝고 대단한 흡입력을 지녔어요.

잔카를로 데 카를로와 아내 줄리아나 바라코Giuliana Baracco, 1964년(사진 - 체사레 콜롬보)

잔카를로 데 카를로와 비토리오 세레니, 엘리오 비토리니, 조반니 핀토리, 밀라노에서, 1964년
(사진 - 체사레 콜롬보)

3장
중년기로 접어들던 1960년대

근대건축 국제회의

앞 장에서 르 코르뷔지에에 대해 말씀해주신 부분은 그의 작품에 대한 토론으로 곧장 이어질 수밖에 없을 것 같습니다. 라 사라La Sarraz의 성에서 **1928**년에 창설된 근대건축 국제회의(CIAM)에 초대받으신 게 **1950**년 중반이었는데, 어떠셨나요?

1950년대 중반에 CIAM의 이탈리아 회원직을 맡아달라는 요청을 받았습니다. 저로서는 당연히 기쁜 일이었죠. CIAM은 당시에 모더니즘 운동의 명맥을 생생하게 유지하던 기관이었으니까요. 제게 회원직을 제안했던 인물은 루도비코 벨조이오소입니다. 당시에 CIAM의 이탈리아 분과를 총괄하고 있었죠. 저는 그의 제안을 기꺼이 받아들이겠다고 했습니다. 하지만 CIAM이 내세우는 여러 가지 원칙에 제가 완전히 동의하는 것은 아니라는 말도 빼놓지 않았죠. 저는 CIAM에서 그런 원칙들을 불변하는 것으로 주장한다는 점이 마음에 들지 않았습니다. 벨조이오소는 놀란 눈치였어요. 친절하기로 유명했던 그는 그렇다면 왜 자신의 제안을 수용하는지 제게 점잖게 물었습니다. 저는 CIAM에서 활동하면 제가 이탈리아나 국외의 흥미로운 건축가들과 토론할 수 있는 기회를 얻을 수 있기 때문이라고 설명했습니다. 그리고 CIAM처럼 칭송받는 기관은 뛰어난 상상력을 지닌 창의적인 사람들로 구성되어 있는 만큼, 제가 다른 의견을 지녔다는 점은 물론 소수의 입장을 너그럽게 수용하리라는 기대가 있기 때문이라고 덧붙였죠.

카라라의 집회에 관련해 말씀하셨던 것과 동일한 논리가 아닌가 싶은데요. 중요한 건 다수파와 소수파의 변증적 관계를 유지하는 것이었죠.

말씀하신 것처럼 동일한 논리일 수도 있겠네요. 아니면 평생 동안 소수파의 편만 들어왔던 제 본능, 생존 본능이었을 수도 있겠죠.

1955년 제가 처음으로 참석한 회의가 CIAM이 탄생한 라 사라의 성에서 열렸습니다. 우리는 다음 해에 두브로브니크에서 열리는 제10회 행사를 준비하기 위해 소집되었죠. 회의에는 지도위원회 멤버들이 와 있었습니다. 지그프리트 기디온Siegfried Giedion이 주재하는 일종의 코민테른 같은 것이었어요. 위원회에는 기디온이 르 코르뷔지에의 사유를 틀에 박힌 형태로 체계화한 원리 원칙에 충성하는 사람들이 모여 있었습니다. 하지만 르 코르뷔지에는 CIAM에 아무런 흥미도 못 느끼는 것처럼 보였어요. 아마도 그가 하던 중요한 작업이나 새로운 방향의 탐색이 그에게는 훨씬 더 흥미로웠을 겁니다. 어쨌든 로저스, 보겐스키Wogensky, 막스 빌Max Bill, 재클린 테어휘트Jaqueline Tyrwhitt, 알프레트 로스 등이 위원회를 구성하고 있었습니다. 시간에 맞춰 도착하지 못한 다른 건축가도 더 있었을 거예요. 다른 한편에는 일군의 젊은 건축가들이 있었습니다. 이전 회합에서 나왔던 이견들을 어떻게든 흡수하기 위해 기디온이 위원회의 각국 멤버들에게 CIAM에 들어온 지 얼마 안 된 젊은 건축가를 한 명씩 초대해 달라고 요청했거든요. 에르네스토 로저스는 저를 초대했어요. 굉장히 너그러운 처사였죠. 왜냐하면 제가 CIAM의 원리 원칙뿐만 아니라 그의 생각에도 동의하지 않는다는 것을 잘 알고 있었으니까요. 말씀드렸듯이 로저스는 정신적으로 굉장히 자유로운 사람이었어요. 그가 저를 선택했다는 것 자체가 모든 걸 설명해주죠.

그렇게 해서 라 사라에 모인 우리는 정중한 인사와 호감을 표시하며 서로 소개하는 시간을 가졌습니다. 위원회 멤버들은 토론 주제를 결정하기 위해 회의실로 들어가더니 문을 닫아버렸어요. 우리 젊은이들은 다른 방에서 대기하며 이들이 결정을 내리기만 기다렸습니다.

저와 함께 피터 스미슨Peter Smithson, 샤드 우즈, 올리스 블롬슈테트Aulis Blomsted, 페타이아Petaia, 피에틸라Pietila가 와 있었습니다. 다른 사람은 기억이 안 나요. 여하튼 우리는 기다리기만 했습니다. 모두가 그곳에서 기다리기만 한다는 사실에 화가 나 있었죠. 어느 시점에선가 위원회가 모여 있던 회의실에서 보겐스키가 나오더니 르 코르뷔지에의 어머니가 많이 편찮으셔서 그분께 전보를 보내기로 결정했는데 우리도

서명을 하겠냐고 묻더군요. 우리는 너무 화가 나서 그에게 지옥에나 가버리라고 했습니다.

그러니까 전보 한 통의 전송 여부를 놓고 몇 시간씩 토론을 했단 말씀이신가요?

물론 다른 것에 대해서도 이야기를 나눴겠죠. 토론 주제가 건축적 전략이었는지 아니면 가족의 건강 문제였는지 누가 알겠어요. 어쨌든 중요한 건 그게 아니에요. 문제는 위원회가 우리를 마치 예속민 취급하며 외면하고 있었다는 사실입니다.

그래서 우리는 어느 시점에선가 각자가 준비해온 설계도, 사진, 스케치 등을 벽에 붙이기 시작했어요. 그리고 우리의 문제점들을 주제삼아, 그것이 우리의 작업에 어떤 식으로 드러나 있는지에 주목하며 토론을 시작했습니다. 어떤 의미에서는 그때 나누었던 대화가 우발적이고 불확실했을지언정 팀 텐의 시작이었다고도 할 수 있습니다. 몇 년 뒤에 팀 텐이 결성되었을 때, 우리가 서로를 비교하는 방식으로 선택했던 것이 바로 그런 유형의 토론이었으니까요.

우리가 토론과 서로에 대한 솔직한 비판을 마쳤을 때에도 위원회 멤버들은 여전히 회의실에서 나오질 않고 있었어요. 그래서 우리는 모두 한 친구의 집으로 사우나를 하러 갔습니다. 스위스인이었던 이 친구는 라 사라의 성에서 그리 멀지 않은 마을에 살고 있었어요. 알바 알토 밑에서 일한 적이 있다고 했죠.

우리가 저녁 식사 시간에 맞춰 성으로 돌아왔을 때 발견한 건 우리의 원로들이 호사스런 퐁뒤 앞에 만족스러운 표정으로 앉아 있는 모습이었어요. 하지만 퐁뒤는 뒤에 소화불량을 일으켰습니다. 같은 날 밤에 기디온이 위원회에서 결정한 사항을 발표했는데, 두브로브니크에서 열릴 10번째 국제회의의 기획을 젊은 건축가들에게 맡기겠다는 것이었어요.

실제로 일은 그렇게 진행되었습니다. 제10회 국제회의를 준비했던 이들은 야프 바케마Jaap Bakema[45], 알도 반 아이크, 조르주 캉딜리스, 샤드 우즈, 피터와 앨리슨 스미슨Peter, Alison Smithson[46]이었습니다. 저는 준비 과정에 참여하지 않았어요. 저는 두브로브니크도 가지 않았고 뒤이어 11번째 국제회의가 열린 악상프로방스에도 가지 않았습니다. 대신에 1959년 네덜란드 오테를로에서 열린 CIAM의 마지막 국제회의에 참여했죠.

1959년에는 사람들이 굉장히 많이 모였습니다. 그때 이탈리아 대표로 참여했던 이들은 저를 비롯해 이냐치오 가르델라Ignazio Gardella, 에르네스토 로저스, 비코 마지스트레티였습니다. 우리는 각자 소개할 작업 내용을 준비해 갔습니다. 가르델라는 올리베티 사옥 식당을 소개했고, 마지스트레티는 밀라노 근교에 지은 컨트리클럽, 로저스는 토레 벨라스카, 저는 밀라노의 코마시나Comasina에 지은 작은 규모의 주거용 건물과 마테라의 스피네 비안케Spine Bianche에 지은 주택을 소개

45 야프 바케마(1914~1981년)는 네덜란드의 건축가다. 모더니즘 운동을 대표하는 건축가 중 한 명이며 공동주택 건설과 로테르담 재건으로 유명하다. 1946년부터 CIAM에 참여했고 1955년에 사무국장을 역임했다. 팀 텐의 창단 멤버이기도 하다. 1964년부터 델프트 공과대학 교수로, 1965년부터 함부르크 국립대학 교수로 활동했다.

46 피터 스미슨(1923~2003년)과 앨리슨 스미슨(1928~1993년)은 영국의 건축가 부부이다. 항상 공동작업을 했기 때문에 보통 스미슨 부부로 불렸다. 브루탈리즘을 대표하는 가장 중요한 건축가들로 평가된다.

했습니다. 네 명 모두, 하지만 주로 로저스와 제가 신랄한 비판을 받았습니다. 배신자라는 소리도 들었죠. 사람들은 토레 벨라스카와 마테라의 저택이 전혀 다른 유형의 건축물이지만 공통적으로 CIAM의 원리 원칙을 전혀 존중하지 않는다고 비판했습니다. 모두들 우리를 차가운 시선으로 바라봤어요.

저는 그때 보고서도 한 편 소개했습니다. 그 보고서가 모두를 경악하게 만들었죠. 그 안에 담긴 비판적인 내용 때문은 아니었습니다. 그걸 이해할 수 있는 사람은 실제로 적었으니까요. 사람들이 경악한 건 제가 모더니즘 운동이 어느 시점엔가 르 코르뷔지에라는 거목 아래서 잠을 자기 시작했다고 주장했기 때문이에요.

교주를 건드리면 파문은 당연한 결과라는 식이었겠군요. 모두가 의아해한 마테라의 집은 어떤 건물이었나요?

마테라 도시개발에 뛰어든 도시계획가와 건축가들은 사씨Sassi의 새로운 모습을 제안했습니다. 그러니까 수세기 동안 육체노동자들의 거주지로 활용되던 동굴 지대를 싹 바꿔보자는 것이었죠. 건축가들은 사씨가 이웃을 형성하는 데 가장 이상적인 모델이라는 생각에 굉장히 들떠 있었어요. 활발한 사회 활동의 가능성과 다양한 형태를 지닌 물리적 공간 사이에 놀라운 상응성이 존재한다는 것이었죠.

하지만 사실은 전혀 그렇지 않았어요. 사씨가 주민들의 삶이 겹겹이 쌓여 형성된 굉장히 감동적인 공간이라면, 그건 수 세기에 걸친 축적의 과정에서 의미 있는 기호들로 풍부해졌기 때문입니다. 하지만 그곳의 주민들은 혼잡함과 기초 시설의 부재, 어두움, 습기, 추위, 폭염 때문에 비참한 삶을 살았을 뿐 아니라 엄격한 사회적 제약을 받는 노예였습니다.

사씨의 주민들이 새로운 사씨를 원했다는 것은 전혀 사실이 아닙니다. 욕실과 부엌과 난방을 원했을 수는 있겠죠. 하지만 새로운 사씨는 건축가들과 신사실주의 사회주의자들의 생각이었습니다. 사씨의 주민들이 실제로 바라보던 모델은 대주교관과 대성당이었습니다. 사씨의 두 구역 사이의 협곡을 높은 곳에서 내려다보는 건물들이죠. 주민들이 이 건물들을 훌륭한 건축으로 여긴 이유는 튼튼한 벽과 안전한 지붕을 지녔고, 창문이 하늘과 도시와 전원을 향해 열려 있었기 때문입니다. 게다가 주민들은 몇몇 신세대 도시계획가와 건축가가 제안하던 '땅 밖으로 나온 동굴' 형태의 주택은 생각도 하지 않았어요. 약하고 불안정할 뿐 아니라 어디로든 곧 떠나야 할 것 같은 느낌을 받았기 때문이죠.

저는 이 모든 것을 염두에 둔 상태에서 마테라의 집을 설계했습니다. 그래서 주택의 전면을 마치 르네상스 시대의 궁전처럼 구성했죠. 제가 활용할 수 있는 건축 자재가 상당히 제한적이라는 것은 알고 있었지만, 설계 작업은 할 줄만 알면 돈이 드는 일은 아니었으니까요. 수평 창문은 사용하지 않았고 평지붕이나 필로티도 사용하지 않았습니다. 대신에 주랑 현관, 경사지붕, 수직 창문을 설치했죠. 마테라에서는 풍경의 감지 방향이 수직적이었으니까요.

제가 설계한 마테라의 집은 오테를로에서 근대건축의 원리 원칙을 고수하는 CIAM 회원들의 분노를 샀습니다. 제게 온갖 비난을 퍼부었지만 무엇보다도 르 코르뷔지에가 선언한 뒤 그의 해석자들이 체계화한 모더니즘 운동의 원칙을 제가 배신했다고 비판했습니다.

빛이 많이 들어오는 수평 창문 제작이 유리했다는 점은 저도 잘 압니다. 그것을 만드는 데 필요한 자재와 기술을 충분히 가지고 있었기 때문이죠. 하지만 제가 어떤 환경에서든 무조건 수평 창문을 설치해야 할까요? 비가 새지 않는 평지붕을 어렵지 않게 만들 수 있다는 것은 저도 잘 알고 있었습니다. 하지만 제가 경사지붕을 설치할 만한 합당한 이유가 있을 때에도 그러지 말아야 할까요? 모던해야 하니까? 당시에 저를 비판하던 고집불통 회원들에게 밝혔던 것처럼, 만약 모더니즘이 단순히 모던해야 한다는 이유로 기계적인 규범들을 적용하는 것뿐이라면, 그것이 전부라면, 제 입장에서는 모던해야 할 이유가 전혀 없었습니다. 반대로 모더니즘 건축은, 당시에도 했던 말이지만, CIAM의 회원들이 끊임없이 강조하던 단순한 원칙적 사고보다는 훨씬 더 복합적인 실체를 지녔습니다.

우리는 굉장히 열띤 토론을 벌였습니다. 로저스도 토레 벨라스카에 대해 해명을 해야 했죠. 결국 대화는 양식에 관한 논쟁으로 이어졌습니다. 제가 양식적인 차원의 문제로 거론되는 것이 마음에 들지는 않았지만 끼어들 수밖에 없었어요. 저는 당연히 제 작업이 건축적인 언어로 평가되어야 한다고 주장했습니다. 하지만 무엇보다도 상이한 지역에서 상이한 방식으로 설계하고 건축할 수 있는 제 권리가 인정되어야 한다고 주장했습니다. 저는 제 건축이 모든 특징적인 건축물과 마찬가지로 여러 방향에서 생겨난 힘의 결과로 간주되기를 바랐습니다. 다양한 장소의 지역적 특징이나 해당 지역 주민들이 지닌 문화의 표현 같은 현실적인 힘의 결과로 간주되길 바랐던 거죠.

논쟁은 굉장히 뜨거웠고 회의에 참석했던 여러 명의 젊은 건축가들, 예를 들어 반 아이크, 캉딜리스, 우즈, 랄프 에르스킨Ralph Erskine 같은 이들의 관심을 불러일으켰습니다. 대부분이 머지않아 팀 텐에 들어와서 활동하게 될 인물들이었죠.

선생님의 이러한 입장은 건축을 거의 포기하는 자세, 그러니까 건축가가 아니라 '시민 참여형 계획'의 담당자(어떤 그룹이나 단체의 대리 기획자) 또는 사회학자로 만족하겠다는 입장으로 보일 수도 있을 텐데요. 한편으로는 선생님께서 하신 일이나 도시계획에 대해 말씀하실 때 항상 그 분야의 특별한 능력과 존엄성을 계획의 핵심요소로 보신다는 것도 널리 알려진 사실입니다.

하지만 제 입장은 건축으로부터 벗어나자는 것이 아니었어요. 건축 대신 사회학을 하자는 것도 아니었죠. 정말 참을 수 없는 건 건축을 할 능력이 없으니까 제가 한 말을 들먹이며 정치인이나 사회학자인 척하는 사람들이에요. 건축은 물리적인 공간을 체계화하는 형식입니다. 별다른 것이 아니에요. 다른 것이 될 수도 없지만 그것만으로도 이미 대단한 것이라는 점을 알아야 합니다. 훌륭한 건축은 건축에 의존할 수밖에 없는 사람뿐만 아니라 건축이 의존하는 사람에게도 좋은 영향을 끼칩니다. 건축은 자율적이지 않아요. 타율적이죠.

오테를로의 국제회의 이야기로 돌아가 보겠습니다. 이

미 파악하셨겠지만, 사실상 CIAM이 와해되기 일보직전이었다는 점은 앞서 말씀드린 논쟁을 보면 분명히 알 수 있습니다. 구성원들 사이에 깊이 뿌리내린 불화를 치유하기가 불가능했으니까요. '임원'들은 그들이 강조하던 원칙들의 구도 안에서 모든 것이 체계화된 상태로 진행되기를 바랐습니다. 하지만 이들이 만든 체계 안에는 보잘것없는 건축가들이 득실거렸어요. 이들은 모더니즘 운동의 가장 첨단적인 해결책으로 간주하던 국제 양식에 맞추어 집을 설계하고 지었을 뿐입니다. 그리고 우리가 있었죠. 우리는 스스로를 '젊은 터키인 i giovani turchi'[47]이란 이름으로 불렀습니다. 우리는 CIAM이 본연의 모습을 드러내고 변화하는 세계와 마주할 수 있게 하고 싶었어요.

국제회의에는 단게 겐조Tange Kenzo와 루이스 칸Louis Kahn도 초대를 받았습니다. 아주 일본적인 겐조와 아주 북아메리카적인 칸은 근본적으로 유럽적이었던 CIAM의 문화와는 잘 맞질 않았어요. 루이스 칸은 당시에 논쟁이 흘러가는 양상을 지켜보며 혼란스러워하는 모습이 역력했어요. 칸은 아무 말도 하지 않았지만 그건 아마도 발표자들이 대부분이 프랑스어를 사용했기 때문일 겁니다. 겐조는 동양인 특유의 완벽한 정숙을 유지하면서 침묵을 지켰지만, 가끔씩 토론의 혼란스러운 분위기가 도를 넘어서면 누군가 아버지에게 중재를 청하는 차원에서 그의 의견을 묻곤 했습니다. 그러면 그는 자리에서 일어나 보일 듯 말 듯한 미소를 지으며 이렇게 말했죠.

47 '급진적인 개혁을 원하는 젊은이들'이란 뜻이다.

"건축은 굉장히 중요합니다." 그날 밤 겐조는 똑같은 질문을 최소한 네 번은 받았습니다. 그리고 매번 똑같은 답변을 또박또박 어조도 바꾸지 않고 반복했죠. 매번 우레와 같은 박수를 받았고요.

새벽 4시 반경이 되자 모두들 막다른 골목에 도달했다는 걸 깨달았습니다. CIAM과는 이제 함께할 수 없다는 걸 느낀 거죠. 그 누구도 더 이상 무슨 말을 해야 할지 몰랐으니까요. 오랜 영광의 시대는 끝났고, CIAM은 영예로운 대변자 대신 콧대 높은 사제들만 남아 있는 상태에서 스스로 해체되고 말았습니다. 공격을 받은 것도 아니고 해산을 막아보려는 움직임도 없었죠. CIAM이 해체된 건 더 이상 생존해야 할 이유가 없었기 때문입니다.

바로 다음 날 팀 텐을 구성하게 될 젊은 건축가들이 모임을 가졌습니다. 이들의 의도는 CIAM을 대체한다기보다는 전혀 다른 유형의 활동, 그러니까 구체적으로 제한된 영역에서 수식어가 필요 없는 아주 단순하고 직접적인 활동을 펼치자는 것이었어요.

로크브륀의 오두막

CIAM의 회원들이 방부 처리했던 모더니즘 운동의 경험이 되살아나려면 르 코르뷔지에가 원했던 CIAM은 죽어야만 했다고 볼 수 있을 것 같습니다. 하지만 어느 순간부터는 모든 것이 선생님께서 원하지 않는 방향으로 흘러갔는데요. 그만큼 전통에 매달리려는 유혹이 강했던 거겠죠.

맞습니다. 하지만 오해는 피하고 싶군요. 저는 르 코르뷔지에를 굉장히 존경할 뿐 아니라 CIAM이 활동을 시작했을 무렵 이 모임에 그가 각인시킨 생각들도 존중합니다.

그는 위대한 건축가인 동시에 신념과 일관성을 가진 인물이었습니다. 그의 제자들 대부분이 상투적인 추종자로 변한 까닭은 그가 그런 식으로 제자들을 방부 처리했기 때문이 아니라, 제자들이 르 코르뷔지에라는 거목 아래서 잠을 자며 스스로를 박제화했기 때문입니다.

아니, 반대로 르 코르뷔지에는 갑작스레 항로를 바꾸면서 이들을 깨우려 했다고 말하는 편이 오히려 적절할 겁니다. 롱샹의 성당이나 생-디에의 도시계획, 카펜터 센터, 베네치아의 병원 같은 작품이 등장할 때마다 그의 추종자들은 어리둥절해 했습니다. 르 코르뷔지에 건축의 정수를 제대로 보지 못하고, 한 천재의 요상한 발상이라거나 아니면 그가 노망이 들었을지도 모른다고 생각하고 외면했죠. 이를 르 코르뷔지에라는 인물이 보장하던 모범적인 노선과 혼동하는 일은 결코 없으리라고 확신했던 겁니다.

다른 각도에서 보면 르 코르뷔지에를 평가할 때, 누구를 평가하든 마찬가지겠지만, 그의 대외적인 입장과 본 모습을 구분하는 데 각별히 주의할 필요가 있습니다. 모든 걸 떠나 그는 공인이었습니다. 게다가 위대한 선언과 선전의 시대를 살았던 인물이죠. 하지만 보기와 달리 그는 사람들이 생각하는 것보다 훨씬 더 주의 깊고 너그러운 인물이었을 겁니다.

하루는 프랑코 베를란다Franco Berlanda, 라우라 펠리치Laura Felici와 함께 배를 타고 로크브륀Roquebrune에 간 적이 있습니다. 프랑코는 그 뼈대만 남은 배를 아직도 베네치아의 산 조르조 섬에 보관하고 있어요. 그날은 파도가 비교적 거세게 일었기 때문에 배를 정박시킬 수가 없었습니다. 결국 저는 헤엄을 쳐서 둑에 도달했어요. 그리고 르 코르뷔지에가 휴가를 보내던 곳이자 1965년에 임종을 맞이했던 조그만 호텔을 찾아갔죠. 가족이 운영하는 규모의 보잘것없는 펜션이었지만, 르 코르뷔지에가 남긴 벽화가 상당히 흥미로웠습니다. 그가 모듈러Modulor를 활용해 수직면, 수평면, 유리창을 조율하며 재설계한 창문도 흥미로웠습니다.

제가 수영복을 입고 물을 뚝뚝 떨어트리면서 조그만 중정에 도착했을 때, 벽에 누렇게 바랜 여러 크기의 신문 기사 스크랩과 사진들이 붙어 있었습니다. 전부 르 코르뷔지에의 사진이었죠. 그가 보체bocce 게임을 하거나 대화를 나누는 모습, 혹은 테이블 앞에 앉아 있거나 술을 마시는 모습이 눈에 들어왔습니다. 그는 항상 평범한 사람들, 예를 들면 펜션 주인, 우체부, 마을 의사나 약사, 수의사, 지나가다가 포도주를 한잔 하려고 멈춰선 같은 또래의 노인 등과 함께 있었습니다. 모두가 평등해보였죠. 사진에는 그가 차려야 할 형식도, 그의 명성도, 찌푸린 인상도, 오만도, 매료시켜야 할 고객도, 고함을 지르며 가르쳐야 할 조수들도 찾아볼 수 없었습니다.

그렇게 평온한 르 코르뷔지에의 모습은 책에서든 실제로든 본 적이 없었어요. 다정하고 인간미 넘치는 그의 이미지는 사람들의 머릿속에 각인되어 있던 것과는 많이 달랐습니다.

나비넥타이를 메고 동그란 금속테 안경을 쓴 르 코르뷔지에라는 지성인은 우리같이 평범한 인간들과는 너무 동떨어진 존재처럼 보였죠.

무작위로 골라 엉망으로 보존한 그 희귀한 사진들을 관찰하고 있는 사이에 한 50대로 보이는 여인이 안으로 들어왔습니다. 주인이라는 걸 금방 알아볼 수 있었죠. 저는 그녀에게 제가 찾아온 이유를 설명하면서 르 코르뷔지에가 바캉스 기간에 작업하던 공간을 보고 싶다고 했습니다. 그녀는 저를 훑어보더니 퉁명스럽게 작업실은 두 곳이라면서 둘 다 정원에 있고, 한곳에서는 작업만 했지만 다른 한곳에서는 잠을 자기도 하고 작업도 했다고 알려주었습니다. 그리고 제가 약간 망설이다가 떠나려고 발걸음을 옮기자 뒤에서 큰소리로 이렇게 외쳤습니다. "왜냐하면 그분은 낮이든 밤이든 항상 일만 했거든요." 그렇게 말하면서 하늘을 향해 손가락을 치켜들었죠.

갑자기 저는 필라레테Filarete의 이야기[48] 속에 들어와 있는 것만 같았습니다. 금빛 망토를 두른 신이 분노를 억제하지 못하고 아담을 지상 낙원에서 쫓아내자, 한순간에 의식을 되찾은 아담은 자신의 벌거벗은 모습과 흰 몸의 나약함에 부끄러움을 느끼죠. 하나님이 아담을 낙원에서 쫓아냈을 때에도 아담의 머리카락, 겨드랑이, 음부에서 바닷물이 뚝뚝 떨어졌을 겁니다. "낮에도 밤에도 일을 하게" 되리라는 위협적인 경고를 아담은 결코 잊지 못했을 겁니다. 저도 마찬가지였어요.

48 안토니오 아베리노(1400~1465년)가 본명인 건축가 필라레테가 쓴 『건축론』에 나오는 에피소드. 여기서 아담은 에덴 동산에서 추방된 후 최초의 건축가로서 집의 원형을 설계한 사람으로 소개된다.

팀 텐

CIAM의 해체와 팀 텐의 탄생은 일종의 신화적인 사건이었습니다. 우리가 대학에서 공부하던 시기는 모더니즘 운동에서 가장 중요했던 시기와 일치하는데, 그때 우리는 CIAM에서 무슨 일이 일어났는지 이해해보려고 노력했습니다. 또 팀 텐은 본질적으로 무엇인지, 누가 참여하는지도 알고 싶었죠. 하지만 팀 텐은 쉽게 파악하기가 힘들었어요. CIAM은 의례적인 모임과 학술행사, 공식적인 활동 기록도 출판을 했기 때문에 뭔가 구체적인 단체로 보였습니다. 하지만 팀 텐의 활동에 대해서는 그저 몇몇 소문만 들려왔을 뿐이에요.

어떤 이유에서 팀 텐에 대한 자료가 부족한지 자문해보신 적이 있나요? 던져볼 필요가 있는 질문입니다. 그렇지 않으면 팀 텐이 무엇이었는지 이해하기 어려울 테니까요.

활동했던 기간 내내 팀 텐은 한 번도 기자들을 부른 적이 없습니다. 공개적으로 성명을 발표한 적도 없고 마니페스토를 출간한 적도 없죠. 바깥세상을 향해 홍보할 생각이 조금도 없었기 때문입니다. 이런 사실만으로도 팀 텐은 CIAM과 많이 달랐습니다. CIAM에서는 반나절마다 새로운 성명을 발표했으니까요. 팀 텐은 오늘날 흔히 전문 분야의 무대화라고 부르는 것과도 거리가 멀었습니다. 오늘날의 건축가는 말을 할 때 대부분 녹음을 요구합니다. 연필로 뭐라도 하나 그리면 곧장 확대해서 액자를 만들고 출판을 하죠. 그는 신문사와 방송사를 찾아다닙니다. 기자들을 접촉해서 일간지에 자기만의 공간을 만들죠. 왜냐하면 왕성하게 활동하는 인물로 부각되기를 원하고 또 부각될 필요가 있기 때문입니다.

어떻게 보면 팀 텐은 그와 정반대되는 방향으로 움직였습니다. 우리 자신이 중요하다는 생각은 하지 않았죠. 우리는 건축을 했을 뿐입니다. 우리는 고정적인 그룹도 아니었고, 다만 서로를 존중하며 서로의 경험을 공유하는 데에만 관심이 있었어요. 그뿐이었습니다. 그 외에 아무것도 아니었어요. 우리는 망설이지 않고 솔직하게 열린 자세로 이야기를 나누면서 건축의 잠재적인 진실을 발견하려고 노력했습니다. 출발점은 각자가 지닌 가장 구체적인 현실, 우리의 개인적인 작업이었습니다.

원래 팀 텐이란 이름은 단순히 두브로브니크의 제10회 국제회의를 준비하던 그룹을 가리키는 말이었습니다. 그 뒤로는 일이 어떤 식으로 전개되었나요?

원래의 목적이나 팀을 결성하게 만든 명분은 일찍부터 자취를 감추었습니다. 말씀드렸던 것처럼, 저는 두브로브니크의 국제회의를 준비하는 데 참여하지 않았고 다른 건축가들이 참여했습니다. 하지만 팀 텐에 이들만 있었던 건 아닙니다. 우리 그룹은 유동적이었습니다. 단체라고 볼 수 없었죠.

저는 제가 이 팀의 일원이었다는 말을 할 때 망설이기까지 합니다. 제가 일원이었다는 말을 대체 누가 한 걸까요? 저도 다른 이들처럼 회의에 갔을 뿐입니다. 게다가 회원이나 참가자들의 목록 같은 것도 없었어요. 진행위원회나 의장, 비서도 없었고요. 팀 텐의 모임은 이런 식으로 이루어졌습니다. 어느 시점엔가 누군가가 다른 멤버들에게 편지를 보냈습니다. 대부분은 바케마였죠. 예를 들어 우리가 얼굴을 못 본 지 1년이 다 되어 가는데, 반 아이크가 '어머니의 집' 건축을 마쳤으니 그가 있는 암스테르담에서 한번 만나는 건 어떻겠냐는 식이었죠. 혹은 캉딜리스, 조시치, 우즈가 자유대학 건축을 마쳤으니 베를린에서 한번 보자든가, 아니면 제가 테르니에서 집을 짓고 있으니 테르니와 가까운 스폴레토에서 한번 보자는 식으로 제안을 했던 겁니다. 모임 장소에 도달하기 위한 여행 경비는 당연히 각자의 몫이었습니다. 그리고 모이는 도시에서 활동하는 사람이 찾아오는 사람들을 위해 적절한 가격의 숙소를 찾아주었죠. 사람들이 약속 장소로 다 모이길 기다리며 우린 담소를 나눴습니다. 가족은 어떻게 지내는지 묻기도 하고 서로에게 머리카락이 많이 빠졌다거나 살이 쪘다는 식의 농담을 던지기도 했습니다. 오랜만에 만난 사람들 사이에선 으레 오가기 마련인 정감어린 말들, 소소하고 우스꽝스러운 이야기들이 오갔죠.

그러다가 사람들이 다 모이면 누군가가 자신이 준비해 온 스케치를 벽에 붙이거나 슬라이드를 마운트에 끼워 넣었습니다. 스케치나 슬라이드를 어느 정도 살펴본 뒤 가까이 모이면 자료를 준비했던 사람이 설명을 시작합니다. 그런 식으로 이야기를 나누다가 토론을 시작했죠.

팀 텐에서 오간 대화는 결코 평범하지 않았을 뿐 아니라 제가 인생에서 경험한 최고의 토론들이었습니다. 우리는 생각하는 바를 주저하지 않고, 심지어 동료에 대한 배려조차 무시하며 가능한 한 정확하게 말하려고 했습니다. 누구든 상대의 비판에 심한 상처를 받을 수 있었죠. 누군가 객관적인 관찰을 바탕으로 우리를 비판하며 정반대되는 의견이나 자신만의 관심사를 제시하더라도, 우리는 그것이 솔직하고 사심 없는 의견이라는 것을 알고 있었습니다. 때로는 비판의 강도가 지나치게 높아지기도 했습니다. 앨리슨 스미슨이 미국 출신의 한 젊은 건축가에게 했던 비판이 유명하죠. 초창기에 있었던 일입니다만, 그 친구는 그때 받은 충격에서 결국 헤어나지 못했습니다. 하지만 대체로 생산적인 비판이 오갔어요.

팀 내부에서는 직책이라는 것이 아예 없었나요? 그렇다면 아나키스트들처럼 활동하신 셈인가요?

맞습니다. 직책 같은 건 없었어요. 어쨌든 우리는 소수였고 국적도 다양했으니까요. 우리에겐 상반되는 관심사가 없었습니다. 토론을 오염시킬 만한 여러 가지 음모는 끼어들 틈이 없었죠. 말씀드렸던 것처럼, 우리는 어떤 프로젝트에 대해 자세히 설명하는 것부터 출발했고 뒤이어 토론을 시작했습니다. 격렬했지만 생산적이었죠. 우리는 항상 누군가를 비판할 때 아주 명료해야 한다는 원칙을 고수했습니다. 그래서 친구로 남을 수 있었죠. 그것이 가능했던 이유는 우리가 서로를 존중했고 무엇보다도 수사적 표현이 무의미하다는 점을 분명히 인지하고 있었기 때문입니다.

팀 텐과 관련된 여러 가지 정황과 몇몇 멤버들의 입장이 아나키스트 운동을 떠올리게 만든 건 사실입니다. 너무 진지하게 생각한다거나, 내일 아침이면 우리가 나눈 이야기 때문에 세상이 뒤집혀 있을 거라는 식으로 접근하진 않았죠. 또 우리가 믿는 바를 실행하려고 노력한다는 의식, 무엇보다도 가능한 한 믿는 바에 가까이 접근하려고 노력한다는 의식을 가지고 있었죠. 아나키스트와 마찬가지로 우리는 어떤 한계를 추적하는 경향이 있었습니다. 하지만 그 한계가 정확하게 무엇인지는 몰랐어요. 우리는 그걸 서서히 알아가는 쪽에 가까웠고, 한계에 도달했다고 자부한 적도 없습니다. 모두가 그랬다고 말할 순 없지만 적어도 몇 명은 분명 그랬습니다. 스미슨이나 우즈도 그랬고요. 이들에게는 바깥세계의 인정이 전혀 중요하지 않았고 오히려 우리가 교환하던 아이디어들의 영감이 더 중요했습니다.

팀 텐의 회원들이 CIAM과 거리를 두기 시작할 당시 CIAM은 방금 말씀하신 것과는 정반대로 변해 있었습니다. 선생님께서는 한 기사에서 1933년 이후, 그러니까 아테네 헌장이 발표된 이후에는 CIAM이 이미 의미를 잃기 시작했고 제도화된 기관으로 변하면서 부분적으로 새로운 형태의 대학으로 변신했다고 주장하신 적이 있는데요.

아테네 헌장은 CIAM의 입장에서 더할 나위 없이 좋은 기회였습니다. 하지만 놓치고 말았죠. 저는 페르낭 레제가 아테네 국제회의에서 했던 강연 내용을 《공간과 사회》 81호에 실어 소개한 적이 있습니다. 그리스 건축가들이 이듬해에 출판한 《국제회의 연감》에서 텍스트를 발견했죠. 이 글에서 레제는 아테네 헌장을 준비한 건축가들에게, 그들이 가벼운 건축, 예를 들어 친구들을 위해 짓는 주택이나 전시회 또는 공모전 출품작 수준의 한계를 뛰어넘어 심각한 결과를 초래하는 건축의 영역, 바로 도시와 영토의 건축이라는 영역에 들어서고 있다고 경고했습니다. 레제는 도시계획이 사회와 정치, 대규모의 경제적 이해관계와 깊은 연관성이 있다고 보았습니다. 따라서 그들이 표명하는 윤리적인 입장을 유지하고 진정으로 발전적인 혁신을 목표로 한다면 보다 진지하게 임해야 하고 타협을 거부해야 한다고 주장했죠.

레제의 말은 사실이었습니다. 아테네에서 CIAM은 스스로를 변화하는 세상에 비추어 보길 원했습니다. 변화의 물결 속에서 건축이 새로운 역할을 맡아야 한다고 주장했죠. 그야말로 엄청난 기회였습니다. 하지만 안타깝게도 놓치고 말았어요. 그건 CIAM이 바로 도시계획에 관여하기 시작한 순간부터 제도권의 기관으로 변했기 때문입니다. CIAM은 어쩔 수 없이 정치인들을 만나거나 대규모의 국제 투자기업과 관계할 수밖에 없는 상황에 놓였고, 그들처럼 목적이 수단을 정당화한다고 생각하면서 수단의 완전성에 대한 믿음을 잃기 시작했습니다.

물론 이후 포스트모더니즘 시대에 일어난 일들과 비교한다면 그건 정말 아무것도 아니었죠. 저도 잘 알고 있습니다. 하지만 그때부터 타협주의와 자기홍보 경향이 만연하기 시작했던 것입니다. 아테네 헌장은 결국 CIAM의 위대한 승리라는 결과로 이어지지 못했습니다. 오히려 영웅들을 고립시킨 상태에서 전문가들과 수사학이 우세를 점하는 상황이 벌어졌죠.

팀 텐은 수사학의 위세를 유머로 물리칠 줄 알았습니다. 예를 들어 피터 스미슨은 팀 텐을 결국 어떻게 정의해야 하냐고 묻는 기자에게 만약 자신과 샤드 우즈가 걷는 모습을 유심히 지켜본다면 팀 텐이 평발 동호회라는 걸 알아차릴 수 있을 거라고 대답했습니다. 또 한번은 우리 가운데 누군가가 좀 더 정확한 정의를 내리기 위해 '팀 텐은 말한 것을 실행에 옮기거나 실현하기를 원한다고 말한 것을 그대로 실천하려고 노력하는 사람들의 모임'이라고 대답한 적도 있습니다.

저는 우리를 하나로 묶어주던 이 야심찬 겸양을 굉장히 존중했습니다. 우리는 한 번도 공동으로 작업한 적이 없습니다. 그런 일은 결코 일어날 수 없었을 겁니다. 서로에게 관심을 가졌던 이유가 달랐기 때문이죠. 예를 들어 저는 피터와 앨리슨 스미슨에게 관심을 가졌지만 그건 이들의 건축이 아니라 생각이 마음에 들었기 때문이었어요. 야프 바케마는 그의 성실성 때문에 좋아했고, 샤드 우즈는 그가 윤리적인 차원에서 기울이는 노력 때문에, 랄프 에르스킨은 형태적 선입견에서 자유로운 그의 설계 능력 때문에, 알도 반 아이크는 그의 건축적 상상력과 도량 때문에 좋아했죠. 저와 반 아이크는 팀 텐에서 활동하며 경험을 공유하는 경우가 상당히 많았습니다. 저는 설계를 하는 동안 그의 흥미로운 건축물을 자주 머릿속에 떠올렸고 그 역시 마찬가지였다는 것을 우리 서로 잘 알고 있었죠.

팀 텐에 참여했던 이들은 나름대로 독특했습니다. 우즈가 미국을 떠나 처음으로 유럽에 왔을 때 그는 폭격기를 타고 있었고 프랑스에 폭탄을 투하했어요. 그는 그 여정의 결과를 알았을 때 충격을 받고 전쟁이 끝나자마자 르 코르뷔지에를 찾아가 그의 스튜디오에서 일하게 해달라고 졸랐습니다. 자신이 일으킨 피해를 보상하고 회한의 고통을 달래기 위해서였죠. 우즈는 건축과가 아닌 문과를 졸업했고 연필도 제대로 다루지 못했습니다. 하지만 르 코르뷔지에는 개의치 않고 그를 받아주었어요. 그의 솔직함에 감명을 받았기 때문이죠. 하지만 그건 우즈가 급료를 요구하지 않았기 때문이기도 합니다. 어쩌면 사람들의 말대로 르 코르뷔지에가 정말 인색했는지도 모르죠. 하지만 저는 그가 건축과 돈벌이를 혼동해선 안 된다는 점을 더 중요하게 여겼다고 확신합니다. 제가 보기에도 옳은 생각이었고요.

팀 텐은 우르비노에서 모인 적도 있습니다. 제가 대학건물을 막 완성했을 때였죠. 제가 추진한 테르니의 기획을 주제로 이야기를 나누기 위해 스폴레토에서도 모였고요. 스폴레토에서 멀지 않은 테르니의 주택에는 이미 사람들이 살고 있었어요. 우리의 모임은 거주자들의 참여에 대한 첫 번째 토론이라는 의미를 가지고 있었습니다. 우즈가 캉딜리스, 조시치와 함께 자유대학을 건축했을 때에는 베를린에서 만났고, 반 아이크가 '어머니의 집'을 지었을 때에는 암스테르담에서, 에르스킨이 대학 도서관을 완성했을 때에는 스톡홀름에서 만났습니다. 우리는 직접 눈으로 관찰할 수 있는 프로젝트부터 시작하는 것을 선호했습니다. 왜냐하면 건물과 주변 환경의 상응성이 중요하다고 생각했기 때문이죠. 그런 측면에서도 우리의 스타일은 인터내셔널 스타일과는 정반대였습니다.

팀 텐은 사실 노마드 그룹이었습니다. 본부도 직책도 없었고, 기관도 아니었죠. 하지만 포스트모더니스트들과는 달리, 모더니즘 건축의 위대한 전통을 한 번도 포기한 적이 없습니다.

우리는 포스트모더니즘과 완전히 상반되는 입장이었어요. 단지 상당수의 포스트모더니스트들이 우리가 개척한 길을 걷고 있다고 주장했을 뿐이죠. 우리가 이러한 연관성을 부인하면서 그런 건 없다는 걸 증명해보이면 포스트모더니스트들은 특히 우리를 향해 무분별하고 자만에 찬 분노를 쏟아부었습니다. 저는 항상 포스트모더니스트들의 비판을 굉장히 어리석다고 생각했어요. 게다가 논쟁의 결과는 비참하기까지 했습니다.

우리는 모더니즘 운동의 궤도에 남아 있었습니다. 우리가 비판했던 것은 본질을 왜곡하려는 경향이었어요. 우리는 무엇보다도 1910년과 1930년 사이의 영웅적인 시기에 각인되었던 건축의 변화야말로 여전히 주목해야 할 근본적인 모델이라고 주장했습니다. 뒤이어 형식주의가 쇠퇴 현상을 가져왔죠. 이는 건축가들이 당시의 전제들을 끝까지 밀고 나가지 못했고 이 전제들을 깊이 연구하지 못했기 때문입니다. 한 번의 성공으로 만족했기 때문에, 심지어는 이 성공의 새로운 측면들을 부인하면서, 성공이 마치 과거와의 '연속성'을 증명하는 일화라는 듯이 정당화하며 수용하려고 했기 때문에 일어난 현상이었죠. 이는 형식주의와 아카데미즘에 다시 문을 열어주는 결과로 이어졌습니다.

우리는 반대로 건축의 타율성을 믿었고 건축을 생산해내는 주변 환경에 건축이 필연적으로 종속되어 있다는 사실을 믿었습니다. 건축이 역사와 조화를 이루어야 할 뿐 아니라 개인이나 사회단체의 관심사와 기대, 자연의 신비로운 리듬과 조화를 이루어야 한다는 내재적인 필요성을 믿었죠.

우리는 건축의 목표가 물체의 생산에 있다는 입장을 거부하면서, 건축의 근본 과제는 삶의 조건을 향상시키는 데 기여하는 물리적인 환경의 변화 과정을 활성화하는 데 있다고 주장했습니다. 모더니즘 운동은 바로 이러한 능동적인 역할에 충실하지 못했다는 점에서 우리의 비판을 받았습니다. 우리는 포스트모더니즘의 물결에 적극적으로 저항했던 유일한 건축 그룹이기도 합니다.

포스트모더니즘 건축가들의 작업량에 비한다면 우리의 작업량은 정말 보잘것없었죠. 그건 포스트모더니즘이 미디어를 통해 부각되고 유행을 타는 바람에 포스트모더니즘 건축가들이 세계의 거의 모든 대도시에서 일을 할 수 있었기 때문입니다. 이에 따른 소외 현상이 몇몇에게는 긍정적인 영향을 주기도 했습니다. 덕분에 연구에 심혈을 기울이고 확신하는 바를 작업에 적용하면서 점점 더 깊이 파고들 수 있었거든요. 하지만 다른 이들에게는 오히려 커다란 고통을 안겨주었습니다. 특히 반 아이크의 경우 인생의 마지막 10년 동안 정말 힘들어 했어요.

누군가는 팀 텐을 정의하기 위해, 약간 모호하긴 합니다만 신브루탈리즘이란 용어를 사용하기도 했습니다.

피터와 앨리슨 스미슨이 그들의 초기 작업에서 노출 콘크리트를 사용한 적이 있다는 건 사실입니다. 저도 몇몇 건물의 경우에는 노출 콘크리트를 사용했고 그건 반 아이크도 마찬가지였어요. 그런데 고달픈 비평작업을 피하려고 항상 분류만 고집하는 바보들이 팀 텐의 멤버들은 브루탈리스트들이라고 해버린 거죠. 그런 식으로 우리를 유형화하길 원했던 겁니다.

무슨 수를 써서라도 선배님들을 분류함 하나에 몰아넣고 싶었겠죠. 어쨌든, 팀 텐의 결말은 어땠나요?

팀 텐은 결성되었을 때와 똑같은 방식으로 해체되었습니다. 다시 말해 아무런 성명도 발표하지 않았죠. 어떤 의미에서는 바케마가 세상을 떠났을 때 해체되었다고도 볼 수 있습니다. 어쨌든 바케마가 스스로 우편배달부 역할을 맡았으니까요. 그는 유용할 거라고 생각한 만남을 제안하며 초대장을 써서 우리에게 보냈고 우리가 나눈 토론의 내용을 주제로 짤막한 리포트를 써서 나누어주기도 했습니다. 그의 죽음은 결국 팀 텐이라는 그룹의 경험이 소진된 시점에 일어난 셈이죠. 하지만 사실은 팀 텐을 공식적으로 해체해야 할 필요조차 없었습니다. 공식적으로 설립된 적도 없었으니까요. 팀 텐은 아주 단순한 사실 때문에 해체되었습니다. 다 함께 모이는 일이 더 이상 없었기 때문이에요.

팀 텐은 당대의 건축을 거쳐 간 유령일 수도 있고, 아니면 일종의 바이러스라고도 볼 수 있습니다. 어느 시점에선가 CIAM을 공격해 잠식한 뒤 널리 확산되어 다양한 영역에서 중요하고 개별적인 증언들을 남겼으니까요.

제가 아는 한 팀 텐과 유사한 그룹은 더 이상 나타나지 않았습니다. 팀 텐이 해체된 후에 국제 건축 무대에서 벌어진 것은 칩거를 위한 오랜 도피와 아카데미즘으로 되돌아가려는 숨 가쁜 경주뿐이었다고 봅니다. 특히 이탈리아에서는 대부분의 건축가가 교수직에 안주하려 했습니다. 정교수가 되거나 직책을 맡기 위한 경쟁의 치열함이 절정에 달했죠. 절충주의가 신-구성주의, 토속주의, 탈구축주의decostruttivismo 등의 형태를 취하면서 맹위를 떨쳤고, 그건 패션계를 뒤흔드는 것과 유사한 경박함과 속물근성의 소용돌이에 가까웠습니다.

그런데 팀 텐에 대해 더 알고 싶다면 무슨 책을 읽어야 하고, 더 포괄적인 정보는 어디서 찾을 수 있을까요?

앨리슨 스미슨은 『팀 텐 입문서Team X Primer』라는 제목으로 책을 출판한 적이 있습니다. 원래 잡지에 실렸던 내용인데 나중에 책으로도 출판되었죠. 이 글의 주제는 팀 텐의 초기 활동과 만남이었습니다. 10년 뒤에 스미슨은 같은 잡지에 두 번째 기사를 발표했습니다. 이때는 또 다른 모임들을 다루었죠. 하지만 이 두 편의 기사에서 앨리슨은 상당히 개인적인 관점을 표명했고, 그것이 여러 동료들의 마음에 들지 않았습니다. 반 아이크, 에르스킨, 캉딜리스와 저는 팀 텐의 목적과 활동에 대한 그의 과도하게 영국적이고 전적으로 스미슨적인 해석을 견딜 수가 없었어요.

어쨌든 이 두 편의 글에서 약간은 조작된 이야기 하나를 발견할 수 있습니다. 저는 이 이야기를 회의론이 아니라 유머의 관점에서 읽을 필요가 있다고 봅니다. 왜냐하면 앨리슨의 배타주의는 분명 눈살을 찌푸리게 만들지만 재미도 있거든요.

사람들이 팀 텐을 주제로 또 다른 출판물들을 준비하고

있다는 건 알고 있습니다. 최근에 진지하고 훌륭한 연구들이 이루어졌고 아직 살아 있는 멤버들과 직접 인터뷰까지 했으니까요. 하지만 가장 중요한 자료는 어쨌든 팀 10에 직접 참여했던 이들의 서로 이질적이고 대조적인 글과 이들의 건축 작품입니다.

국제 건축 및 도시 디자인 연구소(ILAUD)

능력 있는 건축가들이 당장 득을 보거나 보수를 받는 것도 아닌데 특별한 목적 없이 순수하게 개인적인 성장을 목표로 국제적인 모임을 갖는다는 건 오늘날에는 상상하기 힘든 일입니다. 여하튼 팀 텐의 활동이 ILAUD에서도 지속되었다고 볼 수 있는지 말씀해주시죠.

팀 텐의 취지 가운데 일부를 ILAUD가 수용한 건 사실입니다. 그건 당연한 결과였습니다. 제가 ILAUD를 창설했기 때문이기도 하지만 팀 텐의 멤버들 가운데 상당수가 적어도 ILAUD의 초창기에 참여했기 때문입니다.

하지만 ILAUD가 곧 팀 텐이었던 것은 아닙니다. 완전히 달랐으니까요. 목적이 달랐고 연구 방식도 달랐습니다. ILAUD에는 팀 텐과 무관한 많은 사람이 연구 활동에 참여했습니다. ILAUD는 무엇보다도 연구소로 창설되었고 여전히 연구소로 남아 있습니다. 무엇보다도 토론만 하는 것이 아니라 함께 프로젝트를 진행하는 곳이죠.

ILAUD가 활동을 시작한 지 몇 년이 되었나요?

2000년이 창설 25주년이었습니다. ILAUD에서 활동했던 사람만 1,800명이 넘죠. 이곳을 거쳐 간 수많은 젊은이들이 지금은 대부분 중년이 되었고 몇몇은 유명해졌습니다. 그리고 여전히 끈끈한 유대관계를 유지하고 있죠. 그건 ILAUD에서 이들이 함께 잊을 수 없는 경험을 했기 때문입니다.

ILAUD의 독특한 작업 방식은 우리를 초대한 도시의 현실적인 문제를 다루는 것이었습니다. 우리는 우르비노, 시에나에서 일했다가 다시 우르비노, 산마리노 등의 도시에서 일했고, 지금은 3년 전부터 베네치아에서 일하고 있습니다. 우리가 가는 도시마다 파헤쳐야 할 문제들이 있었습니다. 대부분 시급하고 아주 까다로운 문제들, 예리하고 사심 없는 관찰력을 요하는 문제들이었죠.

우리는 우선 도시를 읽는 작업부터 시작했습니다. 최대한 지평을 넓혀나가며 보다 구체적인 특징들에 집중했죠. 실제로 도시와 그 주변부의 방대한 팔림세스트palinsesto, 즉 오랜 세월 누적된 다층적 의미를 해석하는 능력만 있다면 모든 걸 찾아낼 수 있습니다. 시간이 흐르면서 일어난 변화의 흔적들, 역사, 사회와 문화의 발전 경로, 건축물들의 형태와 도시 구성체계의 의미와 역할을 발견할 수 있는 거죠. 하지만 해석을 하려면 깊이 파묻혀 있는 단층들을 관찰할 줄 알아야 합니다. 이어서 의미 있는 기호들을 발견하고 비판적으로 선별할 줄 알아야 하죠. 그런 의미에서 계획이 필요합니다. 사실상 ILAUD에서는 해석을 시도하면서 계획을 했고 계획을 하면서도 해석을 멈추지 않았습니다. 해석과 계획을 번갈아가며 병행했던 거죠.

우리의 계획은 시도에 가깝습니다. 일방적이고 유일한 해결책을 찾는 것이 아니라 계획 대상지와 계획 과정에서 제기된 여러 전제들의 연관성을 비교하는 데 집중하기 때문이죠. 이 전제들이 중요한 이유는 계획의 본질을 드러내고, 계획의 변화 과정을 부각시키고 계획 자체를 오히려 혼란에 빠트림으로써 예정된 변화에 저항하고, 그리하여 결국 기대치와 정황에 부합하는 형태와 구조에 도달할 수 있다는 점을 보여주기 때문입니다.

ILAUD의 연구 활동에는 유럽과 북아메리카의 13개 대학에서 파견된 교수들과 학생들이 참여합니다. 13개의 대학 가운데 대부분은 ILAUD가 창설될 때부터 협력관계를 유지해왔고 나머지는 시간이 흐르면서 교체되었습니다.

각 대학은 ILAUD로 6명의 학생과 2명의 교수를 보내고, 교수들은 5주 동안 풀타임으로 다양한 국적의 학생들을 지도합니다. 연구소가 장기간 초빙한 전문 분야의 외래 교수들도 같이 학생을 가르치죠. 연구소에서는 실제로 제도 책상에 앉아 정말 집중적으로, 정말 열광적으로, 정말 열정적으로 작업에 임합니다. 이런 분위기를 일반 건축 학교에서 찾아보긴 어려울 겁니다. 이곳에서 작업했던 학생들이 이 연구소를 평생 동안 잊지 못하는 것도 바로 그런 이유에서죠.

학생들의 입장에서는 정말 특별한 기회죠.

맞습니다. 특별한 기회죠. 하지만 그건 선생들, 그러니까 저나 저와 함께 프로그램을 준비하는 선생들의 입장이나 우리가 일하는 도시의 시민들 입장에서도 마찬가지입니다. 실제의 계획안과 다를 바 없는 연구 프로젝트의 결과는 매년 해당 도시에 소개되고, 이를 주제로 시의 행정가들과 기술자들이 참여한 가운데 토론이 벌어집니다. 우리가 기대하는 건 도시계획상의 문제점들을 해결하는 데 필요한 동기를 참여자들에게 부여하는 것이죠.

3년 전부터 ILAUD는 베네치아에 와 있습니다. 올해가 4년째죠. 첫해에는 산텔레나Sant'Elena 섬의 재개발을 도왔고 이어서 2년 동안 베네치아의 조선소 아르세날레Arsenale라는 심각한 골칫거리를 연구했습니다. 베네치아의 미래를 위해서는 의심할 여지 없이 중요한 곳이죠.

우리가 이곳에 와 있는 이유는 베네치아라는 도시가 어떻게 잘 죽어가고 있는지 관찰하기 위해서가 아니라 이 도시를 현대화하기 위해 무엇을 할 수 있는지, 베네치아가 그 독특함을 잃지 않고 새로운 것과 조화를 유지하며 디즈니랜드로 변하지 않고 계속해서 베네치아로 남게 하려면 무엇을 할 수 있는지 연구하기 위해서입니다. 굉장히 어려운 일이죠. 알고 있습니다. 하지만 앞서 마시모 카차리Massimo Cacciari가 이끌었고 지금은 파올로 코스타Paolo Costa가 이끌고 있는 베네치아 시의 행정부에서 우리는 굉장히 긍정적인 답변을 얻었습니다.

지금 베네치아에서 하고 있는 역할을 우리는 시에나와 우르비노에서도 한 적이 있습니다. 하지만 얼마 후 망명을 떠나게 됐죠. 왜냐하면 어떤 알 수 없는 세력의 보복으로 ILAUD가 고발을 당했기 때문입니다. 순식간에 고립되는 상황이 벌어졌어요. 건축이라는 분야에서 싹터 자라나는 시기심과 보복심은 이처럼 잔인합니다. 결국 우리는 법정에 출두했어요. 뒤이어 활동을 재개할 수 있었지만 이미 피해를 입은 뒤였죠. 다행히도 산마리노 공화국에서 우리를 너그럽게 받아주었습니다. 가리발디가 부르봉가와 피에몬테 사람들에게 쫓길 때 그를 받아준 것과 비슷한 상황이었다고나 할까요. 우리는 어쨌든 3년간 국외에서 환대를 받으며 망명 생활을 한 셈이죠.

사실은 산마리노가 문화계와 건축계의 많은 인사들을 집결시키려는 듯이 보였던 때가 있습니다. 하지만 언제 그랬냐는 듯이 아무 일도 일어나지 않았죠. 움베르토 에코도 이 작디작은 공화국에 최고의 대학을 설립하려고 했었습니다.

맞습니다. 하지만 안타깝게도 이러한 시도들은 소수의 의지와 상상력에서 출발합니다. 당시에 산마리노에는 두세 명의 의원이 있었고 이들 가운데 한 명은 여성이었습니다. 굉장히 똑똑하고 열성적이었죠. 이들은 산마리노가 국제문화의 중심지라는 이미지를 심으려고 했습니다. 처음에는 기득권층이 이들의 열정적인 자세를 받아들이는 듯이 보였습니다. 하지만 항상 그렇듯이, 권력층이 전면에 나서면서 이들은 자신들이 세운 모든 야심찬 계획과 함께 묻혀버렸죠.

ILAUD는 산마리노에 있는 동안 굉장히 편안한 분위기 속에서 맡은 일을 훌륭히 해냈습니다. 주로 침식지의 문제, 즉 점토질 토양에서 나타나는 경사면의 침식 문제를 연구했죠. 이 문제는 굉장히 복잡한 동시에 상당히 흥미로웠습니다. 광대한 지역의 차원에서 계획할 수 있는 기회를 주었기 때문이죠. 산마리노 공화국은 막대한 예산을 투자해 침식지의 복원작업을 막 마친 상태였습니다. 원래의 목적은 복원한 땅을 농부들에게 되돌려주자는 것이었지만, 복원작업이 끝날 무렵 농부들은 더 이상 남아 있지 않았습니다. 한편으로는 투자한 돈이 너무 많아서 땅을 예전처럼 농지로 활용한다는 것 자체가 모순처럼 보였죠.

ILAUD는 토지의 차별화된 사용 방식에 상응하는 여러 계획안을 제시했습니다. 테마공원이나 레저시설, 순수한 경관을 보여주는 조경, 몬테펠트로Montefeltro 지대의 전통적이고 생산성이 떨어지는 시설과 대조되는 혁신적인 농업시설 같은 것들이었죠.

안타깝게도 산마리노의 고위관리들은 이 모든 것을 무효화했습니다. 우리가 준비한 계획안뿐만 아니라 자신들이 직접 세운 계획마저 없었던 일로 해버렸죠. 산마리노는 수많은 아이디어들이 넘쳐나기도 하지만 쉽게 잊히기도 하는 곳입니다. 혼란스런 단체 관광과 손쉬운 돈벌이의 유혹 속에서, 실현될 기회를 잃어버린 아이디어들이 떠돌아다니는 곳이죠.

산마리노 공화국의 성문을 설계하셨는데, 이 사업은 여전히 진행 중인 걸로 들었습니다.

그렇다면 다시 기억을 더듬어가며 이야기를 해야 할 것 같은데, 물론 문제는 없습니다. 어쨌든 시야를 계속 넓혀주니까요. 하지만 기억해두세요. 산마리노의 성문이 1990년대 초반의 계획이었으니까 우리가 지금 이야기를 나누고 있는 시기와는 거리가 있습니다.

저는 성문들을 설계하는 데 많은 어려움을 겪었습니다. 하나는 굉장히 성공적으로 세워 올렸지만 나머지 4개는 앞으로 어떤 결말을 맺을지 아무도 모릅니다.

성문을 만든다는 아이디어 자체는 굉장히 멋져 보였습니다. 요새 세상에 어떤 도시가 성문 건축을 시도하겠습니까? 성문이 출입구로 쓰여야 하는데 지금은 성벽 자체가 사라져버렸으니 나가거나 들어온다는 것 자체가 무의미하다고 생각하니까요.

하지만 성문은 어떤 한계점이나 지평, 이정표가 될 수 있습니다. 차이를 표현할 수 있고 한 도시의 정체성이 드러나는 경로를 표현할 수 있죠. 독립된 두 공간의 대조적인 상황을 상징할 수도 있고, 궁금증, 놀라움, 변화를 표현할 수도 있습니다.

저도 그런 식으로 성문 설계의 가닥을 잡았어요. 성문들을 서로 다르게 설계했습니다. 들어서는 공간이 다르니 다르게 할 수밖에 없었죠. 또 성문들은 전부 가벼운 구조를 지녔습니다. 투명하고 거의 비물질적이죠. 우리가 동화에나 나올 것 같은 몬테펠트로의 땅, 우르비노를 여행할 때 받는 것이 바로 그런 느낌이니까요.

중년기 초반의 프로젝트

1950년대의 초기 작업들 후에, 건축 프로젝트를 가장 왕성하게 하신 시기는 아마도 1960년대 초반에서 1970년대 중반에 이르는 시기가 아닐까 싶습니다.

바로 이 시기에 중요한 건축물의 실현과 설계 공모를 통해 추구하시는 대학 모델을 구체화하셨고 참여 건축과 자가 건축에도 관심을 기울이셨죠. 이 시기의 활동 중 핵심적이었던 것은 우르비노에서 작업한 경험이었고 대학에서 강의한 경험도 나름대로 중요했다고 생각합니다. 하지만 선생님의 활동 영역은 실로 다양했습니다. 1980년대의 성찰과 그 후 발전 과정에서 창작 활동의 본질적인 변화가 일어나는데, 그 결정적인 계기가 된 작업 가운데 어떤 것이 가장 먼저 떠오르시나요?

저는 여러 시기를 거치면서 건축적으로 완숙해지는 과정을 경험했습니다. 몇몇 경우는 최근에 있었던 일이기도 하죠. 어쩌면 질문에 답변을 하고 있는 지금 이 순간에도 새로운 성장을 경험하고 있는지도 모릅니다. 제 건축이 노화되는 것을 지연시키는 데 도움을 주니까요.

1950년대는 건축을 시작한 지 얼마 되지 않은 때라 무엇이든 배우고 알아내는 것이 급선무였습니다. 1960년대 말에는 좀 더 큰 주제들을 다루기 시작했지만 그건 제 관심사뿐만 아니라 제 주변에서 들끓고 있던 모든 것에 달려 있었어요.

1940년대 말이 그랬던 것처럼 1960년대 말에도 과거 세계를 지탱하던 상식이 모두 무너져 내려, 새로운 세계의 문턱에 도달한 것만 같았죠. 안타깝게도 모든 것이 자유 시장과 관료주의로 귀결되었지만, 우리 중 몇몇에게는 임박해 있는 변화가 희망인 동시에 지적 풍요를 의미했습니다. 당시에 했던 프로젝트에 대한 이야기는 너무 길고 복잡하니까, 제 경험을 보다 명료하게 설명할 수 있는 대략적인 사항만 말씀드릴까 합니다.

볼로냐

1960년대 초반에는 볼로냐에서도 일을 한 적이 있습니다. 당시에는 저항군 위원회가 여전히 존속하고 있었어요. 이탈리아의 행정부 설립을 위한 훌륭한 모델이었기 때문이죠. 위원회의 위원들은 괜찮은 사람들이었습니다. 잘 먹고 인생을 즐기면서 무엇이든 열정적으로 하려고 했으니까요. 이분들이 너그럽게도 제게 볼로냐의 학교 설계 두 건을 제안했습니다. 하나는 장애인 학교였어요. 당시로서는 새로운 시도였죠. 하지만 이분들의 너그러움은 정도를 넘어서 있었습니다. 제게 프로젝트를 공식적으로 의뢰해야 한다는 것까지 너그럽게 잊어버렸으니까요. 결국 제가 두 학교의 실시설계까지 마친 상태에서 모든 것이 수포로 돌아가고 말았습니다. 하지만 그분들이 정말 너그러웠다는 점은 다시 말씀드리고 싶습니다. 레지스탕스 시절에나 볼 수 있었던 종류의 너그러움이었죠. 형식에 얽매이지 않고 그냥 행동으로 옮기는 식이었으니까요. 이분들은 제게 라벤나의 소나무 숲 속에 들어설 탁아소의 설계를 의뢰하기도 했습니다. 결과는 학교의 경우와 다르지 않았지만, 적어도 볼로냐 시청 사람들과 함께 일하는 건 마음에 들었어요.

마음에 들지 않았던 것은 볼로냐 시청에서 협동조합을 통해 스탈린그라도Via Stalingrado 가의 지구 계획을 의뢰했을 때였습니다. 위원회는 여전히 좌파였지만, 시청의 행정부 자체는 구조적으로 부패해 있었습니다. 업무 처리가 모호하고 건성이었을 뿐 아니라 관리들도 게으르고 무능력했습니다. 게다가 1950년대를 지배했던 열정의 흔적은 조금도 찾아볼 수 없었죠. 결국 볼로냐에서는 아무것도, 스탈린그라도 가의 마을도, 학교도, 탁아소도 짓지 못했습니다. 안타까운 일이죠. 왜냐하면 도시도 매우 아름답고 시민들도 굉장히 호의적이었거든요.

하지만 같은 시기에 다른 곳에서 탁아소를 지을 수 있었습니다. 토리노의 전기에너지 공사의 직원 자녀들을 위해 리초네Riccione에서 가까운 미사노Misano라는 곳에 지었어요. 제 입장에서는 의미가 있는 경험이었습니다. 제가 처음으로 지은 대규모의 건물이었으니까요. 건물은 지금도 완벽한 상태를 유지하고 있습니다. 바다를 바라보는 부분만 살짝 바뀌었죠. 해변이 파도에 훼손되는 바람에 보호 장벽이 들어섰습니다. 결과적으로 건물의 외부 공간과 해수욕장 사이의 중간 지대가 사라져버렸죠.

제가 지은 탁아소는 잘 알려지지 않은 건물입니다. 물론 제가 열심히 소개를 하지 않았기 때문이기도 하죠. 하지만 제게는 여전히 흥미로운 건물입니다. 건축의 질적 수준뿐만 아니라 건물에서 생활하는 사람들의 관계가 전개되는 방식도 굉장히 흥미로운 건물이죠. 하나의 편리한 통로를 거쳐 큰 그룹부터 아주 작은 그룹까지 나뉠 수 있게 만들었기 때문에, 꼬마 손님들은 쉽고 자연스럽게 여러 시간대에 걸쳐 원하는 의사소통 단계를 선택할 수 있습니다.

후에 저는 이 건물의 건축 경험을 아주 유용하게 활용할 수 있었습니다. 왜냐하면 다수 혹은 소수와 함께 지내거나 혼자서 지내기로 결정하는 것, 즉 공동 생활이나 프라이버시의 선택이 어린아이들의 공간뿐만 아니라 모든 종류의 공간에서 제기되는 문제이기 때문입니다.

저도 다른 사람들처럼 군대나 병원, 학교를 다닌 적이 있습니다. 대부분 혐오스럽고 억압적인 장소들이죠. 개인이 자신을 드러내기 어려울 뿐 아니라 약자들이 억압받고 인격이 획일화되는 곳입니다. 개인은 오로지 소규모 그룹 안에서만 스스로를 표현하고 인정받거나 긍정적인 반응을 얻을 수 있습니다. 따라서 많은 수의 사람이 함께 모여야 하는 경우에도 큰 그룹을 작은 그룹으로 쪼개고 분산시켜서 개인이 계속해서 자신의 생각과 행동의 영역을 놓치지 않을 수 있게 해야 하고, 아울러 타자와의 관계 속에서 자신을 스스로 인식할 수 있도록 만들어야 합니다.

이것이 아나키스트적인 관점이라면, 늘 이를 추구하며 건축에 적용하려 애쓰는 제 입장에서는 더할 나위 없이 반가울 뿐입니다. 요컨대 저는 대중을 싫어하고 그들이 어리석음과 폭력의 온상이라고 생각합니다. 제가 관심을 갖는 건 개개인이 자신의 정체성을 보존하고 인격체로 존속할 수 있는 사회입니다.

시에나

시에나에서는 대학과 시청의 의뢰를 받아 프로젝트를 진행했습니다. 같은 시기에 ILAUD도 함께 시에나에 와 있었죠. 그것도 9년 연속으로요. 제가 ILAUD의 멤버들과 함께한 연구는 상당히 흥미로웠습니다. 왜냐하면 산타 마리아 델라 스칼라Santa Maria della Scala 박물관, 산 미니아토San Miniato 구역 같은 구체적인 테마들을 다루면서, 관례를 따르지 않고 전문가적 입장이나 계산마저 포기한 채 핵심 문제를 해결하는 데만 집중했기 때문이죠. 물론 이러한 방식은 언제나 그랬듯 지역 정치인들의 심기를 불편하게 만들었습니다. 결국 그들은 우리에게 약속했던 경제적 지원을 중단했고, 3년 동안이나 고생스럽게 연구에 매달렸던 ILAUD를 산타 마리아 델라 스칼라 박물관의 설계 공모전에 초빙조차 하지 않았죠. 이 일화를 떠올릴 때마다 가슴이 아픕니다.

그나마 위안이 되는 것은 지금 사업을 추진하고 있는 시에나의 행정가들과 기술자들이 ILAUD의 프로젝트를 유산으로 물려받았다는 사실이에요. 그러니까 당시에 북미와 유럽의 열두 개 건축대학에서 시에나로 파견된 200명의 ILAUD 건축가들이 흥미로운 테마로 연구했던 건축 프로젝트의 탁월한 아이디어들을 지금 활용하고 있다는 거죠. 또 위안이 되는 것은 우리가 작업을 마쳤을 때 시에나의 모든 골목에서 캄포 광장으로 모여들었던 2만 명의 시민들에 대한 기억입니다. 우리는 광장에서 열린 콘서트와 불꽃놀이를 함께 바라보며 그 기적적인 공간의 비밀이 무엇인지 발견했죠.

ILAUD가 도착하기 전에는, 시에나에서 젊은 건축가들과 함께 산 미니아토 구역을 설계했습니다. 몇 년 뒤에는 시에나 대학의 의뢰로 의과대학 소속 생물학 연구소 본부를 설계했죠. 산 미니아토 구역은, 시 당국의 기회주의적 태도로 인해 여러 가지 변형이 초래되어 전체를 거의 새로 지었습니다. 생물학 연구소로 쓰일 대형 건물은 거의 완성단계에 있고요. 원래는 더 작은 건물 두 채가 들어서 있었죠. 시에나의 대학 스포츠센터도 제가 설계했습니다. 제가 작업한 가장 성공적인 사례 가운데 하나죠. 수년간 예산이 책정되기를 기다리던 프로젝트인데, 사실 예산은 책정되어 있었지만 돈이 계속 대학의 사무실 건물들을 짓는 쪽으로 빠져나갔습니다. 솔직히 이탈리아 대학에서 학생들의 편의를 생각하는 사람은 아무도 없습니다. 그러다가 건설의 첫 단계에 들어섰는데, 가건물을 세워 올리다가 골조만 지은 상태에서 중단되고 말았습니다. 이제 사업을 계속 추진해서 끝을 맺어야 할 텐데 정작 대학 측에서는 표준형 창고와 조립식 건물에 솔깃하여 오락가락하고 있습니다. 생각이 불분명한 사람들에게 흔히 일어나는 일이죠.

이 계획안은 잡지사에서 상당히 많이 언급했고 심지어는 누가 베끼기까지 했어요. 일본에서도 모방을 했지만 안타깝게도 모방자가 본질을 파악하지 못했다고 봅니다.

마테오티-리차 광장의 탑 건축 공모전은 어떻게 되었나요?

저는 떨어졌습니다. 안타까웠죠. 무엇보다도 탑 때문에 섭섭했습니다. 공모전이 제시한 사례를 뛰어넘어, 탑이라는 주제 자체가 구조나 형태의 차원에서 하나의 새로운 시도였기 때문입니다. 시에나의 탑도 누군가가 외형을 모방했습니다. 나머지는 사실 따라 하기가 어려웠죠.

한번은 카탈루냐 출신의 한 유명한 건축가가 자신의 설계도 안에 제가 계획한 시에나의 탑을 그대로 모방해 넣어 표절한 적이 있습니다. 그래서 제가 어떻게 그런 일이 있을 수 있느냐고 물으니까 사실을 인정한 뒤 사과하더군요. 직원 중 누군가가 마지막 순간에 무언가(탑을?)를 삽입했는데 그걸 미처 눈치채지 못하는 경우는 흔한 일이 아니냐면서요.

가슴이 아픕니다. 시에나의 프로젝트 이야기를 하다가 별것도 아닌 좋지 못한 기억들이 떠오르니 안타깝습니다. 시에나가 너무 아름다운 도시이고 저와 아주 가까운 친구들 몇몇이 이곳에 살기 때문에 더 안타까워요.

파비아

파비아 대학의 과학부 프로젝트에는 특별한 야심이 담겨있었습니다. 왜냐하면 지금처럼 대학과 도시가 분리되어 있는 것이 아니라, 대학을 아예 도시의 일부로 만드는 것이 목표였으니까요. 계획 자체는 다기능적인 모델, 여러 기능이 군집된 형식을 바탕으로 발전시킬 생각이었습니다. 도시의 중심부에 위치한 연구 및 교육 목적의 시설들은 접근이 제한된 형태로, 중심과 외곽의 중간 지대에 들어설 문화와 물류 서비스 시설들은 도시민들에게도 개방된 형태로, 그리고 외곽은 대학의 현장 연구를 위해 다양하게 활용될 공간과 주민들을 위한 공간이 통합되는 형태로 계획했습니다.

다양한 기능의 구조물들이 하나의 복합적인 체계를 이루며 보다 복합적인 도시의 체계에 조응할 때, 이 공간들 간에 원활하게 상호 침투가 이루어지며 시너지가 양산된다고 보았죠.

이 모델이 어떤 경로를 거쳐 파비아의 도시와 지역사회에 적잖은 변화를 가져올 구체적인 건설 계획으로 발전했는지는 도면이 있어야 제대로 설명할 수 있을 것 같습니다. 하지만 당장 말씀드릴 수 있는 것은, 당시에는 꼭 성공할 것 같았다는 점입니다. 시 당국과 대학 모두 이 계획안을 수락했고 공동의 추진위원회가 계획을 실현하기 위해 노력할 것을 약속하며 서류에 서명까지 했거든요.

때는 1960년대 말에서 1970년대로 돌입하던 시기였습니다. 시민들의 정치참여도가 높고 대학의 체제가 학생운동으로 인해 심각한 위기에 빠져 있던 시기죠. 얼마 후 대학은 정상화되었지만 원래의 거만한 자세로 되돌아갔습니다. 결국에는 약속을 어겼죠. 그래서 계획의 일부분만 실현되었고, 대학을 도시 및 지역사회와 이어줄 연결고리는 증발하고 말았습니다.

그럼 어떤 부분이 건설되었나요?

크라비노Cravino 캠퍼스의 일부가 건설되었는데 규모가 작지는 않습니다. 시작 단계의 건물들은 제가 직접 설계했고 건물 수도 꽤 됩니다. 하지만 지금 제 눈에는 처량해보일 뿐입니다. 그런 느낌은 건물들이 원래의 안에서 점점 멀어져 개별적인 것으로 분리되고 있다는 걸 깨달으면서 더욱 분명해졌습니다. 그러니까 원래 목표와 정반대 방향으로 나아간 거죠. 분리 현상이 점점 더 심해진 까닭은 대학이 학과 건물과 연구소 건축에만 자본을 투자하고, 시민들에게도 개방되어야 하는 설비나 시설에는 전혀 투자를 하지 않았기 때문입니다. 머지않아 담벼락과 감시카메라가 달린 문들이 들어섰고, 학생들이 자유롭게 공부할 수 있는 공간은 줄어든 반면 교수들의 사무실은 폭발적으로 증가했습니다.

대학은 68년 학생운동 이전의 상태로 되돌아갔지만, 더 안 좋아졌습니다. 훨씬 더 비대해지면서 도시를 짓누르고 숨 막히게 하는, 주변과 분리된 몸체로 변해버렸죠. 반면 학생들은 부차적이고 무의미한 존재로 전락했습니다. 대학의 자기 복제와 존속을 위해 필수적인 요소만 아니었다면 언제든지 버릴 수 있는 존재였죠.

번지르르한 출판물만 끊임없이 만들어내면서 자기들끼리 멋진 학회를 개최하는 것이 그들의 꿈이자 대학의 이상이었죠.

1960년대 말에서 오늘날에 이르는 동안 대학 건물의 건축 계획에는 근본적인 변화가 일어났습니다. 당시에 대학 건물을 지을 때에는 강의실, 실험실, 도서관이 기본이었고 학생들의 숙소와 스포츠센터를 짓는 게 유행이었습니다. 하지만 오늘날에는 학생들의 숙소나 스포츠 시설을 이윤만 추구하는 자유 시장에 빼앗겼습니다. 반면에 대학 건물의 건축은 기본적으로 교수들의 연구실을 마련하는 데 집중됩니다. 교수들은 대부분 주중 가장 바쁜 날을 골라 격주제로 연구실을 사용합니다. 하지만 바로 그런 이유에서 강의실은 항상 만원이고, 학생 입장에선 강의를 듣기가 힘들 정도로 번잡한 상황이 발생합니다.

시에나에서 그랬던 것처럼 파비아에서도 저는 교수들의 연구실 수를 줄이기 위해 투쟁했습니다. 건물을 짓는 동안에도 교수들의 수가 늘어났기 때문에 상황은 항상 학생들이 공간을 빼앗기는 쪽으로 흘러갔습니다. 결과적으로 학생들은 공간이 부족할 뿐인데도 오히려 의욕이 없다거나 게으르다는 소리를 들었죠. 이러한 현상이 증명하는 것은 분명합니다. 바로 이탈리아의 대학에서 문제를 일으키는 이들은 사실상 배우려는 욕구로 가득한 학생들이 아니라 무식하고 거만한 대다수의 교수들이라는 사실이죠.

베네치아에서 학생들이 점령했던 큰 공간들을 박스라고 불렀는데 기억나시나요? 학생들이 가벽으로 커다란 공간을 잘게 쪼개 조그만 공부방들을 만들어 썼죠. 일종의 자가 시공이었습니다. 선생님께서도 박스로 학생들을 만나러 오셨고요. 공부하는 그룹의 이름이 문에 쓰여 있었고, 교수들이 대학 구내에 만들어진 이 시장 같은 곳으로 학생들을 찾아왔습니다. 공간의 필요성이 자연스럽고 창조적인 방식으로 충족된 경우였는데요.

제가 1966년에 방문하기 시작한 미국의 건축 학교에서는 이미 이런 방식으로 공간을 활용하고 있었습니다. 학생들은 소액의 지원금을 받아 작업공간의 자가 시공에 필요한 재료들을 구입했고, 목재와 철재를 활용해 모두 함께 자신들의 아틀리에를 꾸미면서 공간을 여러 개의 박스로 나누었습니다. 그곳에서 공부도 하고 때로는 잠을 자기도 했죠. 굉장히 재미있는 일이었어요. 공간을 가늠하는 법과 재료를 다루고 조립하는 것에 친숙해져서, 건축언어로 자신을 표현하는 법을 배우는 하나의 흥미로운 훈련이 되었죠. 뒤이어 1969~1970년에 이탈리아에서도 동일한 방식을 따르기 시작했습니다. 특히 베네치아의 톨렌티니Tolentini 캠퍼스에서 그런 시도를 했죠.

지금은 모든 걸 깨끗하게 치워버렸습니다. 칸막이 틀이나 나사, 볼트, 망치, 색종이, 버팀목 같은 건 물론이고, 더 이상 남아 있는 것이 없습니다. 관료주의가 권력을 되찾고 상상력을 감옥에 가둬버렸기 때문이죠.

우르비노와의 오랜 인연

선생님께서 CIAM에 가담하신 건 1957년이고 1959년에는 팀 텐이 분리되어 나왔습니다. 하지만 당시에는 이미 우르비노와 인연을 맺고 계셨어요. 가장 먼저, 우르비노의 대학 본부 건물을 계획하셨을 때가 1952년이었으니까요. 이어서 1964년과 1994년에 우르비노의 도시계획을 맡아 진행하셨고 아직 건설 중인 건축물들도 있습니다. 이 도시는 선생님께서 건축으로 기여하신 바가 어쩌면 가장 크다고 볼 수 있겠는데, 그 인연은 어떻게 시작되었나요?

우르비노 이야기는 아마 별도로 다루어야 하지 않을까 싶습니다. 물론 지금까지 한 이야기와 직접적인 연관성이 있긴 하지만요. 저와 우르비노의 관계는 보다 광범위한 시각에서 바라볼 필요가 있습니다. 전체를 바라볼 줄 아는 눈이 필요하죠. 저는 전 세계를 돌아다니면서 했던 경험들을 우르비노의 작업에 접목시켰습니다. 반대로 제가 만든 모든 건축물의 구조 속에는 항상 우르비노로 귀결되는 씨줄과 날줄의 흔적 같은 것이 남아 있죠. 어쨌든 제가 우르비노에서 일을 시작한 건 1950년대였고, 지금도 여전히 일을 계속하고 있으니까요. 그러니 제가 저의 모든 활동과 아이디어를 항상 우르비노와 관련지어 이야기하는 건 아주 자연스러운 일입니다.

저와 우르비노의 인연은 아주 특이하고 기이하기까지 하지만, 건축가들에게 주어지는 최고의 기회는 사실 바로 그런 상황에서 발생합니다. 제가 밀라노에서 카를로 보Carlo Bo를 만난 건 레지스탕스 시기였습니다. 그리고 얼마 지나지 않아 보가 우르비노 대학의 학장으로 임명되었죠. 그는 지금도 학장직을 맡고 있습니다. 대학이나 도시의 입장에서는 굉장히 다행스러운 일이죠. 보는 학장 자리에 오르자마자 학과 과정뿐만 아니라 먼지투성이의 낡은 대학 건물도 재건할 필요가 있다고 느꼈습니다. 경제적인 여건은 마련되어 있지 않았어요. 왜냐하면 시와 마찬가지로 대학 역시 돈이 없었으니까요.

하지만 그는 교육 시스템을 바꾸겠다는 확고한 의지를 가지고 있었고 모든 변화는 물리적 공간의 변화를 통해 구체화된다고 확신했습니다. 달리 말하자면 그는 물리적 공간에 변화를 주지 않으면 교육과 연구 체제에 도입되는 변화 역시 뚜렷한 형태를 띠기 힘들다고 믿었어요. 변화 자체가 변혁으로 확산되고 새로운 관점을 열어가기 위해서는 가시적인 증거가 필요하다는 것을 알고 있었죠.

그래서 카를로 보는 제가 그를 도와줄 수 있을 거라고 생각했고, 저와 아는 사이였던 엘리오 비토리니, 비토리오 세레니와 함께 이 문제를 상의했습니다. 이들의 생각을 알고 싶었던 거죠. 비토리니와 세레니는 아주 멋진 생각이라고 대답했고 그래서 카를로가 저를 우르비노로 불렀던 겁니다.

선생님께서는 비토리니를 일찍이 전쟁 때부터 알고 계셨는데요.

네, 우리는 산 바빌라San Babila의 한 책방에서 만났습니다. 둘 다 변장을 하고 있었죠. 파시스트들이 알아보지 못하도록 수염을 달고 모자를 눈까지 푹 눌러 쓰고 있었어요. 뒤이어 비토리니를 통해 비토리오 세레니, 이탈로 칼비노 외에 특출한 인물들을 많이 만났습니다. 그리고 친구가 되었죠. 비토리오는 후에 저희 부부와 아주 가까운 친구가 되었습니다.

제가 대학을 계획하는 일로 우르비노에 처음 갔을 때, 카를로 보가 차를 타고 직접 페사로로 마중을 나왔습니다. 우르비노를 향해 가는 동안 차는 아주 천천히 달렸어요. 길에 아직 눈이 남아 있었거든요. 어느 시점엔가, 우르비노까지 4km를 남겨두고 트라산니Trasanni의 커브 지점에서 보가 기사에게 차를 세우라고 하더군요. 차에서 내렸을 때 멀리서 기막힌 초기 르네상스 풍의 전원을 배경으로 놀랍도록 아름다운 우르비노의 실루엣이 눈에 들어왔습니다. 그때 보가 이렇게 말했죠. "이게 진짜 이탈리아입니다." 제가 봐도 정말 그랬어요. 의심의 여지가 없었죠.

물론 그 지역은 저도 예전에 들른 적이 있었습니다. 하지만 그 순간에 보가 한 말은 제게 맡기려는 임무를 확정해주는 것만 같았어요. 그리고 우르비노와 주변 환경을 완전히 새로운 방식으로 바라보도록 만들었습니다. 당연한 얘기지만, 널리 알려진 풍경의 경우에도 이를 배경으로 프로젝트를 할 수 있다는 걸 아는 순간 모든 것이 색다르게 다가오기 마련입니다. 다른 각도에서 감지하게 되고 그걸 변형시키기 위해 깊이 이해하려는 욕구가 강해지죠. 깊이 파고들어야 한다는 강박관념에 사로잡힙니다.

말씀드린 것처럼 당시에 우르비노는 굉장히 가난했지만, 사람들은 친절하고 순박했어요. 그때 제가 깨달은 것이 한 가지 있습니다. 가난은 사람들의 친절함을 북돋우지만 부는 반대로 친절함을 잃게 한다는 끔찍한 진실이죠.

부는 환경도 손상시킵니다. 가난한 공동체는 그만큼 자연 자원을 덜 파괴하기 마련이니까요.

부자가 되면 사람들은 감정이 메마르면서 난폭해집니다. 제 자신의 경험을 토대로 드리는 말씀입니다. 제가 가난했을 때 주변의 사람들과 소통하는 것이 더 쉬웠거든요. 다행히도 저는 지금까지 부자가 되지 못했고 부자가 되기에도 너무 늦었습니다.

가난한 사람들은 불안해하기 마련이에요. 그래서 이들의 궁금증은 깊은 곳에서 솟아나옵니다. 결코 피상적이지 않죠.

자원은 터무니없이 부족했지만 우리는 우르비노에서 오랜 역사를 지녔고 당시에는 유일했던 대학 건물의 재건축 계획을 시작했습니다. 카를로 보와의 협력관계는, 지금도 그렇지만, 건축가의 입장에서 기대할 수 있는 것 이상이었습니다. 보는 말수가 적었지만 분명한 아이디어를 가지고 있었습니다. 과감하기도 했고요. 왜냐하면 돈이 없었으니까요. 하지만 그는 사람들이 정말 원하는 걸 알아낸다면 결국에는 투자자를 찾아낼 수 있다고 생각했고 실제로 찾아냈습니다. 결국 우리는 많은 일들을 할 수 있었고 함께한 지 50년이 지난 지금도 여전히 같이 일하고 있습니다. 우리는 공동으로 거대한 유산을 남겼습니다. 저뿐만 아니라 그의 유산이죠. 아니, 무엇보다도 그의 계획이었습니다. 왜냐하면 그의 선견지명과 취향, 교양 없이는 아무것도 할 수 없었을 테니까요.

제가 우르비노에서 작업을 시작했을 때 발견한 놀라운 것들 가운데 하나는 장인들이었습니다. 굶어 죽을 지경에 놓여 있을지언정, 우르비노의 위대한 전통문화를 물려받은 장인들이 여전히 남아 있었어요. 전혀 예상치 못한 또 한 가지는 우르비노라는 도시에 대한 시민들의 깊은 사랑, 감성적이면서도 지적인 사랑이었습니다. 이들은 페데리코 디 몬테펠트로Federico di Montefeltro를 여전히 그들의 영웅으로 생각했어요. 그에 대해 이야기할 때면 마치 그가 사냥을 하려고 막 나선 것처럼, 혹은 말라테스타Malatesta와 싸우러 나갔지만 돌아올 걸 확신한다는 듯이 말했죠. 게다가 밤이면 그의 궁전 처마에 둥지를 튼 사냥매가 그를 기다리며 그르렁거리는 소리도 들을 수 있었죠.

안눈치아타의 주택과 콜레의 대학기숙사

제가 우르비노에 처음으로 지은 집들은 '직원들의 집Case dei dipendenti'이라는 이름으로 불렸습니다. 대학에서 일하는 사람들을 위해 지었기 때문이죠. 제가 만든 건 6개의 똑같은 건물로 구성된 단지였고, 2층 건물에 동일한 구조의 두 가구를 각 층에 배치했습니다. 집들이 지표면의 굴곡을 따라 세워져서 동일한 건물처럼 보이지 않았고, 이러한 특징이 건물에 우아하고 가벼운 움직임을 부여했습니다. 제가 이 주택들을 지었을 때에는 주변에 아무것도 없었지만 지금은 무분별하고 혐오스러운 공장들이 건물을 에워싸고 있습니다. 1955년에 주택을 완공했는데 여전히 새집 같아요. 그건 그저 좋은 재료로 잘 지었기 때문이 아니라 주민들이 항상 집을 사랑하고 아꼈기 때문입니다. 이 사랑이 1955년부터 3세대가 바뀌는 동안에도 그대로 유지되었죠.

안눈치아타의 '직원들의 집'을 제가 특별히 아끼는 이유는 우르비노에 세운 많은 건물들, 예를 들어 대학 기숙사 같은 건물의 원형이었기 때문입니다.

우르비노의 주택이나 구시가지와 마찬가지로, 대학 기숙사 역시 외벽을 벽돌로 쌓아올렸고, 빛을 많이 받아야 하거나 발코니처럼 돌출되는 부분은 노출콘크리트로 처리했습니다. 노출콘크리트 표면에는 거푸집의 흔적이 새겨져 있습니다. 시멘트는 재료의 특성상 무정형인데, 인위적으로 나무의 자연적인 결이나 거푸집을 만드는 데 쓰인 노동의 흔적들을 새겨 넣어 인간적인 느낌을 주려 한 거죠.

첫 번째 기숙사 다음에는 법학부 건물을 설계하여 완공했죠. 제가 우르비노 시와 주변 지역을 위해 계획한 도시계획의 첫 번째 결과물이었죠. 그 도시계획은 이탈리아에서는 유일하게 시와 대학의 동의하에, 그러니까 광부 출신의 시장 에지디오 마숄리Egidio Mascioli와 탁월한 문인 카를로 보의 동의하에 이루어진 것이었습니다. 이에 따르면 대학의 학과들은 구시가지의 낡고 보수가 필요한 커다란 건물에 배치되어야 했던 반면 학생들의 기숙사는 교외에 지어야 했습니다. 이 조항에 따라 대학은 구시가지에 버려진 상태로 남아 있던 대형 건물들을 대거 복원했고 저는 교외에 학생들을 위한 기숙사를 건축했습니다. 그때 주민들의 퇴출을 최소화하려고 신경을 썼죠. 완벽히 성공했던 건 아닙니다만, 어쨌든 계획은 긍정적인 결과를 가져다주었습니다.

구시가지에서 했던 첫 번째 복구작업은 법학부가 들어설 공간을 마련하는 데 집중되었습니다. 그리고 머지않아 교육학부가 생겼고, 최근에는 우르비노의 탁월한 르네상스 건축물 중 하나에 경제학부와 카를로 보 도서관이 들어섰습니다. 뒤이어 대학이 성장을 시작했을 때 대학 기숙사를 콜레 데이 카푸치니Colle dei Cappuccini까지 확장하는 작업이 이루어졌죠.

많은 이들이 제 건축물을 보러 우르비노를 찾아옵니다. 사람이 가장 많이 몰리는 곳은 육중한 탑의 나선형 계단과 극장, 법학부 건물, 그리고 무엇보다도 교육학부 건물이죠. 교육학부는 저의 성공적인 계획 가운데 하나입니다. 물론 콜레의 대학 기숙사나 극장 복구 계획도 마찬가지고요. 교육학부와 대학 기숙사는 제가 정말 행복했던 시기에 한 작업의 결과입니다. 교육학부는 제가 복구작업을 어떤 식으로 이해하는지 보여주는 반면, 기숙사는 어떤 특별한 풍광을 배경으로 건물을 삽입할 때 자연과의 조화를 추구한다는 것이 무엇인지 잘 보여주죠.

하지만 제가 가장 아끼는 건 콜레, 트리덴테Tridente, 아퀼로네Aquilone, 벨라Vela의 대학 기숙사[49]들을 모두 포함하는 마스터플랜입니다. 가장 어려웠지만 미래를 위한 풍부한 아이

49 이 건물군의 이름은 공사 현장에서 인부들이 붙인 이름인데 각각 '삼지창Tridente', '연Aquilone', '돛Vela'이란 뜻으로 건물군의 배치형태에서 유래한다.

디어들을 함축하고 있기 때문이죠. 이 기숙사들을 1965년에서 1975년 사이에 지었으니, 첫 번째 기숙사와 나머지 세 기숙사를 만드는 사이에 대략 10년이란 세월이 흐른 셈입니다.

당시에 저는 아주 복합적인 문제들을 염두에 두면서 계획에 임했습니다. 특히 도시계획의 척도라는 문제에 신경을 많이 썼죠. 이건 그리 간단한 문제가 아닙니다. 현대건축은 도시계획의 진정한 척도를 발견하기 위한 노력을 거의 하지 않습니다. 다시 말해 전통과 혁신 사이의 균형을 유지할 수 있는 불안정하면서도 역동적인 원리를 발견하기 위해 아무것도 하지 않죠.

대학 기숙사의 도시적 척도

이탈리아에서도 도시계획은 전통적으로 큰 성과를 이루어내지 못했습니다.

기숙사를 설계하면서 저는 우르비노라는 도시의 과거와 현재뿐만 아니라 미래의 모습에도 부합할 수 있는 도시계획 기준을 탐구했습니다. 그리고 현대성이 뚜렷하지만 우르비노라는 역사적인 도시의 울림이 남아 있는 기숙사를 만들려고 노력했어요. 시민들이 이 건물을 익히 알고 있는 도시의 일부로 볼 수 있어야 하고, 비록 학생들이 사는 곳이지만 자신들도 살아보고 싶은 욕구가 생길 정도로 친근감을 줄 수 있어야 했습니다. 달리 말해 제가 원했던 것은 이 오래된 도시와 1,200명 이상의 학생들을 수용하는 대학의 항구적인 건축적 조화를 정립하는 것이었습니다. 바로 그런 이유에서 저는 학생들뿐만 아니라 시민의 입장에서도 매력적이고 관심을 끌 수 있는 기능과 시설을 기숙사에 도입했습니다. 안타깝게도 이들 대부분은 아직까지도 가동되지 않고 있습니다. 하지만 그곳에 있어요. 언젠가는 그런 시설들을 활용하지 않고 그대로 방치한다는 것이 얼마나 어리석은 일인지 모두가 알게 될 겁니다.

제가 마지막으로 우르비노에 갔을 때 사람들이 그러더군요. 학생들이 계획안에 들어있던 상점들은 도대체 언제 문을 여냐고 묻기 시작했다고요. 행정당국은 못 들은 척했죠. 앞으로 얼마나 견딜 수 있을까요? 그곳에 각종 서비스 시설들이 있고 활용하기만 하면 된다는 걸 학생들은 알고 있습니다. 그러니 활용할 수 있게 해달라고 계속해서 요구하겠죠. 문을 연 적이 없지만 완벽한 시설을 갖춘 카페가 4군데나 있고, 음악을 듣는 공간은 물론 2군데의 레스토랑과 주차장도 포함되어 있었습니다. 설계는 했는데 짓지 못한 운동시설도 있고요. 이 모든 것이 이미 존재하는데 활용되지 않고 있고 또 설계를 해 놓았으니 하루속히 지어야 한다는 걸 일깨우는 데 얼마나 시간이 걸릴까요? 이 모든 것을 활용하자는 학생들의 요구를 언제까지 듣고만 있어야 할까요? 행정부가 학생들의 요구가 일단 시작되면 거부하기 힘들다는 것을 깨닫는 데는 또 얼마나 시간이 걸릴까요?

제가 중요하게 생각하는 기숙사 건물의 또 다른 특징은 이 기숙사가 오늘날의 표준화, 획일화 성향에 대한 분명한 거부의 표명으로도 읽힐 수 있다는 점입니다. 나머지 세 곳의 기숙사를 설계할 때 얼마든지 콜레의 기숙사를 모델로 대규모의 연속적이고 획일적인 구조를 만들어낼 수 있었습니다.

하지만 저는 세분화되고 차별화된 건축을 하고 싶었어요. 왜냐하면 주변의 풍경이 달랐고 기숙사에서 지내게 될 구성원의 성격이 달랐을 뿐 아니라 도시 자체가 다양한 형태를 지니고 있었기 때문입니다. 결과적으로 우르비노의 기숙사들은 군대나 감옥, 호텔이나 학교처럼 모든 것이 분명하고 모든 것을 어느 특정 지점에서 관찰할 수 있어야 한다는 원칙이 유지되는 건물들과는 거리가 멉니다.

기숙사를 지으면서 저는 시간의 시뮬레이션이라는 방식을 적용해보려고 애썼습니다. 이것 역시 쉽지 않은 문제였어요. 농담 반 진담 반으로 드리는 말씀입니다만, 저는 콜레의 기숙사를 우르비노처럼 수 세기에 걸쳐 발전한 한 도시의 첫 번째 마을로 간주했습니다. 이 첫 번째 마을을 모델로 다른 마을들이 탄생했다고 본 거죠. 그래서 마을들은 서로 닮았지만 약간씩 다른 모양새를 취합니다. 왜냐하면 지역마다 특징이 다르고 인간적인 경험의 종류도 다르기 때문이죠. 기숙사의 여러 부분도 마치 그것들을 만든 시대가 다르고 그사이에 오래 시간이 흐른 것처럼 느껴지도록 계획했습니다.

형태론적인 관점에서 볼 때 이 마을은 우르비노의 중세적 구조를 떠올리게 합니다. 한 경사면의 끝부분에서 일종의 버팀벽을 따라 발전하는 형태를 띠고 있죠.

첫 번째 마을이 과거와 같이 오랜 시간을 두고 발전한다면 아마도 개인과 사회의 행동방식이나 기술과 문화의 변화에 지속적으로 적응하면서 성장할 겁니다. 하지만 원래의 모체를 근본적으로 변화시킬 수는 없을 거예요. 그러니까 원래의 모습에서 완전히 동떨어진 세계로 발전할 수는 없는 거죠. 제가 계획을 통해 재생해보려고 시도했던 것이 바로 이 과정입니다.

지도를 펴놓고 기숙사들의 확장이 어떤 식으로 이루어졌는지 살펴보면 콜레의 기숙사가 지닌 것과 유사한 방향으로 움직이기 시작하다가 이어서 변화가 일어난다는 것을 확인할 수 있습니다. 건물들의 방향이 때로는 경사면의 곡선을 따라 움직이기도 하고 때로는 벗어나기도 합니다. 왜냐하면 지표면의 자연적인 굴곡을 그대로 따르고 바람과 햇볕의 방향, 시선, 풍광 등을 고려했기 때문이죠. 그래서 사실 다른 곳과 똑같은 지점은 한 군데도 없습니다.

최근 들어 늦은 시간에 기숙사 공간을 두루 돌아본 적이 있습니다. 시간이 좀 남아서 식당을 찾아가 저녁식사를 한 뒤 기숙사 단지 안팎으로 산책을 했죠. 사람은 많지 않았습니다. 그런데 마주치는 사람마다 제게 인사를 하는 것이었어요. 멈춰 서서 말도 건네고요. 대개는 청소부, 요리사, 관리사 같은 사람들이었는데 제가 누군지 알아보고는 돌아온 걸 반가워했습니다. 그때 저는 아주 친숙한 도시에 와 있다는 느낌을 받았어요. 마치...

집에 온 것 같은 느낌이셨나요?

뭐랄까요... 집에 온 것 같은 느낌뿐만 아니라 기분이 좋았어요. 제 입장뿐만 아니라 그들을 위해서도 다행이란 생각이 들었기 때문이죠. 저랑 마주치던 사람들은 그들이 살거나 일하던 장소를 싫어하지 않았어요. 저한테 무언가가 잘 안 돌아간다는 이야기를 하려고 말을 거는 것이 아니었죠. 반대로 제가 돌아온 걸 축하해주기 위해서였습니다. 이는 건축의 결과가 훌륭했다는 증거입니다. 그곳에서 살거나 일하는 사람들이 만족스러워 할 뿐 아니라 그들이 경험하는 공간을 이해하고 자기화하며 심지어는 사랑한다는 걸 의미하죠.

그리고 모든 것이 아주 잘 보존되어 있었습니다. 아주 깨끗했고요. 기숙사 단지를 지은 지 30년이 넘었는데 마치 새로 지은 것만 같았어요.

단지를 전부 걸어봤습니다. 이 단지를 직접 설계한 적도 없고 알지도 못하는 사람의 입장에 서서 걸어봤죠. 그리고 제가 걷던 공간들이 정체성과 특성을 지녔다는 걸 목격했습니다. 저는 즐거웠어요. 동시에 제가 건물을 지을 때 지녔던 에너지에 대한 향수도 느꼈습니다. 공사장을 돌아다니면서 필요할 때마다 새로운 해결책을 제시하고 건설 과정에서 드러나는 요구들을 확인하며 제 영감에 따라 끊임없이 변화를 시도하는 작업은 굉장히 힘들었지만 또한 굉장히 흥분되는 일이기도 했습니다.

제가 느꼈던 건 사실 그런 식으로 일을 할 수 있었던 시대에 대한 향수이기도 합니다. 오늘날에는 획일화 과정을 거부한다는 것이 거의 불가능해졌고, 건축을 규제하는 규정들 때문에 창작의 기회가 점점 더 줄어드는 추세입니다. 결국에는 건축이 통합을 꾀하기보다는 오히려 차별화를 위해 노력해야 한다는 건축적 감성을 잃어가고 있는 셈이죠.

아마도 기숙사 건물군은 제가 우르비노에 지은 건축물들 가운데 가장 예지적인 작품일 겁니다. 허물지만 않는다면, 아울러 대학의 관료주의가 강요하는 획일화의 물결을 견뎌 낸다면, 모두들 이 건축물이 지닌 잠재력을 인정하고 결국에는 이런 유형의 건축에 유기적인 방식으로 참여하게 될 겁니다.

선생님께선 계획하실 때 건축언어의 다양성을 선호하신다고 마초르보의 도시계획 서문에 쓰신 적이 있습니다. 건축은 시간과 공간 안에서 복합적인 방식으로 발전하기 때문에 그 자체로 닫힌 자동화 메커니즘에서 벗어나는 건축언어를 선호하신다고 하셨죠.

저는 우르비노에서 어느 한 지역을 설계할 때, 도시가 시간에 따라 발전하는 과정을 대상으로 일종의 가상실험을 시도했습니다. 인위적인 실험을 피하기 위해 자연환경, 풍경, 주민, 사회계층, 시민 그리고 학생들의 행동방식과 특성 등 모든 구체적인 차이점들을 고려했죠. 그런 식으로 상이한 특징을 지닌 공간들과 학생들의 상이한 생활방식 사이에 자연스러운 관계가 유지되게 했습니다. 예를 들어 어린 학생은 훨씬 더 역동적인 공간에서 활동하고, 학업에 전념해야 하는 학생은 좀 더 조용하고 편안하고 아늑한 공간을 찾아갈 수 있게 만든 거죠.

콜레의 기숙사가 지닌 공간 조직에서 몇몇 중요한 부분들은 나중에 건설된 나머지 기숙사에서 변화를 겪었습니다. 예를 들어 콜레의 기숙사에서는 방들이 모든 면에서 독립되어 있었습니다. 일종의 합숙소나 다름없던 '학생들의 집'이 여전히 건재하던 당시에 건축되었기 때문이죠. 반면에 트리덴테, 아퀼로네, 벨라의 기숙사 방은 일인실이지만 그 외의 시설들은 공용으로 만들었습니다. 그렇게 하면 소통을 용이하게 하고 연대의식을 키워줄 수 있으니까요.

특정 유형의 사회성을 창조할 수 있는 방식이기도 하죠.

새로 지은 기숙사들의 인적 교류 방식은 소그룹에서 출발해 점점 더 확장되는 유형입니다. 예를 들어 트리덴테에서는 조그만 부엌을 갖춘 하나의 거실을 네 개의 방이 공유합니다. 그런 식으로 하나의 유닛을 형성하죠. 이어서 두 개의 유닛이 다른 층의 두 유닛과 계단을 통해 수직적으로 연결되고 끝으로 네 개의 유닛이 공동화장실을 공유합니다. 화장실 개수는 충분합니다. 거의 일인당 하나 꼴이죠. 공동시설에서 학생들은 서로 만날 수밖에 없습니다. 예를 들어 남학생들은 수염을 깎을 때, 여학생들은 화장을 할 때 소통을 하게 되죠. 이들은 함께 사용하는 공간에 대해 책임을 져야 합니다. 따라서 규칙을 정하고 소통하며 서로를 존중할 줄 알아야 하죠.

이처럼 단순하지만 효과적인 방법을 사용해서 사회성을 강조하는 것이 중요했습니다. 이탈리아 학생들은 대부분 중산층 부르주아 출신이어서 고립된 공간을 선호하는 편입니다. 너그러워질 기회가 없으면 이기적으로 변해버리죠.

공부한다고 방에 들어가서는 문을 닫아버리죠.

사람들 만나는 걸 싫어합니다. 혼자 있고 싶어 하죠. 저는 이것이 이탈리아의 중산층 부르주아에게서만 볼 수 있는 또 다른 형태의 오만과 스노비즘이라고 생각합니다. 외국 대학에서는 대학에서 공부하는 것이 특권이 아니라 다른 모든 종류의 노동과 마찬가지로 자신을 헌신해야 하는 일로 여기기 때문에 이런 모습을 찾아보기 힘들어요.

우르비노에서는 기숙사 건축 외에도 많은 일을 했습니다. 프란체스코 디 조르조Francesco di Giorgio[50]의 나선형 계단을 복원했고 산치오Sanzio 극장의 개조 작업을 추진했죠. 이 외에도 다양한 계획을 여러 차례 시도했습니다. 상당수가 실현되지 못했지만 한편으로는 이곳 사람들과 가까워질 수 있는 계기를 마련해주었죠.

메르카탈레Mercatale 광장 주변의 복원작업 전체가 여전히 진행 중이고, 지금은 '풍요의 밭', 즉 옛 마구간의 복구작업을 계획하고 있습니다. 이 작업을 위해 개인적으로 시간을 할애해서 마련한 다섯 개의 계획안을 시청 관련부서에 제안했고, 몇몇 못돼먹은 인간이 제게 퍼부은 신랄한 비난에도 불구하고 현재 여섯 번째 계획안이 실현 단계에 들어갔습니다.

우르비노 시의회의 감사과와 함께 반대파를 구성했던 인물은 비토리오 스가르비Vittorio Sgarbi와 비토리오 에밀리아니Vittorio Emiliani입니다. 이들은 "문헌학적 복원"이 필요하다고 주장했죠. 역사적인 건물에 현대적인 방식으로 복원작업을 하는 건 받아들이기 힘들다는 입장이었어요. 비토리오 그레고티Vittorio

50 프란체스코 디 조르조(1439~1501년)는 르네상스 시대의 이탈리아 건축가, 건축 이론가, 화가, 조각가이다. 미술 작품은 주로 성당의 제단화와 벽화에, 건축은 군주들의 궁전과 도시의 성벽 건설에 집중되어 있다. 우르비노에 머무는 동안 『민간 및 군사 건축론Trattato di architettura civile e militare』이라는 제목의 건축 이론서를 집필했다.

Gregotti는 스카르비를 두고 이런 말을 했습니다. "그가 취하는 논쟁적 입장은 오히려 그가 비판하는 건축의 우수성을 확인해주 는 경우가 대부분이다."

하지만 관건은 논쟁이 아니었습니다. 거짓말과 모욕적인 언사를 연발했을 뿐이죠. 저는 당연히 아무런 대응도 하지 않았습니다. 우박이 따뜻한 땅에 닿을 때처럼 거짓말도 땅에 닿으면 녹기 마련이고, 모욕적인 언사도 너무 저속했으니까요. 지금 언급하신 두 인물이 나태해보인다는 건 모두가 아는 사실입니다. 결과적으로 이들의 공격은 제 심기를 건드리지 못했어요. 저는 우르비노를 위해 작업을 계속했고요.

제 기억이 틀리지 않는다면, 버팀벽을 재설계하기도 하셨는데요.

의뢰받은 적이 없는데도 많은 것들을 재설계하던 시절이 있었습니다. 심지어는 지로 데이 데비토리Giro dei Debitori 가에 있는 포도원 경사면의 버팀벽을 설계하기도 했죠. 전형적인 버팀벽 설계였다고는 보기 힘들어요. 버팀벽이 만날 수 있는 모든 변수를 염두에 두고 설계했으니까요. 건축가들은 보통 이런 변수들에 신경을 쓰지 않습니다. 하지만 제가 설계한 버팀벽은 예산도 시가보다 더 적게 들여 만들 수 있었어요. 훌륭한 설계는 결국 값싼 설계보다 더 경제적인 법이죠. 버팀벽 설계를 마친 뒤에 시장에게 보여주면서 건설을 곧장 시작하라고 다그쳤습니다. 지반이 무너져 내리고 있었으니까요. 만약 리비오 시키롤로Livio Sichirollo가 그 당시에 도시계획위원을 맡고 있었다면 버팀벽을 세워 올렸을 겁니다. 예민하고 순수하고 명석한 인물이었죠. 하지만 그는 없었고, 결국 아무것도 할 수 없었어요. 지금은 지반의 상당 부분이 무너져 내렸고, 나무들은 뿌리를 드러냈습니다.

저는 이제야 경제학부가 들어설 바티페리Battiferri 궁전의 복구계획과 소중한 카를로 보 도서관이 들어설 파시오네이Passionei 궁전의 복구계획을 마쳤습니다.

이 두 프로젝트를 맡으면서 저는 오래전부터 해오던 옛 건축물들의 복구작업을 계속할 수 있었습니다. 제가 보기에 건축의 '복구recupero'와 '복원restauro'은 다른 것입니다. 건축의 복구는 본질적으로 계획에 가깝습니다. 필연적으로 변화를 수반하기 때문이죠. 한편으로는 모든 계획이 곧 복구이기도 합니다. 건물을 뜯어고치거나 재구축하지 않고 텅 빈 공간에 새로 짓는 경우도 마찬가지입니다. 모든 빈 공간은 의미를 지닙니다. 어떤 의미를 취하거나 부여하는 꽉 찬 공간의 내부에 텅 빈 채로 머문다는 의미를 지니죠. 건물들에 에워싸인 빈 공간이나 또 다른 빈 공간 속의 빈 공간은 항상 주변과의 관계, 맥락과의 관계를 고유의 특징으로 지닙니다. 항상 어떤 구체적인 맥락의 일부이고 그 자체로도 이미 하나의 맥락이거나 맥락이 될 수 있는 잠재력을 지녔죠. 이 빈 공간을 꽉 찬 공간으로 혹은 또 다른 형태의 빈 공간으로 변형시키려고 할 때에는 그것의 내부적, 외부적 정황을 모두 염두에 둘 필요가 있습니다. 꽉 찬 공간을 변형시킬 때와 마찬가지로 해야 하는 거죠. 바로 이런 이유에서, 복구의 일반론이라는 것은 존재하지 않습니다. 복구작업은 매번 유일무이한 경우로 남습니다. 다른 모든 계획과 마찬가지죠. 공간을 이해하려면 그것이 빈 공간이든 꽉 찬 공간이든 그것에 대해 질문을 던질 필요가 있습니다. 변형이 과연 필요한지, 필요하다면 어느 정도까지 가능한지, 그 공간의 장점은 무엇이고 단점은 무엇인지 이해할 필요가 있는 거죠.

파씨오네이 궁전에서는 어떤 일을 하셨나요?

파씨오네이 궁전은 우르비노의 가장 감각적이고 세련된 르네상스 건물들 가운데 하나입니다. 저는 궁전의 공간들을 복구한다는 제한적인 목표를 두고, 제가 새로이 추가하는 부분을 가능한 한 줄이려고 애쓰면서 세월이 흐르는 동안 부적절한 방식으로 추가된 부분들을 제거하는 데 집중했습니다. 예를 들어 엄격한 비례 체계를 기반으로 고안된 궁전 공간의 연결 구조가 커다란 난방장치 때문에 엉망으로 무너져 있었습니다. 문화재관리국의 한 하청업체가 곳곳에 설치한 커다란 박스형 난방장치가 문제였죠. 저는 이 난방장치들을 창문 밑에서 모조리 떼어내고 이를 바닥 난방으로 대체하도록 조치했습니다. 그러자 행정관들이 제가 혹시 미치지 않았냐고 묻더군요. 이미 설치해 놓은 난방장치를 돈을 써가면서 치워버린다는 것이 말이 되냐는 것이었죠. 하지만 현실은 달랐습니다. 파씨오네이 궁전의 공간 비례는 완벽했지만 난방장치 박스가 이러한 균형을 파괴한다는 것이 문제였죠. 다른 건물에는 없어도 파씨오네이 궁전의 경우엔 이런 현상이 분명히 있었다고 봐야 합니다. 건축의 복구는 복구하려는 건물의 특성에 부합하는 섬세한 작업과 특화된 접근방식을 요구합니다.

원래 수도원이었던 바티페리 궁전의 경우는 반대로 좀 더 적극적인 변형을 시도했습니다. 이곳의 공간 구조는 그다지 완벽하지 않고 정체성도 약간 불분명했어요. 따라서 이 경우에는 전혀 다른 차원의 작업이 필요했고 또 그런 방향으로 작업을 시도했습니다.

이런 식으로 상황에 적응하며 대처하는 방식의 프로젝트는 대부분의 경우 선입견에 빠진 담당기관의 관료나 관리공사의 임원들과 부딪칠 수밖에 없기 때문에 상당히 어렵습니다. 관료들은 그저 뭐든 간에 문제가 일어나는 걸 싫어하고, 그들의 입장에서 만인이 인정해야 한다고 생각하는 원리원칙을 존중하라고 요구합니다. 예를 들어 이들은 건물의 복구가 건물을 원래의 상태로 되돌려놓는 작업이라고 생각합니다. 좀 더 정확히 말하자면 복원(復原), 즉 예술품 또는 문화재에 주로 적용되는 접근방법으로 보는 거죠. 따라서 어떤 방식으로 복구를 시도하든 건축물은 변형되기 마련이라는 말은 도무지 들을 생각을 하지 않습니다. 보수적인 복원작업 restauro conservativo은 존재하지 않는다는 말도, 모든 계획은 변형을 의미한다는 말도, 아무것도 바꾸지 않겠다는 결정 역시 일종의 계획이기 때문에 변화를 가져올 수밖에 없다는 말도, 건축 문화재를 다루는 모든 작업이 작업자의 문화, 정신, 손맛의 차원에서 복합적인 변화를 일으킬 수밖에 없다는 말도 도무지 들으려 하지 않습니다.

선생님께서 우르비노에 계시는 동안 시대를 초월해 경험하신 가장 중요한 만남은 몬테펠트로 공작의 건축가였던 프란체스코 디 조르조와의 만남이었다고

생각합니다.[51] 저는 항상 선생님께서 그의 작품과 공간을 다시 디자인하며 그의 건축물을 대상으로 작업하시는 동안 어떤 식으로든 프란체스코 안에서 선생님 자신의 모습을 발견했다고 생각했습니다.

물론입니다. 그렇다고 볼 수 있겠죠. 농담으로는 그렇다고 말할 수 있습니다. 저는 프란체스코 디 조르조의 건축에 굉장한 매력을 느꼈고 그래서 그의 건축을 책이 아니라 실물을 관찰하면서 공부했습니다. 사람들이 제게 어떤 선생 밑에서 배웠냐고 묻는다면 저는 프란체스코 디 조르조가 제 스승 중 한 명이었다고 말할 수 있습니다. 결국 농담에 불과하기 때문에 할 수 있는 이야기죠. 이런 종류의 주장이 완전히 진지한 경우는 없습니다. 저는 그와 함께 일한 적이 있다거나 그가 저의 조력자였다고도 말할 수 있고 어쨌든 그를 알고 있다고 말할 수 있습니다. 거의 사실이죠. 하지만 어쨌든 하나의 농담에 불과합니다.

제가 우르비노를 오가기 시작했을 무렵 사람들은 리오넬로 벤투리Lionello Venturi가 했던 말을 확인이라도 하려는 듯 성 베르나르디노Bernardino 성당을 설계한 사람이 브라만테Bramante라고 이야기했습니다. 하지만 저는 성당을 설계한 사람이 프란체스코 디 조르조이고 이에 대해서는 추호도 의심할 여지가 없다고 주장했습니다. 코르토나의 칼치나이오Calcinaio에 있는 마리아 성당만 봐도 충분히 알 수 있었죠. 제

51 프란체스코 디 조르조는 1475년부터 1484년까지 우르비노에 머물며 몬테펠트로 공작을 위해 일했다. 데 카를로는 이 시기에 지어진 그의 건축물을 답사하며, 당시 주류 건축의 전형성에서 벗어난 자유로움을 그에게서 확인한 듯하다.

이야기를 들은 비평가들과 역사학자들은 아마도 제가 건축가에 불과하니 아는 게 그리 많지는 않을 거라고 생각했을 겁니다. 하지만 몇 년 뒤 미국의 유명한 예술사학자 헨리 밀런 Henry Millon이 우르비노를 방문해 ILAUD에서 기억에 남는 강연을 했는데 그때 몇 달 전 영국의 역사학자들이 런던의 한 도서관에서 발견한 브라만테와 프란체스코 디 조르조의 서간문 이야기를 들려주었습니다.

프란체스코가 우르비노에서 브라만테에게 보낸 편지 내용을 간략히 요약하면 이렇습니다. 몬테펠트로 공작이 성 베르나르디노에 공작들의 영묘를 설계해달라고 의뢰해서 기쁘기는 한데, 공작이 동일한 제안을 몇 달 전에 다름 아닌 브라만테에게 했다는 걸 알고 있다면서 어떻게 하면 좋겠냐고 묻는 것이었죠. 솔직히 오늘날의 건축가들에 비한다면 르네상스 시대의 건축가들이 얼마나 정직했는지 놀랍지 않나요? 브라만테는 프란체스코에게 보낸 편지에서, 자신이 공작으로부터 설계를 의뢰받은 적도 있고 몇몇 도안까지 마련해 놓은 것이 사실이지만, 그가 사는 곳이 밀라노인데다 할 일도 많으니 친구인 프란체스코가 자기 대신 일을 계속 맡아 했으면 좋겠다며 행운이 깃들기를 바란다고 답변했습니다.

처음부터 브라만테가 개입해 있었다는 것과 그가 몇몇 시안까지 미리 마련해 두었다는 점은 평면도에서 미미하게 드러나는 건물의 중앙 집중적인 성격을 감안할 때 이해가 되는 부분입니다. 하지만 전체적인 구도를 감안하면 그런 성격은 그림자에 가까운 흔적만 남긴 채 사라집니다. 전체적인 구도는 오히려 프란체스코 디 조르조만의 우아함과 자연스러움으로 조합된 다양한 볼륨으로 채워져 있죠.

도시와 대학

최근 10년간 우르비노는 어떻게 변했나요?

전쟁이 끝나고 시장이 된 에지디오 마숄리는 우르비노를 직접적으로 상징하는 인물이었습니다. 우르비노의 노동자 계층이 형성된 카스텔카발리노Castelcavallino 마을 근교의 광산에서 광부로 일했던 인물이죠. 광산은 폐쇄되었지만 아직 남아 있습니다. 이 노동자 계층은 힘이 없었어요. 몬테펠트로의 주민 대부분이 농민이었기 때문이죠. 하지만 광산의 광부들은 일찍부터 정치에 눈을 떴고 독일군과 파시스트들을 상대로 레지스탕스 단체를 조직했습니다. 이때 공산당을 중심으로 농민들도 함께 뭉칠 수 있게 만들었죠. 전쟁 직후에 공산당은 선거에서 승리를 거두었습니다. 우르비노 시민들의 입장에서는 혁명적인 사건이었죠. 왜냐하면 그때까지만 해도 성직자들이 지지하는 귀족들만 마르케주의 도시들을 다스려 왔으니까요.

에지디오 마숄리는 지식이 풍부한 사람은 아니었습니다. 하지만 현실적인 문제를 해결할 줄 아는 놀라운 정치적 감각과 인간미를 지닌 인물이었어요. 기적적이었던 것은 이 사람과 카를로 보 같은 지식인이 마음만 잘 맞았을 뿐 아니라 몇 마디만 주고받아도 서로를 완벽하게 이해했다는 점입니다. 대학의 학장이었고 세련된 지식인 가운데 한 명이었던 카를로 보와, 이상주의적인 성향을 지니면서도 뛰어난 현실감각의 소유자였던 광부 출신의 시장 마숄리는 전후부터 1970년대까지 우르비노의 성장을 주도했습니다. 두 사람은 서로 다른 세계관을 가지고 있었지만 둘 다 관대함이라는 덕목을 갖추고 있었어요. 이 보기 드문 덕목 덕분에 두 사람은 서로를 이해할 수 있었습니다. 제가 몇 년간 대학 일을 하고 난 뒤였는데, 마숄리 시장이 제게 도시계획안을 수립해달라는 제안을 했습니다. 그리고 미안하지만 수고비로 줄 돈이 하나도 없다는 말도 덧붙였죠. 아무튼 그렇게 해서 시청을 위해서도 일을 하기 시작했고 이 일은 저와 우르비노의 관계가 보다 돈독해지는 데 결정적인 역할을 했습니다. 제 인생에서 차지하는 한 중요한 부분이 그때를 계기로 마련되었던 셈이죠.

우르비노에서 일을 시작한 지 벌써 50년이 되었어요. 지금도 대학뿐만 아니라 도시를 위해 계속 일하고 있습니다. 제가 제시한 새로운 도시계획안은 전직 도지사의 훼방으로 삭제된 부분을 제외하고 지금 실행 중입니다.

대학의 성장세를 우르비노의 시민들은 어떻게 받아들였나요?

미심쩍어 했습니다. 급성장을 이룬 1970년대 초반부터 대학의 영향력은 위협적인 요인으로 변했고 결국에는 구시가지 주민들의 집단 이주 현상을 초래했습니다. 이 현상은 부분적으로 학생들의 월등한 경제력에서 기인했다고도 볼 수 있습니다. 가난한 사람은 물론 여유가 있는 사람도 시내를 떠나 교외에서 살게 만들었으니까요. 실제로 상당수의 시민들이 구시가지의 집을 학생들에게 대여한 뒤 '노동자 주택 관리 공사Gescal'가 신시가지에 지은 새집으로 이사를 했습니다. 학생 수가 많았기 때문에 임대료 수입도 꽤 높은 편이었죠.

물론 시민들의 이러한 선택은 도덕적인 차원에서 판단할 수 있는 성격의 것이 아닙니다. 왜냐하면 자유시장의 규칙을 따랐을 뿐이니까요. 시장경제 체제에서는 학생들을 상대로 돈을 벌 수 있는 기회가 주어지면 이를 막기가 어렵습니다. 그러니 미래를 내다보고 사전에 막아야죠. 어떤 면에선 우리가 이런 현상을 예견했던 셈입니다. 1965년의 도시계획 때에도 그랬고, 첫 번째 기숙사 단지를 건설할 때에도 그랬어요. 하지만 1970년대에 대학 입학률이 폭발적으로 증가하는 현상만큼은 예견할 수 없었습니다.

지금은 20,000명이 넘습니다만 총 학생수가 500명에서 10,000명으로 늘어나는 현상은 예측이 불가능했고, 기존의 체계로 감당할 수도 없었습니다. 우르비노 행정구역의 전체 수용 인구가 15,000명, 이 가운데 시내 수용 인구가 7,500명밖에 되지 않는다는 사실을 잊지 말아야죠. 그러니 균형을 맞추기가 어려울 수밖에요.

어쨌든 우르비노의 시민들은 대학과 대학의 건물들을 소중하게 생각할 뿐 아니라 건축 문화유산의 일부로 간주합니다. 우르비노는 주민들이 현대 건축물과 과거 건축물의 가치를 대등하게 여기는 얼마 되지 않는 도시 가운데 하나입니다. 방문객이나 여행객들이 우르비노를 찾아오면 사람들은 두칼레Ducale 궁전뿐만 아니라 교육학부 건물이나 대학 기숙사를 방문해보라고 권합니다. 현재와 과거에 큰 차이를 두지 않는 거죠. 왜냐하면 건축에 대한 하나의 독특한 공시적 감수성을 수 세기에 걸쳐 연마해왔기 때문입니다. 대학이 중요한 경제적 자원뿐만 아니라 의미 있는 건축적 기호들을 생성해냈기 때문에 우르비노의 시민들은 대학을 상당히 긍정적으로 바라볼 뿐 아니라 부정적인 측면들마저 최소화하려는 성향을 갖게 되었습니다.

밀집과 포화 상태가 학생들이 시민들을 상대로, 시민들이 학생들을 상대로 이윤을 취하도록 유도한다는 것은 의심의 여지가 없지만, 이러한 현상이 지금은 나타나지 않습니다.

몇몇 도시에서는 구시가지의 낙후된 지역을 되살리기 위해 대학을 활용하기도 합니다. 다시 말해 투자와 매매의 활성화를 통해 심각하게 낙후된 도시 영역의 재생을 꾀하는 거죠. 부분적으로는 선생님께서 우르비노에서 시도하셨던 것이 아닌가 싶은데요.

우르비노에서 그런 시도가 있었던 것은 사실입니다. 하지만 원동력은 자본 시장의 활성화가 아니라 대학이었어요. 새로운 대학 건물들은 이 건물들이 전략적으로 배치된 지역을 살리는 역할을 했습니다. 하지만 대학생들의 숙소 문제는 일부만 해결되었다고 보아야 합니다. 무엇보다도 우르비노에서는 숙박비가 너무 비싸서 방값이 아니라 침대 단위로 사용료를 지불하는 것이 보통입니다.

그리고 시험 기간에 어마어마한 수의 학생들이 구시가지로 몰려드는 현상은 도시 전체가 점령당했다는 인상을 줍니다. 한때는 시민들을 비롯해 농민들도 아무 때나 사람들을 만나러 레푸블리카 광장으로 모여들던 시절이 있었습니다. 특히 이른 오전이나 근무 시간이 끝나는 오후에 많이 모였죠.

하지만 지금은 이런 모습을 보기가 힘듭니다. 특히 학생들이 광장에 몰려들어 도시를 점령하는 시기에, 시민들의 얼굴을 보려면 아침에 아주 일찍 일어나야 합니다. 학생들은 아직 잠을 자는 시간이니까요.

대학이 우르비노의 시민들에게 돌파구를 마련해주었다는 것은 분명한 사실입니다. 하지만 대학은 잠재적인 위협이기도 했습니다. 1994년 도시계획의 목적은 시가 관할하는 교외나 지방으로 분산을 도모하며 힘의 균형을 되찾는 것이었어요. 하지만 이를 현실화하기가 쉬운 것은 아닙니다. 근시안적인 이해관계들이 모든 것을 정반대 방향으로 이끌어가기 때문이에요. 예컨대 대학이나 시의 행정부는 자체적인 동력과 자가 생산 능력을 갖춘 자율적인 기관이 되고 말았습니다. 그런 식으로 한때 카를로 보와 에지디오 마솔리가 표방했던 대학-도시라는 본래의 비전을 벗어난 거죠.

대학에서 일하는 우르비노 시민들도 많이 있을 텐데요.

물론입니다. 하지만 그것도 행운인 동시에 불행이라고 할 수 있어요. 왜냐하면 대학은 확실하고 편리한 일자리를 제공하지만 사실은 위기에 빠져있는 많은 전문 분야들을 사라지게 만들기도 하니까요. 농민들은 대학에서 사무직을 얻을 수 있으면 농사를 그만둡니다. 훌륭한 기술을 지닌 장인들이 확실한 직업을 얻겠다고 대학 청소부가 되는 상황을 생각해보세요. 사람들이 더 잘살게 된 것은 사실이지만, 사회 구성원들의 문화적 수준은 형편없이 낮아졌습니다.

미팅 중인 팀 텐, 스폴레토Spoleto, 이탈리아, 1976년(왼쪽 끝의 옆모습이 잔카를로 데 카를로)

4장
건축의 대주제들

엔트로피가 낮은 도시

19세기 후반부와 20세기 전반부를 통틀어서 건축의 대주제는 '주거문제'였습니다. 그 후 대주제는 '대학'으로 변했지만 오늘날에는 대주제라는 것이 아예 사라지고 말았습니다. 물론 1980년대에 들어서면서 모든 건축가가 박물관 설계를 꿈꾸기 시작했다는 것은 매우 흥미로운 사실이지만 중요한 건 그것이 더 이상 사회의 참여를 요구하고 사회의 운명을 바꿀 수 있는 주제가 아니었다는 점입니다. 박물관의 경우 관건은 값진 예술 작품들을 보존하기 위한 고가의 컨테이너를 만들어 예술 작품의 시장을 확보하려고 했던 거죠.

선생님께서는 장기간에 걸쳐 대학의 건축이 도시의 발전에 큰 역할을 할 수 있다는 전제하에 이를 구체적인 작업으로 실천해오셨습니다. 대학이라는 주제를 두고 1950년대부터 연구를 시작하셨고 더블린 대학과 우르비노 대학을 비롯해 상당수의 대학 건물들을 설계하셨는데, 이런 경험을 토대로 대학은 지역사회에 적잖은 영향을 끼치면서 어떤 식으로든 도시의 성장과 발전에 기여한다고 주장하셨습니다. 어떻게 해서 이런 결론에 도달하게 되셨나요?

근대건축은, 특히 1930~1940년대 합리주의 건축을 중심으로, '주거'의 문제에 집중했습니다. 당시에는 '주거문제'가 도시의 가장 근본적이고 시급한 사안이었습니다. 이것이 바로 주거를 모든 관점에서 관찰하며 아주 세밀한 부분까지 빼놓지 않고 검토했던 뛰어난 합리주의 건축가들의 생각이었죠. 이들의 관점은 많은 사람의 지지를 얻었고, 이들의 제안 역시 모두의 관심을 불러일으켰습니다. 도시가 빠르게 성장하고 거주공간의 수요가 급증했기 때문입니다. 특히 저소득층에서 말이죠.

결과적으로 당시에는 건축의 사회적 참여도가 상당히 높았다고 볼 수 있습니다. 건축이 이룬 성과도 굉장히 놀라웠고요. 하지만 이 성과는 안개를 뿜어내며 사람들의 시야를 가리는 결과로 이어졌습니다. 사람들이 물리적 공간을 활용하는 방식이나 도시의 존립 목적을 직시하지 못하는 혼란스러운 상황이 벌어졌죠. 그 이유는 건축이 주거문제에 획일적으로 집중하면서, 이 문제가 단순히 살 건물만 있으면 해결되는 것도 아니고 또 가구수만 늘어난다고 도시가 만들어지는 것도 아니라는 사실을 간과했기 때문입니다. 도시는 다양한 종류의 기능과 시설, 빈 공간과 열린 공간, 정원과 공원 등의 요소를 갖추어야 합니다. 거주는 이러한 다양한 활동 공간이 조화롭게 어우러질 때 가능해지죠. 이러한 요소들이 서로 균형을 이루고 의미를 획득하면서 흥미를 유발할 때 조화로운 거주가 가능해집니다. 거주와 도시의 문제를 다루면서 상당수의 합리주의 건축가들이 이러한 관점을 간과한 결과 도시는 활력을 잃었습니다. 이러한 관점을 수용했던 이들은 몇 명의 아주 뛰어난 건축가들(헨드릭 페트루스 베를라헤Hendrik Petrus Berlage, 알바 알토, 윌렘 마리누스 두독Willem Marinus Dudok)뿐이었습니다. 그들에겐 실험을 할 수 있는 기회가 있었기 때문이죠.

그 당시 '주거문제'가 가장 중요한 문제였다는 점은 역사적 사실로 인정할 필요가 있다고 봅니다. 하지만 그 문제에 너무 집중한 나머지 도시의 유기적인 복합성을 보지 못하게 되었죠. 마치 아무것도 아니라는 듯이, 또 다른 공간들은 이미 존재한다는 식으로, 혹은 자연스럽게 형성된다거나 차후에 만들면 된다는 식으로 생각하는 경향이 너무 강했습니다.

공동주택을 위한 주거 공간의 기준을 결정해야 한다는 의견이 변질되면서 건물을 일종의 그릇으로만 보는 관점이 탄생했습니다. 물론 이런 표현을 직접 사용했던 건 아니지만요. 이런 의견은 당시에만 박수를 받았을 뿐입니다. 실제로 주거공간의 문제를 연구하던 건축가들은, 당대의 거의 모든 건축가들이 그랬듯 이를 점진적으로 확대되는 집합의 차원에서 이해했습니다. 주택을 주거 공간이 담긴 일종의 그릇으로, 도시를 이러한 그릇들의 집합으로 이해했던 거죠. 그 이유 역시 정직하고 타당한 것이었습니다. 왜냐하면 그들이 최상의 방향, 자연광, 통풍 조건과 동선의 합리화를 약속했고, 나무를 가능한 한 많이 심어 아이들이 뛰어놀 수 있는 거리와 광장을 만들겠다고 제안했으니까요.

모든 것이 괜찮았고, 건축 사업은 오랫동안 그런 방향으로 지속되었습니다. 하지만 도시를 복합적인 유기물로 보는 관점은 사라지고 말았어요. 결과적으로 주거 공간과 도시의 건설을, 상품을 제조하는 산업과 유사하다고 보는 지경에 이르렀습니다. 실제로 주거 공간의 구성에 관한 연구가 시작되자마자 곧장 일원화, 규격화, 유형화에 대한 이야기가 나오기 시작했죠. 유형학은 더 이상 나중에 만들어지는 분석적인 성격의 카탈로그가 아니라, 보험과 다를 바 없는 선험적 이데올로기가 되어 있었습니다.

원래의 의도는 가능한 한 많은 수의 주택을 가장 빠른 시간 안에 가장 적은 돈을 들여 만들고 이를 질서정연하게 배치해서 도시 안의 갈등을 없애는 것이었습니다. 어떻게 보면 그것은 '새로운 인간'을 위해 진정한 '현재'의 도시를 만들려는 의도였습니다. 과거에 지배 계층의 편협한 사고와 이기주의의 징표로 여겨지던 역사 도시들을 완전히 대체하려고 했으니까요.

하지만 이처럼 알쏭달쏭하고 이해하기 힘든 가정에서 수많은 오류가 발생합니다. 첫 번째 오류는 과거의 도시가 지배 계층의 뜻에 따라 만들어졌지만, 동시에 피지배 계층의 노동과 창조적 활동을 기반으로 건설되었다는 점을 간과한 데 있습니다. 따라서 관건은 과거의 도시를 버리는 것이 아니라 어떻게 우리의 것으로 만드느냐는 문제입니다. 두 번째 오류는 도시가 단순히 열린 공간과 주택들 사이에 들어서는 기능적인 시설로만 구성되는 것이 아니라, 도시 자체를 편안하고 유의미하고 기억할 만한 곳으로 만드는 무한히 다양한 공간적 사건들로 구성된다는 점을 간과한 데 있습니다. 세 번째 오류는 주택 자체의 질을 높이면 도시의 질도 높아질 수 있지만, 그 질적 향상을 저비용으론 도모할 수 없다는 점을 간과한 데 있습니다. 돈이 적게 들수록 질은 떨어지기 마련이죠. 무엇보다도 합리적인 가격 이하일 때 질은 떨어질 수밖에 없으니까요. 가격을 낮추기 위해 공간을 극단적으로 쥐어짜서 '숨쉬기에 필요한 최소한'의 공간만 남겨둔 채 모든 감성적인 요소를 없앤다면, 주택의 질은 나빠질 수밖에 없습니다.

돈을 적게 들여 지은 집이 가격도 싸다는 사실을 인정하기에 앞서 오늘날 자원이 어떤 식으로 배분되는지 이야기해야 하지 않을까요? 못사는 사람들의 주택은 저비용으로 만들어야 한다고 결정하기에 앞서, 이미 잘사는 사람들을 더 배부르게 하기 위해 추진되는 아무런 의미 없는 사업들과 불필요한 시도들 때문에 어마어마한 자원이 낭비된다는 사실부터 지적해야 하지 않을까요?

이처럼 근본적으로 불공정한 거짓 정의를 실현하면서 주거 공간과 주택단지의 건축 사업을 이끌었던 정치계의 오류는 결국 강렬한 거부 반응을 일으켰습니다. 그래서 오늘날 중산층의 꿈은 변두리로 나가는 것입니다. 그곳엔 보잘것없는 정원이나마 딸려있는 단독 주택들이 들어서 있죠. 일렬로 늘어선 빌라나 '시멘트 막사'라고 불리는 공동주택에 누가 계속 살고 싶겠어요?

전임자들의 실수를 지적하는 건 쉬운 일이겠지만, 제가 강조하고 싶은 건 이들이 더 잘할 수 있었음에도 결코 사소하지 않은 실수들을 넉넉하고 진지하게 저질렀다는 점입니다. 제가 이런 실수들을 항상 고발해왔다는 점도 덧붙이고 싶군요. 저는 항상 수단이 목적 못지않게 중요하다고 주장했고, 고귀한 목적을 달성하기 위해 불가피하다는 식으로 좋지 않은 수단이 사용될 경우 그 수단은 재난을 가져올 뿐이라고 말했습니다. 1920년대에 적은 돈을 들여 지은 주택들은 1950~1960년대에 일어난 주택 투기의 모체가 되었습니다. 이때 건설된 주택들은 결국 돌이킬 수 없는 방식으로, 도시는 물론 주변지대, 풍경, 심지어는 전원의 질까지 떨어트렸습니다.

그리드의 시대

사실은 자본주의 이데올로기뿐만 아니라 공산주의 이데올로기도 이러한 유형의 도시를 만드는 데 똑같이 기여했습니다. 생산을 중요하게 생각하고 시간낭비를 최소화하려는 경향이나, 주거 공간을 노동 후의 휴식처로 보는 관점 등이 양측의 공통분모였습니다. 동일한 논리를 따랐던 셈이죠.

당시에는 건축을 논할 때 빈번히 '그리드'라는 개념을 사용했습니다. 본질적으로 그리드는 현실을 설명하거나 현실에 합리적인 질서를 부여하기 위해 사용하는 일종의 틀에 가깝습니다. 현대의 가장 유명한 그리드는 르 코르뷔지에가 대략 아테네 헌장 발표 시기에 고안해낸 '네 가지 기능'의 그리드입니다. 삶을 거주, 노동, 교통, 심신의 회복, 이 네 가지 기능으로 분류하거나 요약할 수 있다고 보는 관점이죠. 이것은 시작 단계에서는 문제점을 해결하는 데 도움을 줄 수 있지만, 뒤이어 삶의 과정에서 발생하는 다양한 형태의 질문에 항상 답변을 주는 것은 아닙니다. 무엇보다 그리드는 일종의 메타포입니다. 메타포 치고는 상당히 인색하고 제한적이죠. 메타포에는 항상 조심스럽게 접근할 필요가 있습니다. 왜냐하면 무언가를 이해하는 데 도움을 주긴 하지만 그리 오래가지 못하니까요. 매력적이라는 이유로 어떤 메타포에 너무 오랫동안 의존하다 보면 그것이 암시하는 것을 제대로 파악하지 못하게 됩니다. 메타포는 어쨌든 일종의 단순화이므로, 거기서 필연적으로 파생되는 진부한 의미만 이해하게 되죠.

수많은 건축가가 자신들을 매료시켰던 이 '네 가지 기능'이라는 그리드로 삶을 설명할 수 있다고 굳게 믿었습니다. 하지만 사실 이 아이디어가 그렇게까지 매력적이었다고 보기는 힘들어요. 오히려 아주 모호했으니까요. 요컨대 '심신의 회복' 기능이란 도대체 뭘 가리키는 걸까요? 제가 보기에는 르 코르뷔지에가 빛나는 도시Ville Radieuse의 몇몇 드로잉에서 제안했던 것처럼, 운동복을 입고 필로티 밑에서 체조를 하거나 옥상 정원에서 조깅을 하는 것 외에는 별다른 의미가 없는 것 같아요.

물론 르 코르뷔지에는 건축물을 실현하면서 자신이 만든 도식들을 전부 뛰어넘을 줄 아는 탁월한 건축가였습니다. 하지만 정말 별 볼 일 없는 건축가들이 르 코르뷔지에의 모든 문장을 마치 금과옥조로 취급하며 터무니없는 계획안들을 쏟아냈습니다. 저는 이들 가운데 상당수와 신랄한 논쟁을 벌였습니다. 물론 그것은 유용했다고도 볼 수 있습니다. 무엇보다도 제가 성장하는 데 도움을 주었으니까요.

당시의 화두였던 만큼 저도 주거문제를 다룬 적이 있습니다. 제가 아나키즘 잡지 《의지》에 발표했던 초기의 기사 가운데 한 편의 주제가 바로 '거주'였습니다. 하지만 어느 시점엔가 저는 사람들이 이 문제를 도시라는 훨씬 더 광범위한 문제와 혼동한다는 사실을 깨달았습니다. 결국 그런 식으로 단순화하려는 태도를 제 입장에선 받아들이기가 힘들었죠.

같은 시기에 저는 마르세유를 자주 오갔습니다. 루카니아 호 작업 때문이었죠. 그래서 르 코르뷔지에의 공동주택을 보러 갈 기회가 많았어요. 주택 건설에 대한 그의 생각이 굉장히 자극적인 방식으로 완벽하게 표현된 건축물이었죠. 건물은 거의 완성 단계였고, 그의 건축학적 해결책들은 경이로웠습니다. 하지만 이 해결책들이 제공하는 삶의 양식은 사뭇 의심스러웠어요. 상당히 제한적이라는 느낌을 받았거든요. 시간이 흐른 뒤에도 저는 이 건축물의 의미에 대해 곰곰이 생각해봤습니다. 완공된 후에도 건물을 다시 관찰하러 갔고, 그곳에 살던 한 친구의 집에서 잠도 자 봤습니다. 이 친구의 집은 원래의 구조를 그대로 유지하고 있었습니다. 원래 상태를 유지하는 집은 많지 않았어요. 대부분은 개조를 심하게 해서 굉장히 부르주아적이고 호화로운 주택으로 변해 있었죠. 저는 중이층에 있는 작은 호텔에서도 잠을 자 봤습니다. 건물의 설계 자체가 지극히 세심한 부분까지 아주 엄격하고 검소하게 디자인되었다는 느낌이 솔직히 안쓰러웠습니다. 방은 굉장히 불편했어요. 화장실의 물 내리는 소리가 너무 시끄러워서 호텔 투숙객들을 전부 깨울 정도였죠. 방은 불편한 걸 떠나서 약간은 비인간적이었습니다. 청교도적인 분위기가 감돌았는데, 참기가 힘들었어요. 어쩌면 제 자신이 청교도적이고 또 참을성도 없었기 때문일 수는 있지만, 어쨌든 달갑지 않았습니다.

실존하는 인간이 아니라 '새로운 인간'을 위해 만들어진 건물이었군요.

맞아요. 르 코르뷔지에가 인간은 그래야 한다고 생각했던 '새로운 인간'을 위해 만든 집이었죠. 아시다시피 그런 건 불가능합니다. 인간이 어떤 식으로 존재해야 한다는 말은 할 수 없는 거죠. 인간은 인간으로 존재할 뿐입니다. 매번 권력을 지닌 누군가가 인간을 바꾸겠다고 다짐할 때마다 끔찍한 재앙을 가져왔죠. 이 사실을 기억할 필요가 있습니다. 유전자 조작의 시대가 다가오고 있는 만큼 알고 있어야 합니다.

주거문제 이후의 대주제, 대학

저는 선생님께서 대학이 도시 발전의 동력이라는 관점에서 주거의 기본 유형보다 훨씬 복잡한 대학의 도시적 맥락에 관한 문제를 다루셨기 때문에 주거문제만 고집하는 관점의 한계를 극복하셨다고 봅니다. 더블린과 우르비노를 비롯한 여러 도시의 대학 건물 계획에서 대학이 지역사회의 발전에 기여한다는 것이 밝혀졌으니까요. 선생님께서 이론적인 고찰과 함께 현실화한 구체적인 계획들은 또 다른 유형의 집합 체계를 예시했습니다. 즉 대학을 도시의 메타포로 제시한 셈이죠. 어떻게 이런 결론에 도달하셨나요?

말씀드렸다시피 저는 대학과 관련된 일을 굉장히 많이 했습니다. 대학을 주제로 일찍이 1960년대 초반부터 일을 시작했고 지금도 계속하고 있어요. 어느 때부턴가 엄청난 성장세를 보인 대학이 현대 사회에 끼치는 다양하고 놀라운 영향력을 감안할 때, 대학 자체를 새로운 도시의 기초적인 구성 요소들, 예를 들어 주택이나 최근 몇 년간 널리 확산된 주요 공공 시설 같은 요소들 가운데 하나로 간주할 수 있다는 생각이 들었습니다.

앞서 말씀드렸던 것처럼 제가 한 모든 실험과 프로젝트 가운데 가장 규모가 크고 깊이 파고들었던 것은 파비아 대학이었습니다. 안타깝게도 제가 원했던 결과를 얻지 못했는데, 그건 계획 자체가 어느 시점부터 현실의 흐름에서 벗어났기 때문이기도 합니다. 학생운동을 계기로 만천하에 드러난 수많은 문제점이 마치 순식간에 해결된 것처럼 보였고 그런 식으로 공동의 관심사에서 벗어났기 때문이죠. 68년 학생운동의 자극은 사라지고 대학에 관여하는 모든 사람들이 관료주의적 논쟁에 휘말렸습니다. 결국 대학의 문제는 예전과 다를 바 없는 상태로 되돌아갔습니다. 젊은 학생들의 항거는 애초에 부르짖던 혁신으로 이어지는 대신 합리적인 방안을 모색하자는 쪽으로 기울어졌습니다. 결국 모든 걸 바꿀 필요는 없고 그냥 좀 더 잘 돌아가기만 하면 된다는 식으로, 그것이 최선이라는 결론을 내렸죠.

사람들의 주목을 끌었던 더블린 대학의 건축 계획은 제가 대학을 주제로 시도한 첫 번째 작업이었습니다. 국제 건축 공모전에 출품한 뒤 결선에서 탈락했으나 아이디어가 신선해서였는지 건축계는 물론 여러 대학에서도 관심을 가지면서 나름 유명해진 프로젝트였죠. 이때 제가 주장했던 것은 대학이 더 이상 도시와 지역사회 안에서 고립된 객체로 남을 수 없으며, 도시라는 조직체 안에서 일종의 시설이라는 명목 하에 무분별하게 뒤섞일 수도 없다는 것이었습니다. 대학은 비

대해져 있었고 이미 사회에서 핵심적인 역할을 하고 있었습니다. 결국 지역과 도시가 유기적으로 체계화되는 과정에서 중추 역할을 하는 요소로 여길 필요가 있었던 거죠.

저는 더블린 프로젝트에서 대학 캠퍼스라는 개념은 물론 도시 조직 이곳저곳에 퍼져 있는 대학도시라는 개념도 거부했습니다. 대신 세분화된 다극 구조를 제안했습니다. 이는 서로 다른 활동을 결합하여 물리적 공간 전체에 관여함으로써 구조 자체의 가능성뿐만 아니라 다양한 활동영역을 강화하고, 소외된 사회계층의 문화적, 조직적 격차를 메울 수 있었기 때문이죠.

저는 여러 대학의 프로젝트를 진행하면서 동일한 원리를 다양한 상황과 변화에 맞춰 적용했습니다. 예를 들어 시에나, 우르비노, 카타니아에서는 역사적 유산의 복구와 낡은 도시의 구조 개편이라는 목표를 포함시켰고, 건축언어의 측면에서 특징이 매우 강한 옛 건축과 현대건축의 공존을 꾀하는 실험을 지속하는 것 또한 목표로 설정했습니다.

대학의 문제에 관심을 가지시게 된 계기는 무엇이었나요? 먼저 교수의 입장에서, 그리고 설계자의 입장에서 말씀해주시죠.

계기가 무엇이었는지 정확한 기억은 남아 있지 않습니다. 우르비노 대학의 건축 공모전이었을 수도 있고, 아니면 카를로 보와의 만남이었을 수도 있겠죠. 보와의 협력관계는 뒤이어 50년간이나 지속되었으니까요.

하지만 제가 계기를 일종의 기적으로만 간주하지 않는

다는 점은 말씀드리고 싶습니다. 기회란 오는 것이 아니라 찾아다니는 것이 더 일반적입니다. 게다가 아주 열성적으로 모색해야 하죠. 간절히 바라다 보면 어느 시점에 찾아오는 것이 기회입니다. 기회는 대부분의 경우 자신의 의지와 희망이 어우러진 적극적인 참여의 결과입니다.

하지만 의지와 희망도 탐구의 대상입니다. 그러니까 계획의 대상인 셈이죠.

억지로는 안 되는 축복받은 심상들이죠. 하지만 키울 수는 있습니다.

네, 저도 그렇게 생각합니다. 어쩌면 무의식적이고 전혀 모르는 상태에서 준비하거나 키울 수 있는 것이 의지와 희망이죠. 그러다가 예기치 못한 사건들이 느닷없이 일어나면서 기대했던 바를 촉발합니다. 저도 살면서 언뜻 우연처럼 보이는 일련의 사건들이 마치 계획된 것처럼 일어나는 걸 많이 경험했습니다.

베네치아 건축대학에서 학생들을 가르치게 된 행운에 대해 말씀드렸을 텐데요. 사실 예전에는 건축을 가르칠 생각을 한 번도 해본 적이 없었습니다. 게다가 당시에는 젊은 강사의 입장에서 대학에 자리를 얻는다는 것이 여간 어려운 일이 아니었어요. 대학교수들이 철저하게 관리하는 학파에 소속되어 있지 않으면 쉽지 않았죠. 알비니, 가르델라, 로저스가 모두 저보다 나이도 많았고 더 유명했지만 교수 자리를 얻는 데 성공하지 못했어요. 그러니 제가 어떻게 감히 성공을 꿈꿨겠습니까. 하지만 그런 일이 실제로 일어난 겁니다. 주세페 사모나와 브루노 제비의 의기투합이 결국에는 우리들 가운데 상당수를 이 교육 사업에 끌어들였어요. 정말 예기치 못했던 일이기 때문에 지금도 그 이야기를 하면 가슴이 벅차오릅니다. 그러니까, 당대의 가장 뛰어난 이탈리아 건축가들 대부분이 베네치아에 모여 건축학교를 만드는 일이 벌어진 거죠. 저도 부름을 받았고, 상당히 젊은 건축가들도 기회를 얻었어요.

저는 '기념건축물의 실측rilievo dei monumenti'이라는 제목의 과목을 맡아 시작했는데, 사실 제가 가르친 것은 설계였습니다. 하지만 '실측'을 무시하지는 않았어요. 설계자가 배워야 할 본질적인 요소라는 걸 깨달았기 때문이죠. 이어서 저는 사모나가 원하는 대로 이 과목에서 저 과목으로 옮겨 다녔습니다. 하지만 제가 가르치는 건 항상 건축 설계였어요. 과목 이름만 매번 달랐을 뿐 항상 똑같은 내용을 가르쳤죠. 심지어는 '도형기하학geometria descrittiva' 과목을 담당했을 때에도 이를 흥미롭게 받아들였지만, 결국에는 계속해서 건축 설계를 가르쳤습니다. 반면에 도형기하학을 배우고 공부할 수 있는 행운과 기쁨도 함께 누렸죠.

제가 건축학교에 입학한 1969년에도 상황은 비슷했습니다. 기억이 나네요. 신입생으로서 교육 프로그램과 실제 내용이 일치하지 않는다는 것이 굉장히 놀라웠어요. 저는 도형기하학 강의를 들으러 갔는데 담당 교수가 다루는 건 건축과 도시계획뿐이었으니까요. 그래서 시험을 치르기 위해 공부해야 할 텍스트가 무엇인지 좀 더 경험이 있는 학생이나 과사무실을 찾아가서 물어봤습니다. 그랬더니 담당 교수와 얘기해보라고 그러더군요. 협상을 하라고요. 처음에는 정말 어리둥절해서 어떻게 해야 할 줄을 몰랐어요. 그러다가 천천히 이런 체계

자체가 학생들에게 상당히 흥미로운 학습 과정을 스스로 창출해낼 수 있는 기회를 제공한다는 걸 깨달았죠. 선생님께서는 건축 활동도 하시면서 학생들을 가르치신 걸로 아는데요.

네, 밀라노에 스튜디오를 가지고 있었고 첫 프로젝트를 시작하고 있었습니다. 베네치아에 자주 가는 편이었는데, 베네치아에 가는 게 굉장히 재미있었고, 그건 학교가 지속적인 창작과 대조의 장이었기 때문입니다. 학생 수가 적었기 때문에 제도 책상에서 학생들과 함께 직접 작업할 수 있었어요. 베네치아에서 교수들은 가르치는 것 외에 할 일이 없었습니다. 그래서 자유 시간에 우리끼리 계속 이야기를 나눴어요. 최근에 알게 된 베네치아의 놀라운 점에 대해 이야기하거나, 예년에 이탈리아에서 거의 금지되다시피 했다가 이제야 발전의 기회를 얻은 근대건축에 대해 이야기를 나누었죠.

모든 교수들이 가르치면서 배우기도 했습니다. 학생들의 입장에서는 교수와 학생들 자신이 선생이었죠. 이런 식의 교육은 오늘날처럼 멀찌감치 앉아 듣는 강의와 집에서 해오는 과제만으로 모든 걸 해결하려는 대학에서는 결코 실현할 수 없을 겁니다.

역사학이나 수학처럼 '전면 수업lezioni frontali'이 필요한 과목의 경우는 강의와 과제만으로도 운영이 가능하겠지만, 건축학과는 사실상 불가능하죠.

강의실에서 건축을 가르치는 것은 한계가 있을 수밖에 없습니다. 아마도 건축의 역사나 몇몇 기술적인 분야는 제도 책상

없이 강의만으로도 가능하겠죠. 제가 열정적으로 참여하며 경험했던 건축학교의 시대가 막을 내린 뒤에는 베네치아 역시 강의실을 선호하는 분위기로 되돌아갔습니다. 모든 힘을 잃고 이탈리아 다른 도시들의 건축학교와 다를 바 없이 무미건조하게 변해버렸죠. 교수들도 대부분 밀라노나 로마로 돌아갔습니다. 브루노 제비의 말대로, 대대적인 디아스포라의 시대가 시작되었죠. 저는 1980년대 초에 제노바로 이사했고 그곳에서 학생들과 직접 접촉할 수 있는 교육환경을 만드는 데 성공했습니다. 물론 특권적이지만 효과적이었고 제 입장에서는 아주 흥미로운 환경이었어요.

68년 학생운동 시기에 선생님께서는 대학의 현주소라는 주제로 글을 쓰신 적이 있습니다. 『뒤집힌 피라미드La piramide rovesciata』라는 제목의 책인데 학생운동에 관한 필독서가 되었죠. 개인적으로 이 책에서 사용하신 비유 하나가 굉장히 마음에 들었습니다. 선생님께서는 대학의 구조를 일종의 피라미드로 보는 관점이 쓸모가 없다고 주장하셨어요. 그러니까 밑바닥에 학생들이 있고, 그 위로 관리인, 교수, 그리고 정상에 학장이 있다는 식으로 생각할 필요가 전혀 없다는 것이죠. 선생님의 비유에 따르면 정상의 주인은 피라미드의 꼭대기에 구름을 타고 도달합니다. 그러니까 그곳에는 밑에서 올라간 누군가가 있는 것이 아니라 정치인, 교수, 신부와 동일한 족속의 누군가가 있는 거죠. 우리는 대학의 위계 구조를 상징하는 피라미드에 정상이 있다고 생각하지만 그런 건 존재하지 않습니다. 반대로 점점 팽창하는 성운이 있을 뿐이죠. 이 성운은 이어서 또 다른 부류의 권력층과 대화를 나누는 무언가로 변합니다. 결과적으로 피라미드 하부와는 대화나 교환 같은 것이 이루어질 수 없는 거죠. 어떻게 이 책을 쓰실 생각을 하게 되셨나요?

『뒤집힌 피라미드』의 제 1부에 실린 내용은 제가 1968년 가을 토리노에서 운동권 학생들과 나누었던 대화입니다. 뒤이어 밀라노 피콜로Piccolo 극장의 '월요 문학I lunedì letterari' 기획팀에서 저더러 이 대화를 밀라노와 로마, 바리, 피렌체에서 재개해보지 않겠냐고 의뢰해 왔죠. 그래서 이 일을 맡았는데, 사람들은 상당히 다양한 반응을 보였습니다. 로마에서는 사람들이 저한테 거의 욕을 퍼붓다시피 했어요. 버르장머리 없는 학생들의 참을 수 없는 도발 행위를 제가 옹호한다고 생각한 거죠. 밀라노에서는 '월요 문학'의 회원들이 제 얘기가 끝난 뒤에 보란 듯이 회원증을 찢어버렸습니다. 그래서 바리에서는 토론 주제를 아예 바꿔버렸어요. 그때까지 한 대화가 관심을 전혀 끌지 못한다는 것이 너무나 분명했기 때문이죠.

얼마 후에 출판가 데 도나토De Donato가 제게 대담 내용을 출판해보지 않겠냐고 제안해 왔습니다. 그때 학생운동에 관한 글도 함께 실어주었죠. 저는 한 장을 할애해 당시의 건축학교에서 벌어지던 구체적인 일들을 언급하며 글을 썼습니다. 사실은 건축학교에도 관료주의가 깊이 침투해 있었습니다. 학생들은 밑도 끝도 없는 이야기로 몇 시간씩 탁상공론을 벌였고 젊은 교수들도 빠른 출세를 꿈꾸며 혼란스러운 상황을 바라만 보고 있었어요.

선생님께서 대학을 주제로 고민하신 것은 이론에만 머물지 않았습니다. 일찍이 1964년에 더블린 대학을 설계하셨고, 1962년부터 1966년까지는 우르비노에서 대학 기숙사를 계획하셨죠.

솔직히 이론적으로 고민한 부분은 상당히 적습니다. 정확히 말하자면 제가 계획을 바탕으로 쌓았던 경험에서 몇 가지 이론적인 단상 또는 모델 같은 것을 추출해내려고 노력했을 뿐이죠.

제가 더블린 대학 건축공모전에 참여할 때 이미 우르비노 콜레의 기숙사 계획을 시작한 상태였죠. 그러니 거의 동시에 진행한 두 계획 사이에 몇 가지 유사한 아이디어가 적용된 건 어쩔 수 없는 일입니다. 실제로 우르비노의 기숙사를 계획할 때 제가 세웠던 목표는, 더블린에서 제시했던 것과 마찬가지로, 학생들이 그때까지 이른바 '학생의 집'이라고 불리던 곳과는 전혀 다른 생활환경과 공간을 현실화하는 것이었습니다. '학생의 집'은 막사 같은 공간이나 방만 빌려주는 교외의 하숙집 같은 곳이었죠. 카를로 보와 저는, 학생들이 조금 다른 방식으로 학업에 임하기를 원한다면, 학생을 바라보는 관점부터 바뀌어야 한다고 생각했습니다. 더 이상 학생을 어디에든 널려있는 군중으로 취급해서는 안 되고, 각자의 개성을 발전시키는 과정에 있는 존재로 여길 필요가 있었어요.

우르비노 콜레의 기숙사에서 치밀하게 계산한 것은 사생활과 공동생활의 조합이었습니다. 프라이버시를 최대한 존중하는 동시에, 소통이 매력적으로 이루어질 수 있게 공간을 세분화해서 배치했죠. 학생들의 방은 모든 측면에서 독립적이었지만, 이동을 위한 공간과 거실, 공용 공간의 구도는 만남을 최적화하려는 목표로 만들어졌습니다.

홍위병, 히피, 68년 학생운동

이탈리아와 미국에서 목격하신 학생운동의 전개과정에 대해서도 몇 말씀 해주시죠.

제가 보기에는 미국의 히피와 중국의 홍위병 사이에 놀라운 유사성이 있습니다. 같은 시기에 저항 운동을 일으켰다는 점보다는 그 방식이 비슷했죠. 이들은 상식을 무너트리고, 위계질서와 기존의 정치사회적 구조를 거부했습니다. 홍위병들은 어느 시점에선가 잔인성을 무시무시한 방식으로 드러내는 국면에 도달했지만 초기의 운동만큼은 자유롭고 고귀했다고 봅니다. 미국의 히피들은 모든 유형의 신념에 근본적인 문제를 제기하고 신념 자체를 위기에 빠트리며 자본주의 모든 혐오스러운 폐기물을 세상에서 깨끗하게 씻어낼 수 있다는 희망을 보여주었습니다. 하지만 이들 또한 나중에는 마약을 권장하고 동방의 뒤섞인 종교 문화를 표면적으로 모방하며 황당한 부적을 배포하는 등 혁신적인 운동에 제동을 걸고 혁명의 잠재력을 파괴하고 말았죠.

유럽의 학생운동은 조금 달랐습니다. 극단적인 단계에는 도달하지 않았으니까요. 가장 창의적인 모습을 보여준 곳은 프랑스였습니다. 이탈리아를 비롯한 서유럽 대부분의 나라로 전파된 학생운동의 모델이 바로 프랑스에서 탄생했죠. 이 운동으로 인해 낡은 이탈리아 사회의 수많은 터부가 무너졌고 물리적인 공간과 도시, 거리와 광장을 창조적으로 활용하는 방식들이 등장했습니다.

하지만 희열과 창조, 아이러니와 풍자의 시대는 그리 오래가지 못했습니다. 머지않아 관료주의가 등장했기 때문이죠. 이 관료주의가 정치와 문화, 예술과 건축 교육을 망가트렸습니다.

토론장에서 학생대표들은 몇 시간씩 웅변을 해댔지만 어느 누구도 이들이 내뱉는 어리석은 말들을 논박하거나 멈추게 하려고 하지 않았어요. 교수들도 줄곧 아무 말도 하지 않고 듣기만 했습니다. 아마도 시간이 흐르면 모든 것이 자신들에게 유리한 쪽으로 흘러가리라는 것을 알았겠죠. 그러니 무작정 기다리며 입만 꾹 다물었던 겁니다. 이탈리아의 다른 모든 정치적, 문화적 발전과정에서 어김없이 일어났던 복고 현상이 반복되기를 기다리면서요.

당시에 일어난 폭발적인 혁명의 물결은 모든 교육제도를 혼란에 빠트렸습니다. 물론 대학이 가장 먼저 타격을 입었고요. 하지만 미국의 교육제도는 이탈리아의 교육제도와는 비교가 되지 않을 정도로 뛰어난 융통성과 적응력을 지녔습니다. 1968년, 제가 MIT에서 강의를 맡아 미국에 가 있을 때, 학장이 학생들의 항변에 답하면서 모든 강의를 중단하고, 15일 동안 학교 문제를 주제로 교수들과 학생들의 의견을 듣기 위해 토론회를 열겠다는 결정을 내렸습니다. 많은 청중이 모인 가운데 토론회가 진행되었고 저도 참가했습니다. 그곳에서는 열띤 토론만 벌어진 것이 아니라 중요한 안건들이 결정되었죠. 그중 하나는 대학이 군부대에서 지원하는 모든 종류의 연구 활동을 거부해야 한다는 것이었습니다.

미국에서는 기술과학 분야의 연구 활동을 가장 확실하

게 지원하는 단체 가운데 하나가 군 관련 기관이었어요. 이 안건이 수용될 경우 항공기 수직 이륙 기술처럼 직접적으로 전쟁을 목적으로 하지 않더라도 이 기관에서 연구자금을 지원받는 프로젝트라면 모두 중단되어야 했습니다. 미국의 대학은 대부분 사립으로 운영되기 때문에 국가의 지원을 받지 않는다면 재정 구조에 위기를 맞습니다. 그럼에도 불구하고 이 안건은, 체제에 구속되지 않고 자율성을 최대한 보장받기 위해 투쟁하던 세르주 체르마예프Serge Chermayeff나 노엄 촘스키Noam Chonsky 같은 유명한 교수들과 학생들의 압력을 이기지 못하고 결국 수용되었습니다.

저는 미국에 있는 동안 여행을 많이 했습니다. 당시에 저는 약간 희귀한 존재였습니다. 어떤 의미에서는 이국적인 인물이었죠. 그래서인지 도처에서 절 초대했는데, 대부분 학생들이었어요. 미국 대학에서는 학생들이 모든 걸 책임진다는 전제하에 부수적인 문화 활동을 자율적으로 개최할 수 있습니다. 대학 운영에 학생이 직접 참여한다는 사실은 아주 놀라운 특징입니다. 도서관 아르바이트 같은 모든 유형의 봉사 활동을 학생들이 직접 관리하고, 일한 만큼 보수도 받습니다. 그래서 스포츠 시설이나 도서관은 밤낮을 가리지 않고 완벽하게 돌아가죠.

이탈리아라면 관리직의 일자리를 지켜야 한다며 노동조합에서 가만히 있지 않을 텐데요.

노동조합뿐만이 아니죠. 대학의 체계 전체가 가만히 있지 않을 겁니다. 대학을 설계할 때 부딪히게 되는 가장 까다로운 장애물 가운데 하나는, 모든 대학 건물이 저녁 8시면 문을 닫아야 한다는 것입니다. 이는 곧 모두의 것이어야 할 대학이 사회 활동이나 도시의 리듬과는 분리된 실체로 간주된다는 것을 의미합니다. MIT 대학에는 캠퍼스를 가로지르는 상당히 긴 중앙 도로가 있습니다. 이 도로는 도시의 다른 두 지역을 연결하고 있죠. 밤에도 누구든 그 도로를 이용할 수 있고 결과적으로 대학 캠퍼스를 돌아다닐 수 있습니다. 대학은 일을 하는 사람, 산책을 하거나 강의를 들으러 온 사람, 영화를 보러 온 사람들로 항상 붐빕니다. 안전 요원이 순찰을 하며 돌아다닐 뿐 모든 것이 개방되어 있고, 어떤 학생이 도서관에 간다거나 자기 방으로 돌아가고 싶으면 낮이든 밤이든 시간대에 구애받지 않고 아무 때나 갈 수 있습니다. 지극히 당연한 일이죠.

대학을 계획하다

미국의 대학에서 경험한 부분들을 건축 프로젝트에 적용하셨는데, 이에 대해서는 어떻게 생각하시나요? 대학에 관한 선생님의 생각을 지탱하는 핵심적인 관점에는 어떤 것들이 있나요?

무엇보다도 대학을 자율적이고 고립된 몸으로 간주하지 않는 관점일 겁니다. 물론 미국의 대학이 전적으로 고립과 거리가 멀다는 말은 아닙니다. 하지만 고립을 거부하는 성향이 있고 그럴 수 있는 힘도 가지고 있습니다. 저는 대학이 사회와 도시의 일원으로서 적극적으로 활동해야 한다는 것과, 그만큼 사회와 도시에 대한 권리와 의무를 지녔다는 것을 직접적인 경험을 통해 확신하게 되었습니다. 대개 권리는 취하고 의무는 다하지 않기 때문에 균형을 맞춰야 합니다. 도시와 지역사회에 구체적인 방식으로 환원할 줄 알아야 하죠. 예를 들면 공간을 제공하는 겁니다. 도시가 회합이나 강연, 공연을 위해 공간을 필요로 하는데, 대학이 커다란 반원형 극장을 가지고 있으면서도 저녁 시간과 주말에 문을 닫아버리거나 대강당처럼 일 년에 세 번만 사용한다면 아무 의미가 없습니다. 똑같은 이야기를 도서관에도 적용할 수 있고, 도시 전체가 계속해서 활용할 수 있는 모든 시설에 적용할 수 있습니다.

대학이 도시와 지역사회를 활용하듯이 도시와 지역사회도 대학을 활용할 수 있어야 합니다. 대학에서 사적 공간으로 남아있어야 하는 부분은 분명히 존재합니다. 하지만 보기보다는 훨씬 적죠. 그 외의 곳은 공공 또는 준공공의 공간으로 활용될 수 있습니다. 그렇다면 엄청난 시너지 효과를 발휘할 수 있고 교육과 연구 활동도 권력층이 제시하는 조건으로부터 자유로울 수 있습니다.

'대학'이라는 이름의 진정한 의미에 부합하는 교육 현장이라면 모든 시민이 자신이 원하는 강의를 마음대로 들을 수 있게 열려 있어야 합니다. 누군가는 대학이 지금 그렇게 하고 있고 시민들의 출입을 막는 사람은 아무도 없다고 하겠지만, 저는 오히려 대학의 건축물이 그걸 가로막는다고 말하고 싶습니다. 심지어는 아주 초라해보이는 건물조차도 '문턱'에서부터 자유로운 출입을 방해하며 접근을 어렵게 만들죠. 문턱이 존재한다는 것 자체가 문제입니다. 그곳에 대학기관의 그럴듯한 레토릭과 거만함이 집중되죠. 정말 농부나 공장 노동자가 가벼운 마음으로 그 문턱을 넘어설 수 있으리라고 생각하시나요? 우리는 이른바 '150시간' 동안 그것이 결코 쉽지 않았다는 것을 목격했습니다. 그러니까 노조 대표들의 노력으로 노동자들이 총 노동 시간 중 150시간을 임의로 활용하여 대학에서 공부할 수 있도록 조치가 이루어졌을 때에도 상황은 마찬가지였습니다. 위협적인 문턱이 그들을 대학으로부터 멀리 떨어트려놓고 있었습니다. 그때 사람들은 노동자들은 애초에 공부할 생각이 없다고 했습니다. 하지만 근본적인 문제는 문턱이었습니다. 무엇보다도 건축적인 차원의 문턱이었죠.

신발을 신는 농부 이야기로 돌아가 보죠. 신발을 신지 않으면 그곳에도 못 들어가니까요.

의사소통을 위한 공간을 계획할 때에는 모든 것이 유동적이어야 합니다. 어떤 공간에 들어갈 때에는, 왠지 들어가면 안 될 것 같은 느낌 없이 들어갈 수 있어야 합니다.

흥미로운 일화 한 가지를 들려드리죠. 제가 미국을 오가기 시작했을 무렵의 일입니다. 저는 제 친구이자 건축가인 휴 하디Hugh Hardy를 통해 뉴욕이라는 도시를 알게 되었습니다. 뉴욕을 깊이 이해하고 사랑했던 친구죠. 어느 날 저녁 하디의 권유로 맨해튼의 지하공간을 산책한 적이 있습니다. 우리는 여러 레스토랑에 서비스를 제공하는 대형 호텔의 주방으로 끼어 들어갔습니다. 한 호텔의 주방들을 거쳐 다른 호텔의 주방으로, 이어서 또 다른 호텔로 이동하며 긴 복도와 포도주 저장고, 창고, 어두웠다가 갑자기 밝아지는 터널 등을 통과했죠. 수 킬로미터를 걸었습니다. 우리와 마주치던 수많은 사람들은 놀랍게도 우리를 불청객으로 취급하지 않았어요. 사실 우리에게는 거의 신경을 쓰지 않았습니다. 왜냐하면 수많은 사람이 한 장소에서 다른 장소로 이동하며 이 문에서 저 문으로, 이 주방에서 저 주방으로 들락거렸으니까요.

눈으로 목격하고 냄새를 맡거나 손으로 건드리던 무수한 사물 때문에 저는 정신이 없었습니다. 그때 제 머릿속을 지배하는 생각은 한 가지였어요. "내가 어떻게 이 비밀스러운 장소로 아무렇지도 않게 들어올 수 있었던 거지?" 휴 하디가 저를 그곳으로 데려가지 않았다면 저 혼자서는 결코 발을 들여놓지 못했을 겁니다. 하지만 문턱을 일단 넘어서서 안쪽에 발을 디딘 뒤에는 더 이상 장애물을 발견할 수 없었어요. 어디든 갈 수 있었죠. 건축적인 장애물이 없었던 겁니다.

관건은 보이지 않는 장벽입니다. 제동을 걸고 머뭇거리게 한 뒤에는 결국 포기하도록 만드는 장애물이죠.

물론 들어가지 않는 편이 더 나은 상황들이 있습니다. 장벽이 필요한 곳도 있을 테고요. 하지만 따지고 보면 이러한 상황들은 그리 많지 않습니다. 접근을 용이하게 만드는 일은 장애인만을 위한 유난스런 해결 방식을 취하는 것이 아니라 모두를 위해, 모든 정황에 적용되어야 합니다. 어떻게 보면 공간을 활용하는 영역에서만큼은 사실 우리 모두가 장애인입니다. 따라서 접근하기 쉽게 만들 필요가 있고, 물리적인 장벽보다 훨씬 더 억압적인 문화적 장벽을 허물어야 합니다.

종교 건축물, 특히 가톨릭 건축을 예로 들면, 성당은 언뜻 닫힌 공간이라고 생각하기 쉽습니다. 하지만 성당에 들어가는 건 어려운 일이 아니죠. 어쨌든 아무나 쉽게 들어갈 수 있는 곳이니까요. 성당의 문은 높은 장벽처럼 느껴지지만 일단 들어서면 그 안에서 자유롭게 움직일 수 있습니다. 구경도 하고 위아래로 오르내리며 마음대로 할 수 있어요. 뒤이어 다른 성당을 방문해도 문 앞에 서게 되면 들어가고 싶은 생각이 절로 듭니다. 감지하기 힘든 무언가가 접근을 용이하게 만들기 때문이에요. 가톨릭 종교 건축은 '문턱'이라는 건축적 수단을 아주 지혜롭게 활용했습니다. 여기서 공간의 질은 그것을 경험하는 사람들을 환대하는 방식에 달려있다는 것이 여실히 드러납니다.

건축이 역사를 통해 전승하는, 작지만 커다란 비밀들이라고 할 수 있겠죠. 도시 구조가 반복적으로 활용될 때 친숙한 느낌을 주는 경우처럼, 전통이 유지되어야만 가능한 것들이 있습니다. 예를 들어 로마 시민은 제국의 어느 도시를 방문하더라도 공회장이나 유곽이 어디에 있는지, 전형적인 도시 구조를 바탕으로 어렵지 않게 찾을 수 있었죠.

하지만 반대로, 대학이라는 공간으로 들어가는 것이 쉬웠던 적은 없습니다. 대학은 폐쇄적인 기관입니다. 그래서 대학의 공간은 권위적이고 외부인의 접근을 거부하는 것처럼 느껴집니다. 바로 이러한 문화적 장벽을 허물어야 한다는 것이 제가 대학 계획을 시작할 때부터 고심했던 문제들 가운데 하나였어요.

우르비노의 기숙사는 거의 모든 방향에서 진입이 가능

합니다. 1967년, 콜레의 기숙사가 문을 열었을 때 개장 기념 행사에 주교와 공산당원이었던 시장이 와 있었습니다. 둘 다 기숙사가 굉장히 멋지다며 제게 축하의 말을 건넸죠. 하지만 높은 지대에 올라가서 기숙사를 한눈에 조망한 뒤에는 자기들끼리 수군거리더니 저한테 같이 다가와서 느닷없이 여학생들과 남학생들을 어떻게 분리해 놓을 거냐고 물었어요. 그래서 그건 불가능하다고 답변한 뒤 콜레의 기숙사는 남녀를 구분하지 않는 최초의 이탈리아 기숙사라고 설명했습니다. 그랬더니 걱정스러워하면서 이 문제를 어떻게 해결할 거냐고 묻더군요. 그래서 저는 남녀가 소통할 수 있는 공간이 도처에 널려있으니 남녀를 구분하라는 건 곳곳에 높은 담벼락을 세워 올리라는 것과 마찬가지 아니겠냐고 대답했습니다. 이들은 기겁을 하면서 계속 질문을 했습니다. 일부러 가까이 지내도록 만들어놓으면 무슨 일이 벌어질지 누가 알겠냐는 것이었죠. 저는 계속해서 지극히 평범한 일상에서 충분히 일어날 수 있는 일만 일어날 거라고 대답했습니다.

기숙사가 문을 연 뒤 몇 년간 시민들은 기숙사에서 섹스 파티 같은 해괴망측한 일이 벌어지지 않을까 걱정하며 속을 태웠을 겁니다. 하지만 비정상적인 사건이나 스캔들 같은 건 일어나지 않았어요.

또 다른 일화 하나를 들려드리죠. 이탈로 칼비노가 우르비노를 방문했을 때의 일입니다. 칼비노의 숙소가 콜레의 기숙사였어요. 제가 다음 날 아침 그에게 조금은 독특하기도 한 기숙사 환경을 어떻게 느꼈는지 물었습니다. 그는 모든 것이 굉장히 마음에 들었다면서 가장 마음에 들었던 점을 이렇게 설명했습니다. 이런 기숙사에서는 마음에 드는 여학생을 찾으러 아침 일찍부터 나갈 수도 있겠다는 것이었어요. 항상 다니던 길을 걷다가 어느 시점에선가 길이 두 갈래로 나뉘는 것을 보고 방향을 바꾸거나 경로에 변화를 주면서 오르막이나 내리막길을 걸어보기도 하고 한쪽으로 기울어진 길도 걸으면서 점점 더 많은 선택을 하게 되겠죠. 그러던 어느 날 마지막 갈림길에서 정말 마음에 드는 또 다른 여학생을 만나 첫 번째 여학생을 잊게 되는 겁니다. 인생이 바뀌는 거죠. 이 변화의 계기는 무엇일까요? 그건 건축입니다.

저는 칼비노의 묘사가 아주 마음에 들었습니다. 왜냐하면 제가 모색했던 것과 일맥상통하는 부분이 있었기 때문입니다. 사람들은 기숙사에서 길을 잃을 수도 있다고 말합니다. 그러면 저는 길을 잃는 것이야말로 한 장소를 이해하는 최선의 방식이라고 대답하죠. 기숙사에 사는 사람은 공간들을 기계적인 방식이 아니라 개인적으로 기억합니다. 사람들은 대개 기다란 복도가 있고 양쪽에 일렬로 방들을 채워 넣은 건물에 익숙해져 있습니다. 하지만 우르비노의 기숙사에서는 움직이려면 생각을 해야 해요. 공간적 이정표를 찾아야 하고, 길을 잃었다가 다시 찾는 일을 반복해야 합니다. 예를 들어 꽃이 핀 나무나 독특한 곡선을 지닌 계단 또는 몇몇 계단을 내려가야 하는 지점이 이정표가 될 수 있겠죠. 저는 사람을 게으르게 만들 수 있는 무의미한 공간을 제 건축에 집어넣지 않으려고 노력합니다. 저는 공간이 반응하기를 원한다면 공간을 향해 적극적일 필요가 있다고 생각합니다. 그러지 않으면 정어리 깡통에 들어가 있는 것과 다를 바 없어요. 별다른 가능성을 발견하지 못한 채 또 다른 정어리 옆에 꼭 붙어서 누워 있는 것 외에는 아무것도 할 수 없는 공간이 되는 겁니다.

그것이 바로 선생님께서 카를로 보와 함께 우르비노에서 시도하신 커다란 도전이었다고 생각합니다. 물리적인 공간에 변화를 주면 대학을 변화시키는 것도 가능하리라는 믿음으로 시도하신 검증 불가능한 도전이었죠.

물론입니다. 하지만 기억해야 할 것은 최근 30년간 대학이 당혹스러운 변화의 물결을 경험했다는 것입니다. 새로운 질서를 찾기까지 더 오랜 시간이 걸릴 수도 있습니다.

저는 최근에 '대중의 대학L'università di massa'이라는 주제로 카타니아에서 열린 토론회에 참석했습니다. 저는 다시 한 번, 이러한 명명법에 주의해야 한다고 주장했습니다. 이런 명명법을 저는 마음에 들어 한 적이 없어요. 대신에 저는 '다수grande numero'라는 표현을 사용하려고 했습니다. 대학의 규모는 필연적으로 늘어날 수밖에 없겠지만 대학이 대중의 것이 되는 일은 절대적으로 막아야 하기 때문입니다. 실제로 대중의 것이 된다면, 대학은 더 이상 문화를 다루지 않게 될 겁니다. 대중의 문화라고 부를 수 있는 것은 존재하지 않습니다. 대중은 문화를 지닐 수 없어요. 모두가 기꺼이 오늘날의 대학을 '대중의 대학'이라고 부르면서 좀 더 앞서가는 혁신적이고 민주주의적인 형태의 교육기관을 묘사한다고 생각합니다. 하지만 '대중'의 대학에는 '개인'이 존재할 수 없는데, 그런 대학이 어떻게 문화를 생성할 수 있겠습니까? 대학을 설계하는 사람의 가장 기본적인 목적은 개인의 개성을 보존하고 강화하는 데 있다고 믿습니다. 다시 말해 그가 설계하는 공간은 분명한 정체성을 가지고 있어야 하지만, 모든 개인이 이 공간과 자신의 성격, 성향, 개인적인 관심사의 관계를 조화롭게 발전시킬 수 있어야 합니다. 제가 대학 프로젝트에서 추구했던 것이 바로 이러한 원칙이었습니다.

우르비노의 법학부 건축계획에도 동일한 원칙을 적용했죠. 법학부의 모체는 오래된 수도원이었습니다. 원래는 아주 흥미로운 구조였는데 이 건물을 수년간 막사로 사용한 헌병대에 의해 변형되어 있었죠. 특히 벽마다 큐브 서체로 쓰인 문구가 흥미로웠습니다. '먼저 행동하고 그다음에 생각하라.' 수도원을 군부대의 막사로 바꾸어버린 권위적이고 막무가내인 태도를 그대로 보여주는 문구였죠. 이곳을 대학으로 탈바꿈하는 것이 제 목표였기 때문에 저는 정반대로 움직였습니다. 다시 말해 생각과 행동을 동시에 자극할 수 있는 공간을 계획했죠. 지속적인 비교와 상호 수정을 통해 생각과 행동이 함께 유지될 수 있는 공간을 모색했습니다. 건축이 대학의 교육과 연구 활동의 구조를 바꿀 수 있는 것은 아닙니다. 하지만 대학의 공간을 근본적으로 변화시킬 수 있죠. 별것 아닌 것처럼 보이지만 그렇지 않습니다. 왜냐하면 건축은 교육과 연구 활동에도 실직적인 영향을 끼칠 수 있는 요인들을 생산해내기 때문입니다.

법학 대학은 제가 계획을 하면서 구조적인 측면을 가장 많이 고민했던 건물입니다. 하지만 동시에 형태학적이고 조직적인 차원에서 서로 상충되는 점을 가장 많이 도입했던 건물이기도 하죠. 아무도 알아차리지 못하지만, 모순점들이 이 건물에 실재합니다. 그리고 막연한 기대지만, 저는 그 모순점들이 무의식적으로나마 사람들의 생각을 자극할 거라고 봅니다. 저는 지하실을 되살려 공간 조직의 심장으로 만들었습니다. 그리고 도서관의 천장과 벽을 뚫어 창문들을 만들었죠. 정원을 들어낸 뒤 그 하부에 도서관을 끼워 넣고 정원을 재정비했습니다. 중정도 들어내고 그 밑에 납본 보관소를 배치한 뒤 재정비했죠. 그런 식으로 일련의 가벼운 반칙을 통해 건축 공간에 미세하게 상충되는 일련의 요소들로 형성된 네트워크를 설치한 셈입니다. 생각을 하게 만들고 비판의식을 자극하기 위해 의도적으로 계산된 계획 방식이죠.

저는 건축의 가장 중요한 목적 가운데 하나가 어리석은 행복 대신 비판의식을 고취하는 데 있다고 믿습니다. 사람들은 의미 있는 공간 안에서 그것을 냉철한 시각으로 계속 경험할 수 있어야 합니다. 자신이 끊임없이 균형을 모색해야 하는 상황에 놓여 있다는 사실과, 최종적인 평형 상태는 존재하지 않는다는 사실을 깨달아야 하죠. 새로운 형태의 균형은 매번 불균형을 유발하고 이 불균형은 또 다른 형태의 균형을 추구하기 마련이죠.

우르비노에서는 아직도 일을 하고 계시지만, 이 외에도 1968년부터 1970년까지 리미니의 구시가를 위해 일하셨고 테르니의 마테오티 마을을 위해서도 일을 하셨습니다. 바로 이 시기에 참여 건축에 관심을 기울이기 시작하셨는데요.

68년 학생운동 전후는 작업의 측면에서 제게 아주 풍요로운 시기였습니다. 굉장히 열성적으로 작업하고 연구하며 즐거운 마음으로 강렬한 에너지를 쏟아붓던, 열정과 희망의 시기였죠. 1950년대와 1960년대 초의 암울했던 시기가 지난 후 68년에 일어난 학생운동은 세계적으로 일어날 대변혁의 여명처럼 보였습니다. 저는 우리가 구조 자체가 바뀌는 혁명의 시기에 접어들었다고 생각했습니다. 경제 구조에서 변화의 유일한 동력을 찾거나 인간의 열정에는 추진력이 결여되어 있다고 보는 도식적인 관점에서 벗어났다고 생각한 거죠. 드디어 열정이, 그러니까 창조성이 근본적인 변화의 요인으로 부각된 셈입니다.

안나와 안드레아 데 카를로

68년 학생운동 시기에 자식을 가진 부모로서의 경험도 각별하셨을 텐데요.

당시에 아이들의 경험은 아이를 키우는 부모의 입장에서는 그럴 수밖에 없었습니다. 제 아이들은 저나 아내로부터 어떤 영향도 받지 않고 자연스럽게 스스로 아나키스트 그룹과 어울렸습니다.

이 그룹은 당시의 조직화된 그룹들과 분명하게 다른 특징을 가지고 있었습니다. 친근감이 들었죠. 반항하는 학생들 중에서도 가장 긍정적이고 아이러니하고 창조적이고 비판적이고 독립적인 아이들만 모인 그룹이었습니다. 초기에는 다른 그룹과 다를 바가 없었어요. 모두 깃발을 들고 구호를 외치거나 웃으며 행진을 하곤 했죠. 하지만 두 번째 시기에, 그러니까 관료주의 체제가 두각을 드러내며 조직화된 그룹이 정당으로 활동하기 시작하면서부터 아나키스트들은 행렬의 꼬리로 밀려나거나 소외되었고, 새로운 지도자들에게 혐오받는 존재가 되어버렸습니다.

안나와 안드레아 모두 아나키스트였나요?

네, 안드레아 데 카를로Andrea de Carlo[52]는 베르셰Berchet 고등학교에 다녔는데 이 학교는 학생운동의 본거지 중 하나였습니다. 좀 더 어린 안나는 우마니타리아Umanitaria 중학교에 다녔고요. 말씀드렸듯 아이들의 선택에 저는 아무런 영향도 주지 않았습니다. 줄리아나도 마찬가지죠. 아이들은 우리 때문에 아나키스트가 된 것이 아닙니다. 우리는 아이들을 어떤 방향으로도 이끌지 않았어요. 실제로 둘 중 누구도 건축가의 길을 걷지 않았고요.

줄리아나는 아이들이 하는 일은 물론 주변에서 일어나는 일에 세심한 주의를 기울였어요. 행진, 집회, 전투경찰의 개입 등등 모든 걸 보러 다녔죠. 하지만 항상 뒷전에 물러서 있었어요. 몇 번은 두려움을 느낀 적도 있었습니다. 하지만 아이들의 태도에 어떤 식으로든 영향을 주지 않으려고 노력했어요. 어쨌든 우리가 젊었을 때와 크게 다르지 않았으니까요. 우리가 관여하는 일이라곤 고작해야 조심하라고 하거나 전투경찰에 두들겨 맞는 일, 폭력을 사용하는 일 모두 없어야 한

52 안드레아 데 카를로(1952년~)는 잔카를로 데 카를로의 아들로, 이탈리아의 유명한 소설가다. 널리 알려진 작품으로 『둘의 둘Due di due』, 『그녀와 그Lei e lui』, 『불완전한 경이로움L'imperfetta meraviglia』 등이 있다.

다고 타이르는 것뿐이었어요. 폭력이 머릿속에 각인되면 그 기억에서 평생 벗어날 수 없으니까요.

당시는 영혼이 고통당하던 시기였습니다. 테러리즘의 환영이 불러일으키는 과대망상의 피해자가 되거나 마약에 빠지기 일쑤인 시대였죠. 제 아이들은 이런 상황을 굉장히 진지하게 받아들였습니다. 이러한 사건들이 고스란히 벌어지는 정황 속에 있으면서도 부정적인 영향을 받지 않았어요. 저는 아이들이 오히려 긍정적인 측면에서 무언가를 배웠다고 생각합니다. 지금은 안드레아가 쓴 책들이 아주 마음에 들고 굉장히 흥미롭습니다. 안나는 마치 천사처럼 그림을 그리는데, 날개보다 훨씬 더 재치 있는 펜을 쥐고 있는 듯합니다. 우리는 세 사람 모두, 아니죠, 줄리아나를 빼놓을 수 없으니, 네 사람 모두 서로를 정든 친구처럼 느낍니다.

오늘날 그때의 역사를 기록하는 이들이, 당시에 리더를 자처하며 일찍부터 정치적 야망을 뻔뻔스럽게 드러냈던 사람들과 동일한 부류의 인물들이라는 점을 생각하면 정말 기운이 빠집니다. 오늘날 68년 학생운동을 되돌아보는 이들은 이 운동을 단순히 정치적 관점에서만 해석합니다. 반면에 저는 학생운동의 심장이자 비정치적 입장을 대변하던 히피, 아나키스트, 비폭력주의자 등이 자발적으로 참여한 사실은 조롱을 받는 경향이 있다고 봅니다.

그들이야말로 학생운동의 심장이자 정신이었고, 동시에 시발점이었습니다. 하지만 조직력을 갖춘 이들이 우세를 점하기 시작한 순간부터 학생운동은 구심점을 잃고 추악해졌어요. 운동 초기에는, 그러니까 3~4개월 정도는 열광적이었습니다.

그룹들은 창조적인 에너지가 넘쳤고 온 세상을 조롱하며 웃어 댔죠. 뒤이어 조직력을 갖춘 그룹과 광신도, 폭력배 들이 등장했습니다. 이들은 결국 볼꼴 사나웠던 선배 세대보다 더 흉물스러운 존재가 되었어요.

테르니, 리미니, 마초르보에서 실험한 참여 건축

선생님께선 그때 무슨 일을 하고 계셨나요?

당시에 저는 참여 건축에 매달려 있었습니다. 잊지 말아야 할 것은 학생운동이 일어난 때가 이탈리아 노조운동의 역사상 매우 흥미로운 시기 중 하나라는 점입니다. 학생들의 봉기 후에 곧장 노동자들이 들고 일어났고 노조 내부에서도 하부가 상부를 뒤엎었습니다. 이 시기에 노동자들은 노동시간을 줄이고 150시간을 대학 수업에 할애할 수 있는 권리를 쟁취하는 데 성공했죠. 전례 없는 성과를 거둔 노동자들의 승리는 경제적인 차원에서뿐만 아니라 모든 의미에서 전적으로 인간적인 승리였습니다. 하지만 노동자들은 불행히도 이 승리를 기회로 활용할 줄 몰랐고, 이들의 승리는 부끄럽게도 저급하고 모호한 탈문화 과정으로 변질되고 말았습니다.

저는 1960년대 말에 리미니 신시가지와 테르니의 마테오티 마을을 계획하는 데 착수했습니다. 전자는 참여 건축이 도시에 적용된 경우였고 후자는 마을이었습니다.

선생님께서는 이 시점에서 잉글랜드 학파, 게데스, 크로포트킨의 사상을 충분

히 고찰하신 상태였고 콜린 워드와 존 터너도 알고 계셨습니다. 둘 다 참여 건축과 자가 건축을 상당히 강경한 자유주의적 입장에서 연구한 인물이죠.

오래전부터 콜린 워드를 알고 지냈고 존 터너도 마찬가지입니다. 밀라노에서 1948년에 만났으니까요. 그 뒤로 우리는 계속해서 편지를 주고받았고 가끔씩 만나기도 했습니다. 터너는 먼저 아프리카에서 경험을 쌓았고 그 뒤에는 좀 더 오랫동안 남아메리카에서 활동하며 건축보다는 오히려 사회적인 문제에 집중했죠. 우리는 정치적 견해를 꽤 많이 공유했지만 건축에 대해서는 진지하게 이야기할 기회가 없었어요. 그는 건축을 단순한 도구로 여겼습니다. 정치적이거나 행정적인 목적을 물리적으로 실현하기 위한 수단에 불과한 것으로 말이죠.

콜린 워드와의 관계는 어쩌면 좀 더 쉬웠습니다. 그는 설계를 직접 하지는 않았지만 건축을 이해했고, 또 중요하게 생각했을 뿐 아니라 평가할 줄도 알았죠.

존과 콜린 모두 굉장히 똑똑한 사람들이었어요. 능력이 있었고 지적으로 순수한 사람들이었죠. 어쨌든 제가 좀 더 잘 알고 있는 사람은 콜린입니다. 탁월한 인물이었죠.

건축 이야기로 되돌아가 보죠. 참여 건축을 시도하시면서 흥미로웠던 경험 중 하나는 분명 리미니의 계획이었습니다. 1970년에 리미니 구시가지의 중심지구 상세계획을 세우기 시작하셨는데요.

리미니라는 곳은 항상 공산당이 정권을 장악해온 도시입니다. 당시 시장은 체카로니Ceccaroni라는 인물이었는데, 거머쥔 권력을 양보할 줄 모르는 공증인 출신의 공산주의자였어요. 하지만 학생들의 봉기와 노조가 이끄는 대대적인 변혁의 시대가 다가오자 어느 정도 생각과 태도를 바꾸었죠. 그리고 제가 제안했던 대로 도시의 중심지구 상세계획을 실행할 때 깊은 부분까지 시민들과 의논하고 토론 내용을 공개하면서 진행해야 한다는 점을 받아들였습니다.

제가 수행해야 할 첫 번째 과제는 주세페 캄포스 베누티 Giuseppe Campos Venuti가 만든 도시계획안의 지침에 따라 구시가지의 중심지구 상세계획을 세우는 것이었습니다. 하지만 그가 제시한 조건들은 제게 완벽하다는 확신을 주지 못했고 결국 저는 확장된 지 얼마 되지 않았지만 이미 중심지라고 볼 수 있는 지대까지 포함시켜 대상지를 넓히자고 제안했습니다. 아울러 새 계획안을 놓고 모든 사회계층의 시민들이 참여하는 공개 토론을 개최하자고 했죠.

토론은 곧장 시작되었고, 2주에 한 번씩 시의회 본부에 모여 높은 경쟁을 뚫고 참여한 많은 시민들과 함께 시급하고 중요한 사안들, 예를 들어 주거지, 학교, 산업, 관광, 상업, 농업, 문화 등의 문제들을 하나하나씩 논의했습니다. 토론 내용은 출판물로 공개되었고, 다음 토론회가 열리기 전에 도시 전역에 배포되었습니다.

모든 것이 잘 진행되는 분위기였습니다. 적어도 도시에 관한 토론은 문제가 없었어요. 하지만 항상 그래 왔듯이 토론은 생산이나 노동환경, 땅값, 건설 투기, 도시 행정 문제에 관한 일반적인 토론으로 변질되기 마련입니다. 그때부터 공산주의자들은 불안해하기 시작했습니다. 땅 주인, 투자기관, 사업가, 건축업계, 모든 정당과 의회가 불안해하기 시작했죠. 초기 계획안이 공개되기 시작했을 때에도 다들 불안에 떨었고요. 반면 대다수의 시민들은 호기심을 가지며 계획에 동의한다는 것을 분명하게 드러냈어요. 이 시점에서 지역 신문 《레스토 델 카를리노Resto del Carlino》가 저를 공격적으로 비난하기 시작했습니다. 제가 모험가이자 체제 전복을 꾀하는 반역자, 도시의 평안을 위협하는 모택동주의자라는 것이었죠. 그리고 얼마 지나지 않아서 볼로냐의 공산당 협의회에서 제게 작업을 중단하라는 지시를 내렸습니다.

아마도 그땐 뭔가를 할 수 있었을 겁니다. 도시를 바꿀 수단도 있었고 실현 가능한 아이디어들도 있었으니까요. 하지만 누군가가 싸움에서 이겼고 누군가는 졌습니다. 누군가는 억압을 당했고 누군가는 역사적으로 심각한 오류를 범했죠.

그들이 치욕적이라고 표현하며 비난했던 것은 이른바 '노동자주의operaismo'였습니다. 노동자주의는 극단적이고 선동적인 태도뿐만 아니라 배신을 의미했습니다. 결국 신시가지를 위한 도시계획안은 무효화되어 시청의 서랍에 처박히고 말았습니다. 하지만 그곳에 보관된 엄청난 분량의 자료는 미래에 많은 이들의 관심을 끌 수 있을 겁니다.

머지않아 기술적인 문제가 있다는 지적도 나왔습니다. 선생님께서 구시가를 위해 제안하신 모노레일이 기술적으로 안정적이지 않을 뿐 아니라 돈도 너무 많이 든다는 평가가 있었죠.

동선과 대중교통의 문제를 해결하기 위한 여러 가지 대안들이 준비되어 있었습니다. 이들 가운데 하나가 도시의 중심가 전체를 책임질 수 있고 교외 또는 주변의 해안이나 내륙의 언덕 쪽으로도 확장될 수 있는 모노레일이었죠. 이 분야에서 오랜 경험을 쌓은 스위스 업체와 협력해서 모든 관련 문제를 충분히 검토한 뒤 모노레일이 지역 환경에 어울리고 효과적일 뿐 아니라 경제적인 해결책이라는 결론을 내렸습니다. 어쨌든 가장 먼저 비난의 표적이 된 건 바로 모노레일이었습니다. 이유는 물론 모노레일에 대한 무지 때문이죠. 하지만 제가 확언할 수 있는 것은, 지금 만약 리미니에 모노레일이 있다면 도시를 질식시키는 혼잡한 교통체증은 겪지 않으리라는 것입니다. 이건 저와 함께 일했던 분들 모두와 이분들의 자녀들까지도 알고 있는 사실입니다. 이분들의 수도 꽤 될 겁니다. 왜냐하면 제가 엄청난 에너지를 쏟아부으면서 도시 전체를 들썩이도록 만들었으니까요. 지금 생각해보면 저한테서 그런 힘이 대체 어떻게 나왔을까 싶어요.

제 계획안이 무산된 것은 사실 모노레일이 아니라 공산당의 관료주의 정책 때문입니다. 공산당은 자신들과 손을 잡고 싶어 하던 자산가들이 부정적인 반응을 보일까 봐 지레 겁을 먹었던 겁니다. 제 계획은 실패로 돌아갔지만 계속해서 리미니의 하늘을 떠돌고 있습니다. 리미니에서 도시계획에 관한 토론회가 열릴 때마다 그 신화적인 계획이 회자되곤 합니다. 젊은이들은 도대체 왜 그런 계획을 묻어버렸냐고 해명을 요구하죠.

리미니에 가서 도시 얘기를 꺼내보세요. 대부분의 사람

들은 훌륭한 해결책이 있었는데 그걸 실행에 옮기지 못했다고 대답합니다. 그 계획안을 실행하지 않은 것은 돌이킬 수 없는 불행입니다. 비뚤어진 방식으로 성장했기 때문입니다. 땅 주인들의 욕심과 시청의 어리석은 관료주의가 원하는 대로 흘러간 탓에 이젠 회복이 불가능한 상태죠.

그 계획안을 특징짓는 요소들은 무엇이었나요? 개인적으로 가장 인상 깊었던 것은 산 줄리아노 지구 계획안이었습니다. 여기서 건축물 일부가 자가 건축으로 실현될 예정이었는데요.

바다와 가까운 곳에 고립되어 있는 산 줄리아노는 리미니에서 가장 못사는 마을이었습니다. 주민들은 가난했지만 이들이 자신의 집을 고쳐 쓰려고 애쓴 흔적은 오히려 이들에게 자가 건축의 놀라운 잠재력이 있다는 걸 보여주었죠. 이곳은 볼품없는 도구들을 사용하지만 나름 기발한 방식으로 일하던 장인과 마부, 뱃사공 들이 주로 모여 살던 마을입니다. 그래서 저는 아시다시피, 느려 터진데다 머릿속에 든 것도 없는 건설 회사나 공공기관의 개입을 굳이 기다릴 필요가 없다고 주장했습니다. 대신에 건축 자재를 마을 주민들에게 직접 주자고 제안했죠. 저는 자가 건축자들에게 제공해야 할 일종의 사용설명서를 만들기 위해 당사자들과 의견을 나누고 아주 세밀한 부분까지 계산해서 자가 건축용 설계도를 제작했습니다. 그리고 이를 시 당국에 제공해서 건축 자재를 공급하고 적정가를 정할 수 있도록 조치했습니다. 토론회를 자주 개최해서 주민들과 열띤 토론을 벌였고, 실현 단계를 거론할 수 있을 정도로 모든 문제를 아주 상세히 검토했어요. 하지만 이 경우에도 리미니 시의 연립 정당에서 그들이 특별히 혐오스러워하던 아나키즘의 냄새를 맡고는 사업을 중단시키고 말았어요. 주민들에게 돈을 퍼줄 수 없다는 결론을 내린 거죠. 그 이유는 그저 이들이 돈을 어떻게 쓰는지 모른다는 것이었어요!

주민들이 혼자 힘으로 집을 지을 수 있다는 생각은 위험한 광기로 간주되었습니다. 바로 이러한 정황에서 부각되었던 것이 '노동자주의' 비판입니다. 사람들은 수단과 방법을 가리지 않았어요. 당의 모든 간부들이 제가 주민들과 의견을 나누는 토론회장을 찾아와서 저를 공개적으로 비난했습니다. 그런 경험은 그때가 처음이었어요. 그건 그 순간까지 그들이 저의 제안을 지지하는 척했다는 의미였습니다.

그때까지는 토론이 실행 단계가 아니라 지적인 차원에만 머물러 있었기 때문이겠죠.

산 줄리아노의 문제에 대한 비난은 신랄하고 원색적이었습니다. 그 순간을 기점으로 모든 계획이 물거품이 되었어요.

지금 무슨 생각이 드는 줄 아십니까? 에든버러에서 로열 마일Royal Mile의 구시가지 건물들을 뜯어고칠 때 게데스도 상당히 비슷한 입장이었습니다. 그는 이렇게 말했죠. "무엇보다도 이곳에서 사는 장인들을 살리고 싶습니다. 장인들을 위해 구시가지의 집들을 제대로 뜯어고치는 거죠. 아마도 이 장인들이 저를 도와줄 겁니다." 게데스에게 누가 제동을 건 줄 아세요? 마르크스주의자들이었습니다. 그들은 이런 반응을 보였습니다. "노동자에게 집을 지어주면 그는 더 이상 투쟁하지 않을 겁니다. 편안하게 지내면 부르주아가 되죠. 그러니 그를 잃는 셈입니다." 하지만 게데스는 이렇게 대응했죠. "아니요. 그를 잃는 것이 아닙니다. 저는 그가 자신의 환경을 개선할 수 있도록 그를 가르치고 싶습니다." 그러자 그들은 이렇게 답변했습니다. "어쨌든 노동자들은 저희가 알아서 하겠습니다. 이미 교외에 서민아파트를 위한 계획안이 준비되어 있습니다." 이건 1800년대 말에 있었던 일화입니다. 100년이 지났는데도 크게 바뀐 게 없어요.

당시에 시청 행정과에서 일하던 몇몇 관리를 최근 들어 다시 만날 기회가 있었습니다. 대부분은 나이가 많아 은퇴했거나 후세대 관료들의 압력을 이기지 못해 자리에서 물러난 사람들이었죠. 그들이 그러더군요. 저를 상대로 그토록 강경하게 반기를 들었던 건 잘못이었다고요. 하지만 산 줄리아노의 주민들이 제 계획안을 성공적으로 실현하지 못했을 거라는 생각에는 여전히 변함이 없다고도 했습니다. 집을 새로이 단장하는 데는 성공했을지 모르지만 그런 다음에는 곧장 집을 관광객들에게 임대했으리라는 거였죠. 그러니 결국에는 실패로 돌아갈 수밖에 없는 일이었다는 것이었어요.

하지만 정말 실패할 수밖에 없는 일이었을까요? 저는 사람들이 건축에 참여하고 손수 집을 짓는 데 열정과 에너지를 쏟아붓는다면, 자신들의 집을 바캉스족에게 쉽사리 빌려주게 되지 않을 거라고 생각합니다. 산 줄리아노의 경우도 주민들의 참여가 차질 없이 이루어졌다면, 즉 의지가 구체적인 행동으로 이어졌다면 실패는 충분히 피할 수 있었습니다.

지금 말씀하신 경우처럼, 건축 공간이 자신의 필요와 활동 방식에 맞도록 만들어져 있고 무엇보다도 추억이 담긴 집에서 사는 사람이 푼돈에 연연해서 집을 포기하기란 그리 쉬운 일이 아니죠.

산 줄리아노의 집들은 바다와 가깝고, 무엇보다도 마을 자체가 독특한 정체성을 지녔다는 장점이 있었습니다. 하지만 우리가 제안했던 계획안이 무산되면서 주민들은 모든 애착심을 잃고 말았어요. 집들을 최대한 예쁘게 꾸민 뒤에 아예 팔아버리거나 관광객들에게 임대를 했습니다. 산 줄리아노 마을은 그렇게 죽어 버렸어요. 고유의 역사, 고유의 정서와는 무관한 공간으로 변해 버렸죠. 아주 흉측해지기까지 했습니다. 제가 관광객이라면 그곳에서 묵고 싶진 않을 겁니다. 황량하거든요.

그곳의 원래 주민들은 서민주택 공사에서 지은 아파트로 이사를 갔습니다. 하지만 좀 더 넓은 공간과 차고, 다용도실 하나 정도를 더 얻었을 뿐 그들이 사는 곳에 애착은 못 느낍니다. 아마 기차의 객실과도 크게 다르지 않을 겁니다. 다음 역에서 내리자마자 곧장 잊어버릴 테니까요.

불행한 일이지만, 마르크스주의 좌파 전체가 이에 대한 책임을 져야 합니다. 공동체의 질적 향상이 충분히 가능한 곳에서도 이를 허락하지 않았으니까요.

공산주의자들은 노동자가 자신들에 의해 다스려져야 한다고 생각합니다. (과거에는 그랬지만 지금은 아니라고 봐야 할까요?) 노동자 혼자서는 일을 그르친다고 생각하는 거죠. 노동자를 어린아이로 여기면서 이들이 해야 할 모든 것을 일일이 알려 주어야 한다고 보는 겁니다. 아이들은 미성년자라는 가정하에, 아이들을 기르는 가정 안에서 통하던 권위적인 원칙이 어디서나 동일하게 작동되는 거죠.

우리는 모두 장애인

사실은 건축법도 빈번히 동일한 논리를 따른다고 봅니다. 공간 사용자를 무지하다고 가정하니까요. 안타까울 정도입니다. 언젠가 언급하셨던 일화 하나가 떠오르네요. 선생님께서 콜레타 디 카스텔비안코의 건축 복원작업을 하실 때, 주택단지의 자랑거리인 아름다운 계단들이 있었는데 그중 몇 군데에 규정상 난간을 설치할 수밖에 없었다고 하셨죠. 물론 안전을 위해서였겠지만, 주민들의 기억으론 그 계단에서 아이 한 명 다친 적이 없고 노인들도 마찬가지였어요.

콜레타에서는 아이들이 계단에서 넘어진 적이 없습니다. 맞아요. 베네치아에서도 시민들이 수로에 빠진 적은 없다고 봅니다. 그런 일이 있었다면 취해서 빠졌거나 다리에 힘이 풀려서였겠죠. 베네치아에서 아이들이 계속 수로에 빠진다는 이야기를 한 번이라도 들어보신 적이 있나요? 그런 이야기는 책임을 회피하려는 사람들이 지어내는 인위적인 위협에 지나지 않습니다.

전적으로 관료주의적인 조치에 불과하죠. 휠체어가 들어올 수 있도록 경사로를 만들기 위해 외부 공간 전체는 물론 건물의 얼굴을 망가트리는 흉측한 시멘트 덩어리를 설치하는 경우도 마찬가지입니다. 건물 안에 들어서서 두 걸음만 걸어가면 정원이 나옵니다. 그런데도 경사로를 만드는 겁니다!

경사로를 통해 어디든 접근할 수 있게 되면 우리는 굉장히 만족스러울 겁니다. 더 이상 장애인들과 이들의 실존적 어려움을 걱정해야 할 필요가 없을 테니까요.

이제 알아서 해야죠. 경사로도 생겼고 휠체어도 얻었으니까요.

담당 공무원들은 더 이상 우리를 괴롭힐 명분이 없을 겁니다. 우리가 그들을 더 이상 돕거나 건드리지 않아도 된다는 것이 정당화된 셈이니까요.

건축법의 부조리함은 정말 무시무시해졌습니다. 장애인들뿐만 아니라 모든 것과 연관되기 때문이죠. 최근에도 큰 어려움을 겪은 적이 있습니다. 제가 만드는 건물 입구에 두 단짜리 계단이 있었어요. 담당 공무원이 계단을 가리키며 저를 나무라더군요. 저는 계속해서 계단은 실질적인 장애물이 아니라고 말했습니다. 계단 앞까지 도달하기 위해 32도로 경사진 길을 걸어 올라와야 하는데, 계단 두 개가 무슨 문제냐고요. 하지만 담당자는 저를 의심스러운 눈초리로 바라봤습니다. 제가 그를 놀린다고 생각하는 게 분명했어요. 그러다가 서둘러 결론을 내리면서, 제가 하는 말이 자기와는 무관하다고 그러더군요. 문제는 두 단짜리 계단이지 길이 아니라는 것이었어요. 그럼 대체 뭘 어떻게 해야 하나요? 규정을 준수해야 하니까 도시 전체를 뜯어고쳐야 하나요? 하지만 그의 말대로 문제는 도시가 아니라 두 단짜리 계단이잖아요.

사실을 말씀드리죠. 그러니까, 모두들 책임을 지지 않으려고 발버둥을 치는 겁니다. 그러다 보니 모든 인간적인 감성을 제거하는 것이 가장 안전한 해결책으로 등장하는 거죠.

장애인이 어떤 장애물을 극복해야 하는 순간이 오면, 그에게 다가가 겨드랑이 밑을 부축해 도와야 합니다. 그건 인간적인 접촉이고 그걸 위해 힘을 써야 합니다. 대신에 사람들은 이제 이렇게 말할 겁니다. "그러니까 당신은 바퀴도 있고 엔진도, 난간도, 리프트도, 경사로도 있습니다. 그러니 알아서 하세요!" 위선은 대단히 혐오스럽습니다.

대화 중에 하신 말씀이 생각나네요. "사실 공간의 사용에 관해선 우리 모두가 어느 정도 장애를 갖고 있다는 점을 잊지 맙시다." 지당하신 말씀이 아닌가 싶어요. 선생님께서는 리미니의 도시계획을 비롯해 많은 프로젝트를 하시면서 수년간 참여의 형식을 정립하기 위해 지속적인 노력을 기울이셨습니다. 공동체의 차원에서 시민들이 자신의 건축 공간에 자율적인 방식으로 개입할 수 있는 능력을 회복하길 바라셨죠. 자신들이 사는 공간을 조성할 수 있는 기량은 사실 시민들이 오래전부터 빼앗겨 온 것들 중에 하나입니다.

저는 1969년에서 1974년까지 테르니의 마테오티 마을을 계획하면서 주민들의 '직접 참여'를 경험했습니다. 제게서 굉장한 에너지를 빼앗아 갔지만 상당히 흥미로운 결과를 안겨 주었던 경험이죠. 끝을 모르고 계속되던 토론회들, 다루어야 할 주제를 결정하기 위해 반복되던 질문들, 다큐멘터리 전시회, 주택에서 살게 될 주민들과의 지속적인 만남과 대응 등이 이 경험을 채우고 있는 기억들입니다. 처음에는 당연하다고 볼 수밖에 없는 불신이 모임을 지배했지만 어느 시점엔가 열린 믿음이 사람들을 이끌었고, 뒤이어 폭발적인 창의력을 발휘하는 순간이 왔습니다. 저는 당시에 쏟아부었던 엄청난 에너지가 아직도 남아 있다고는 생각하지 않습니다. 하지만 프로젝트가 그런 방식으로 진행되는 건 맞습니다.

테르니에서의 경험은 제게 많은 생각을 하도록 만들었고 결과적으로 이후의 작업에 커다란 영향을 끼쳤습니다. 혼잣말로 이렇게 중얼거렸죠. “이번에 만난 공동체는 약간 특별했어. 금속을 다루는 기술자들이라 자신들의 문제를 두고 토론하는 데 익숙할 뿐 아니라 의식과 기량을 갖춘 사람들이니까, 이들과 함께라면 ‘직접 참여’를 시도하는 것이 가능하겠지. 하지만 제대로 된 사회 조직에 속하지 못한, 소외되고 보이지 않는 사람들의 공동체를 밀라노 교외에서 만나게 된다면 나는 과연 어떻게 행동해야 할까?”

이런 성찰을 계기로 시작한 것이 바로 ILAUD였습니다. 연구소를 설립한 첫 해인 1976년에 토론과 계획의 주제로 선택했던 것이 바로 참여 건축이었죠.

우리는 사람들을 어떤 식으로 참여 과정에 끌어들일지, 아울러 참여를 가능하게 만들려면 건축이 어떤 식으로 바뀌어야 할지에 대해 계속 연구하기로 했습니다. 상당히 흥미로운 접근 방법이었지만 이를 바로 이해한 사람은 많지 않았죠. 이는 방향의 전환이라기보다는 동일한 문제를 서로 상반된 관점으로 관찰하는 데 집중함으로써 균형 있는 연구 방식을 도입한 것에 가까웠습니다.

간접 참여, 해석, 시험적 계획

저는 1970년대 말이 굉장히 중요한 시기였다고 봅니다. 당시에 고민을 하시면서 어떻게 보면, 전통적인 참여 개념의 전복을 시도하신 셈인데요. 이러한 성찰이 마초르보와 유사한 계획안에 영감을 주었나요?

저는 그런 고민에 대한 구체적인 답변을 다름 아닌 마초르보 프로젝트에서 제시하려고 노력했습니다. 이런 시도가 '해석'과 '시험적 계획'의 개념적 한계를 좀 더 잘 이해할 수 있을 뿐 아니라 뒤이어 ILAUD에서 이 개념들을 보다 깊이 연구하고 발전시킬 수 있는 기회가 되었죠.

저는 마초르보에서 건물 외벽의 색상을 고르는 과정이 이러한 고민의 결과라고 봅니다. 주민들이 그들의 전통에 따라 어느 색이든 고르게 하고 선생님께서는 선택 과정에서 빠질 것인지, 아니면 직접적으로 관여할 것인지 분명히 고민을 하셨을 텐데요.

우선은 ILAUD에서 저와 함께 일하는 에트라 콘니 오키알리니Etra Connie Occhialini의 도움을 얻어, 미래의 거주자들이라면 어떤 선택을 할 것인지를 면밀히 검토해서, 제가 색상들을 골랐습니다. 하지만 집을 설계하는 사람은 저였고 거주자들은 아직 없는 상태였으니까 제가 색상의 선택에 책임을 져야 한다는 것이 분명했죠. 그러니까, 참여 과정 중에 주민들이 색상을 고른 것처럼 말하는 것은 옳지 않습니다. 하지만 반대로 거주자를 고려치 않고 저 혼자서 색상을 골랐다고 말하는 것도 옳지 않죠.

보시다시피 참여의 과정 속에서는 모든 것이 미묘할 뿐 아니라 모순적이고 변화무쌍합니다. 이러한 상황을 받아들일 필요가 있어요. 그러지 않으면 과정 자체가 변조될 수 있죠. 사실 참여형 계획은 설계자의 권위에 의존하는 경우보다 훨씬 더 많은 재능이 필요합니다. 상상력을 발휘하는 데 있어서 수용력과 이해력이 뛰어나고 능수능란하고 민첩해야 하죠. 그뿐 아니라 어떤 징후를 현실적인 것으로 파악해서 이를 하나의 시발점으로 확보하는 일을 번개처럼 빠르게 해내야 합니다.

많은 이들이 이런 능력을 지니지 못했거나 꾀만 부리기 때문에 참여란 단순히 공간 사용자들의 요구를 옮겨 적는 것이라고 생각합니다. 이들은 오히려 대화에 참여하는 거주자들과 거리를 둘 필요가 있다고 생각합니다. 왜냐하면 자신들이 건축에 대한 믿음이 없고 게다가 건축에 문외한이라는 사실을 그런 식으로 정당화하려 들기 때문이에요.

"그들이 그렇게 원했기 때문에 우리도 그렇게 했습니다." 이것이 바로 '시민 참여형 계획advocacy planning'이 가지고 있는 문제입니다. 건축가들은 양심을 팔면서 이렇게 말하죠. "그건 그들의 선택이었습니다." 하지만 그건 전혀 사실이 아니에요.

참여 과정에서 이루어지는 선택이 항상 투명하다는 것 역시 전혀 사실이 아닙니다. 건축에 관해 전문적인 지식이 없거나 대화를 이끌어 갈 만한 재주가 없는 사람에게 건축가는 어떤 식으로든 영향을 끼칠 수밖에 없습니다. 하지만 그건 사람들이 그의 말을 신비화해서 그럴 듯한 것으로 받아들이기 때문인데, 이 과정에서 오해와 왜곡이 발생한다는 겁니다. 제가 지금 말씀드리고 있는 상황 속에서는 피하기 힘든 현상이죠. 그래서 이를 막기 위해 저는 선택의 책임을 스스로 떠맡았습니다. 사람들에게 왜 제가 다른 색상을 제쳐두고 이런저런 색상들을 선택했는지 설명했고, 아울러 색상 구성의 원칙은 부라노 섬의 무한하고 놀라운 색조에 대한 연구를 토대로 설정되었다는 점에 대해 설명을 했습니다.

그리고 실험을 굉장히 많이 하신 걸로 아는데요.

미래의 마초르보 주민들은 모든 걸 세밀한 부분까지 알기 원했습니다. 그리고 제가 제안한 선택사항들을 받아들였죠. 누군가는 선택이 아니라 강요에 가깝다고 말할 수도 있을 겁니다. 어쨌든 그것이 최선책이라고 결정한 사람은 저였으니까요. 하지만 저는 애초에 생각했던 대로, 주민들이 미래에 얼마든지 색상을 바꿀 수 있다고 봅니다. 집을 인수인계하기 전까지는 마치 제 집처럼 굴었지만, 입주 후에는 얼마든지 가능한 일이죠.

색칠을 할 때 어떤 기법을 활용하셨나요?

안타깝게도 제가 원하던 프레스코 기법은 사용할 수가 없었어요. 왜냐하면 가격이 너무 비쌌고, 무엇보다도 회반죽을 벽에 바르는 작업과 도색 작업을 분리해 진행하는 현행 건축 시스템과 완전히 상반되는 기법이었기 때문입니다. 우리는 다양한 종류의 안료를 사용해서 몇 번에 걸쳐 실험을 해봤습니다. 그리고 나중에는 실리콘 용액이 첨부된 특수 수성 페인트로 마감하는 방식을 썼습니다. 이런 제품을 만드는 생산업체가 있었는데, 주문 물량이 그리 많지는 않지만 여러 가지 실험을 해 볼 가치가 있다는 점을 설득하는 데 성공했죠. 화려하고 다양한 색깔의 집들이 무수한 이야기들을 펼치는 부라노 섬을 가까이서 바라보며 작업을 진행했습니다.

결과가 그렇게 마음에 들지는 않았어요. 예를 들어 보라색은 금방 바래버렸죠. 석회가 제대로 식지 않아서 일어난 현상이었습니다. 석회를 수년간 물속에 재어둔 적도 있습니다. 가끔씩 산소와 이산화탄소에 반응하도록 저어주곤 했죠. 지금은 단 몇 시간 만에 인위적으로 식히지만 숙성 과정은 거치지 않는 셈입니다. 물론 여러 차례 실험을 한 뒤 좀 더 나은 결과를 얻을 수 있었지만, 프레스코 기법을 사용해야만 제가 정말로 원하는 수준에 도달할 수 있다는 건 분명했습니다.

하지만 말씀드렸듯이 회반죽 작업과 도색 작업은 동시에 할 수 없습니다. 도색 작업자는 회반죽 작업이 느리게 진행되는 걸 마냥 기다리지 않고 그 이유를 이해하려 하지도 않습니다. 이해하더라도 너무 큰 보수를 요구하죠. 이러한 전문 분야의 질적 저하는 건설 과정에서 발견되는 전반적인 현상의 일부에 불과합니다. 이런 현상이 일어나는 이유는 건설 과정이 잘못된 경제관념에 의해 왜곡되었기 때문입니다. 사업의 투자 비용만 중요시하고 장기적으로 드는 실질적인 경비에는 관심을 기울이지 않기 때문에 일어나는 현상이죠. 한때는 집을 짓는 사람의 머릿속에 그토록 뚜렷이 박혀있던 유지보수의 경비가 오늘날의 공사비 내역서에는 더 이상 존재하지 않습니다. 이것이 바로 악순환을 일으키죠. 가능한 한 적은 돈을 들여 짓는 건설 업체를 골라 시공을 의뢰하지만 혹시라도 나중에 엉망으로 지은 건물을 보수하고 뜯어고치느라 열 배가 넘는 돈을 써야 하는 것은 아닌지는 확인해 볼 생각조차 하지 않는 지경에 이른 겁니다.

우르비노 제2차 도시계획 1990~1994

1989년 12월 12일에 저는 우르비노의 명예시민으로 선정되었습니다. 아주 멋진 축제가 벌어졌어요. 도처에서 친구들, 제자들, 스튜디오 직원을 비롯해 많은 사람이 수여식이 열린 두칼레 궁전의 '왕좌의 방Sala del Trono'을 찾아와 저를 축하해주었죠.

몇 달 후에 시장이 시의회의 이름으로 새로운 도시계획의 수립용역을 제게 의뢰했습니다.

저는 이 일을 굉장히 열심히 했습니다. 저와 함께, 파올로 스파다Paolo Spada가 경험 있는 청년들로 구성한 그룹과 제 스튜디오의 직원들이 모두 매달려서, 도시계획안의 지침이 제시하는 건축의 구조와 형식을 표상할 수 있는 계획안을 마련했습니다.

첫 번째 도시계획 사업이 실행된 지 30년 만에 두 번째 계획안이 1994년 산치오 극장에서 시민들에게 소개되었습니다. 지금 제 앞에 있는 대담자도 그 자리에 있었고 당시의 상황을 주제로 아주 멋진 기사도 한 편 발표하셨으니 아마 기억하시겠죠. 우르비노의 시민들은 30년 전에 피부로 경험했던 담론의 새로운 발전상에 지대한 관심을 기울였습니다. 도시계획가들, 건축가들, 다양한 분야의 전문가들도 새로운 도시계획안의 동기와 핵심 내용들을 곧장 알고 싶어 했습니다.

실제로 새로운 요소들이 많이 있었어요. 차별화하는 동시에 상호보완적인 여러 활동과 이에 쓰이는 수많은 요소들의 총체로서 도시를 해석하고 계획하자는 제안도 있었고, 도심과 거리를 두되 서로 연계가 가능한 지역에 새로운 형태의 주거지를 조성하고 자연환경 문제를 고려해 주민 자치로 단지를 운영하자는 제안도 있었습니다. 전통적인 도로망을 다시 활성화하고 인위적인 개입을 최소화함으로써 동선 전체를 체계적으로 개편하자는 제안, 버려진 상태로 남아 있는 수많은 철로를 복원해서 도시의 행정 구역 전체를 가로지르는 노선을 만들고 리미니, 파노Fano, 페사로Pesaro 등으로 빠르고 쾌적하게 여행할 수 있는 연결 노선을 만들자는 제안, 소규모 주택단지들의 성장세를 조절하되 도시의 유전적 코드가 허락하는 범위 내에서 일관성을 유지하자는 제안도 있었죠.

무엇보다도 가장 새로운 것은 사람들의 관심이 토지에 집중되다 보니 구시가지와 도시, 교외, 변두리의 마을들, 이곳저곳에 산재하는 주택가들, 전원, 녹지대, 풍광 등이 어떤 대립 상태에서 자유로워진 세계의 특별한 사례로 해석된다는 점이었죠. 다시 말해 자연과 인공 사이의 불연속이 사라지고, 시간과 공간 차원의 부조화가 해소된 특수한 세계로 해석되고 디자인되었다는 것입니다. 당시에 사람들은 이 계획을 "뒤집힌 망원경"이라 불렀고 이후에도 계속해서 같은 표현을 사용했습니다. 왜냐하면 이 도시계획안이 물리적인 발전에 방향성을 부여하는 새로운 방식으로 인식되었고, 아울러 기존의 도시 중심적 관점을 혁신적인 환경적 관점으로 대체하는 방식이자 용도구역제의 적용에 따른 기계적인 접근 방법을 유기적인 시스템으로 대체할 수 있는 기회로 인식되었기 때문입니다.

1994년의 도시계획안은 1964년의 경우와 상당히 유사한 실행 경로를 밟았습니다. 처음에는 도시의 행정부와 시민들의 환호 속에서 수용되었지만 일련의 장애물에 부딪히며 지연되었고, 심지어는 무산될 위기에 빠지기도 했죠. 1964년에는 공공 사업부Ministero dei Lavori pubblici의 정치적인 동기에서 비롯된 장애물이었던 반면, 1994년에는 페사로 도지사가 자신의 도시와 정당에 대한 개인적인 보복심에서 장애물을 제공했다는 차이가 있을 뿐입니다. 물론 저에 대한 보복심도 포함돼 있을 겁니다.

1964년에는 계획 내용을 마르실리오Marsilio 출판사와 미국의 MIT 프레스에서 아주 멋진 책으로 출판했지만 1994년에는 계획안을 출판하기 위해 필요한 재원이 마련되지 않았습니다. 대신에 잡지사 《도시계획Urbanistica》에서 상당한 지면을 할애해 이 계획안의 핵심적인 내용을 소개했습니다. 정확한 정보는 그 출판물을 참조하시기 바랍니다.

그 계획안 내용은 저도 알고 있습니다. 선생님께서 설명회를 가지셨을 때 그 자리에 있었어요. 전시회도 보러 갔습니다. 저는 이 계획안이 언젠가는 책으로 출판되어 나오리라고 생각합니다. 어쨌든 이탈리아뿐만 아니라 유럽의 도시계획

역사에서 전환점을 마련한 기획이니까요. 우르비노 외에 다른 도시에서도 도시계획을 하신 적이 있나요?

네, 오래전 사르차나Sarzana에서 계획한 적이 있고 그 뒤에 앞서 말씀드린 리미니 시내의 도시계획을 맡아 일을 했습니다. 그리 많지는 않습니다. 저는 한 도시를 다룰 때 빠르게는 적응하지 못하는 편입니다. 게다가 다른 도시를 연구하는 동안에는 더욱 어렵죠. 많은 건축가들이 그런 식으로 일한다는 것은 알고 있습니다. 계획안을 빵 굽듯이 구워 내는 인간들이죠. 하지만 제 입장에서는 그렇게 할 수 있다는 것 자체가 믿기 힘들 정도로 놀라울 뿐입니다. 기괴하게까지 느껴지죠. 모든 도시는 하나의 경계 없는 세계에 가깝습니다. 이를 이해하려는 노력을 멈출 수 없는 공간이죠. 그러니 이해하지도 않고 계획을 한다는 것이 어떻게 가능한지 전 모르겠어요.

「빛의 스케치」 잔카를로 데 카를로의 드로잉, 1999년

잔카를로 데 카를로, 준공식을 마친 리초네Riccione의 주택단지에서, 1988년

5장
아나키즘

건축가로 사는 것이 제 인생이었습니다. 제가 건축을 하는 방식 속에 제 인생이 고스란히 투영되어 있죠. 이 두 차원은 중첩되어 있고 서로 일맥상통하는 면이 있습니다. 제 정치적 관점들이 어떤 경로를 거쳐 발전했는지 알고 싶다면, 아무런 선입견 없이 이 중첩 관계에 주목할 필요가 있다고 봅니다.

어쨌든 제가 정말 아나키스트인지 저는 잘 모르겠다는 말씀을 이미 드린 것 같은데, 이제 그 이야기를 또 꺼내야 할 것 같군요.

진정한 아나키스트들은 다들 그렇게 말합니다.

아나키스트로 살아간다는 의식이나 아나키스트가 되려고 노력하는 제 성향이 사실은 시간이 흐르면서 점점 더 강해졌다는 점도 말씀드리고 싶습니다. 한때는 아나키즘에 그렇게까지 몰두하지 않았던 과도기도 있었습니다. 반면에 지금은 그런 성향이 강하죠. 그 당시에는 많은 사람들이 아나키즘이 제공하는 것보다는 훨씬 더 효과적이고 직접적인 영향을 주는 도구들이 필요하다고 생각했어요.

앙드레 브레통André Breton은 당대의 수많은 혁명가들과 마찬가지로 자신 역시 좀 더 효율적이며 과학적이라는 이유로 마르크스주의 사상을 받아들였다고 한 적이 있습니다. 공산주의에 크게 실망한, 그는 어쨌든 자신의 생각 속에 숨어 있던 독창적인 아나키즘 사상을 재발견했습니다. 그의 아나키즘은 초현실주의 메시지와 깊이 연관되어 있었죠.

저는 많은 이들이 이처럼 확신이 없는 상태에서 공산주의에 동조했다고 생각합니다. 효율적이고 조직력을 갖춘 공산주의자들이 결정적인 결과를 만들어낼 수 있을 것 같았기 때문이죠. 하지만 저는 1950년대부터 그런 유형의 조직이 소외를, 그런 유형의 효율성이 왜곡을 조장한다는 걸 깨닫기 시작했습니다. 조직력이나 효율성이 질서, 인과관계, 위계질서, 비판의식의 부재, 권력에 복종하는 문화 등의 형태로 사회에 적용되면, 가치가 아니라 치명적인 반가치가 될 수밖에 없다는 걸 깨달은 거죠. 저는 결국 아나키즘 사상가들에게 좀 더 주의를 기울이기 시작했고, 이들이 쓴 책을 읽으면서 훌륭한 결과를 얻기 위한 '효율성'의 의미와 그것의 본질에 대해 깊이 생각했습니다.

저는 아나키스트들을 특징짓는 오랜 척도, 즉 이들이 하는 일에서 즉각적인 결과를 기대하기는 힘들다는 점을 어느 정도 제 성향으로 받아들이려고 노력했습니다. 제가 만난 훌륭한 아나키스트들은 대부분이 분노에 차 있고 격한 성격의 소유자였지만 동시에 참을성도 가지고 있었습니다. 말씀드린 것처럼 이들은 수단이 목적보다 훨씬 더 중요하다고 믿었죠. 저는 아나키즘과 다른 모든 정치 운동의 분명한 차이가 바로 여기에 있다고 봅니다. 아나키스트들은 수단이 목적을 변화시킬 뿐 아니라, 목적을 달성하기 위해 경주하는 과정에서 목적을 추구하는 사람도 함께 변화시킬 수 있다고 생각합니다. 저는 이러한 관점이 건축이나 도시계획을 위해서도 좋은 참조점이 될 수 있다는 인상을 받았습니다. 그래서 그걸 저의 쐐기돌로 삼았죠.

이러한 세계관 속에는, 아나키즘이 전적으로 서구적인 것이라 하더라도 오히려 동양 사상에 가까운 무언가가 들어 있다고 생각하는데 어떻게 보시나요? 중요한 것은 목표가 아니라 과정이라는 말을 하는데, 이건 거의 불교적 논리에 가깝습니다. 성자 밀라레파Milarepa를 다룬 릴리아나 카바니Liliana Cavani의 영화에서, 스승 밀라레파는 깨달음을 얻기 위해 찾아온 제자를 오랫동안 만나주지 않고 밖에 세워 두기만 하다가 어느 순간 이렇게 말합니다. "알겠네. 이제 돈을 내야지. 얼마나 있나? 가지고 있는 걸 전부 나한테 주게." 그런 식으로 제자의 돈을 모두 빼앗은 스승은 먹고 마시기를 계속합니다. 어느 시점엔가 제자가 스승에게 자신은 몇 달 동안이나 아무것도 안 하고 있다면서 불만을 토로합니다. 그러자 스승이 이렇게 말합니다. "그래. 그럼 저기 널려 있는 돌들이 보이는가? 이 정도 개수의 돌로 이 정도 높이의 탑 하나를 만들어보게. 정확하게 그 탑을 저쪽에서 만들고 다 끝나면 내게 알려주게." 몇 달 동안 제자는 탑을 쌓아올렸습니다. 그리고 스승을 찾아갔죠. 스승은 다른 사람들과 대화를 나누고 계속 먹고 마시면서, 제자가 보기에는 지극히 평범하고 무의미한 삶을 살고 있었습니다. 하지만 스승은 제자에게 생각이 바뀌었다면서, 탑을 부수고 조금 다른 탑을 만들어보라고 말합니다. 그래서 제자는 탑을 부쉈다가 다시 만드는 일을 계속합니다. 일을 끝내고 스승을 찾아간 어느 날 제자는 죽어가고 있는 스승을 발견합니다. 그는 이렇게 말합니다. "스승님, 죄송합니다만 저는 여기서 똑같은 탑을 쌓아올렸다가 부수고 다시 쌓아올리는 일만 계속하고 있고 스승님께서는 열반에 드시려 하는데, 지금까지 제게 아무것도 가르쳐주지 않으셨어요!" 그러자 스승은 이렇게 말하고 세상을 떠납니다. "모든 걸 이미 알고 있는 자네에게 또 뭘 가르쳐 주어야 하나?"
저는 사물을 이런 식으로 바라볼 수 있다는 것이 굉장히 흥미롭습니다. 과정을 통해 배우고 자율적인 방식으로만 깨달음을 얻을 수 있다는 관점이죠. 어떻게 보면 아나키즘 이론에 가까운 관점입니다. 바쿠닌은 이런 질문을 받은 적이 있습니다. "혁명 후에는 어떤 사회가 되어 있을까요?" 그는 이렇게 대답했죠. "사람들이 원하는 대로 될 겁니다." 사회주의 학자들은 이런 태도가 책임을 회피하는 방식 가운데 하나이며 그러므로 아나키즘은 계획을 할 수 없다고 주장했습니다.

목표를 설정하지 않고서도 계획을 할 수 있을까요? 저는 할 수 있다고 봅니다. '목표'를 상황과 주변 환경에 끊임없이 적응해가며 얼마든지 바꿀 수 있는 것으로 여길 때, 계획은 훨씬 더 효과적이고 흥미로워집니다. 하지만 저는 여기에 하나의 커다란 딜레마가 있다는 것도 이해합니다. 서구의 사상은 어느 시점엔가 목표가 확고부동할수록 더 분명한 기준이 된다고 보았고, 목표를 좇는 이의 용기도 이를 빠르게 달성하기 위해 가장 적합한 수단을 선택할 줄 아는 데 있다고 생각하기 시작했습니다.

저는 동양 사상에 대해선 거의 아는 게 없지만, 제가 알고 있는 것은 아나키스트가 서구 사상의 특징인 '일률적 과정'이라는 문제에 부딪혔을 때 깊은 정신적 위기에 빠졌다는 것입니다. 실제로 아나키스트는 수단을 중요시하기 때문에 이들이 제안하는 과정은 필연적으로 복합적이고 불명료하며, 심한 굴곡과 머뭇거림과 방황을 특징으로 지닐 수밖에 없습니다. 저는 이 과정의 본질적인 특성이 건축과 도시계획의 프로젝트가 거치는 과정의 특성과 동일하다고 봅니다. 바로 그런 이유에서 제가 추상적일 뿐 아니라 구체적인 영역에서, 개념적일 뿐 아니라 실천적인 차원에서 흥미를 느꼈던 거죠.

비효율성의 문제로 돌아와서, 저는 아나키즘의 고유한 특징처럼 보이는 이것이 오히려 하나의 장점이 될 수 있다고 봅니다. 윤리적이고 정치적인 장점이죠. 이제는 사람들도 아나키스트의 비효율적인 방식이 효과적인 결과를 낳을 수 있다고 생각하기 시작했습니다. 왜냐하면 좀 더 순수하고 믿음이 가고 긍정적이며, 따라서 더 의식적이고 일관적일 수 있게 도와주기 때문입니다. 아울러 자연의 생성 과정처럼 결코 일률적이지 않은 또 다른 과정들과 접촉할 수 있게 더 많은 가능성을 제공하기도 하죠.

예를 한 가지 들어주시죠.

목적이 수단을 정당화하는 길로 접어들게 되면 위험합니다. 목적을 빠르게 달성하기 위해선 어떤 수단이든 고를 수 있다고 생각하거나, 목적이 정당하고 이해 관계를 초월한 것이라면, 가능한 한 빨리 목적을 달성하는 것이 가장 중요하다고 생각하게 된다면, 우리는 인간의 삶을 지탱하는 근원적인 동기는 물론 자연과의 접촉 가능성마저 잃어버릴 것입니다. 계몽주의가 자연과의 접촉 가능성을 상실했던 것도 바로 이 때문이 아닙니까?

자연을 이상화하고 일종의 여신으로 둔갑시키면서 눈부시도록 화려하지만 근접할 수 없는 것으로 만들어버렸죠.

그렇죠, 뭐든지 받들어 모시는 것이야말로 그로부터 자기 자신을 분리시켜 접촉 가능성을 상실하는 가장 확실한 방법입니다.

물론 그렇다고 해서 제가 목적 같은 건 존재할 필요가 없다고 이야기하려는 것은 아닙니다. 저는 목적이 일종의 주소가 되어 갈 길을 알려주어야 한다고 말하고 싶습니다. 통과하는 사이에 정황이 변하면 길이 바뀔 수도 있다는 점을 이해하고 받아들이면서 말이죠. 제게 들려주신 비유가 흥미로운 것은 주인공의 이야기가 단순히 돌들을 앞뒤로 실어 나르거나 탑을 쌓아올렸다가 다시 허무는 것으로 끝나지 않기 때문입니다. 이 일을 하면서 주인공이 계속 경험을 쌓기 때문이죠. 주인공은 두 번째로 탑을 쌓을 때 기술적으로 더 수월해졌을 뿐 아니라 그의 축조 행위가 자신과 그의 세계관을 표상한다는 의식을 갖고 쌓게 될 것입니다. 처음엔 아마도 단순히 돌 위에 돌을 쌓아올리는 것이 그의 목적이었겠지만 회를 거듭할수록 그의 의도는 점점 더 복잡해질 수밖에 없습니다.

어쨌든 멋진 비유를 해주셨으니, 저도 하나 들려드리죠.

어떤 선장이 배에 물자를 가득 싣고 한 항구에서 다른 항구로 항해를 나섭니다. 선장은 먼저 항로를 결정한 뒤 목적지를 향해 뱃머리를 돌립니다. 하지만 키를 한쪽 방향으로 고정시키지는 않습니다. 오히려 키를 계속해서 움직여야 하죠. 바람과 파도, 해류를 감안하고, 용골과 화물의 하중이 고르지 않아 배가 균형을 잃을 수도 있기 때문입니다. 그러다 어느 시점엔가 폭풍이 몰아치고 선장은 거센 파도를 피하기 위해 항로를 변경합니다. 바다가 잠잠해질 때를 기다렸다가 원래의 항로로 되돌아올 생각으로요.

우여곡절 끝에 선장은 드디어 목적지에 도달합니다. 하지만 그는 항구가 있는 도시에 흑사병이 퍼졌다는 소식을 접합니다. 결국 선장은 화물을 하역할 또 다른 항구를 찾아 다시 항해를 시작합니다. 배를 정박시킨 뒤에 무작정 기다려야 할 필요가 없는 곳을 찾아간 거죠. 생각이 부족한 선장이라면 원래의 도착지에 정박한 뒤 기다렸을 겁니다. 하지만 우리가 지금 이야기하고 있는 선장은 현명하고 경험이 많은 인물이에요. 그래서 목표를 바꿀 수 있었던 겁니다. 결과적으로 선원들이 흑사병으로 죽거나 화물이 훼손될 수 있는 상황을 막은 거죠.

사실은 삶의 모든 과정이 방금 말씀드린 이 배의 여정에 가깝습니다. 인간의 삶은 어떤 궤도들을 따라 움직입니다. 때로는 망설이다가 뜯어고치기도 하고, 뒷걸음치다가도 앞으로 나아갑니다. 중첩되는가 하면 뒤엉키기도 하고 다시 풀리기도 하는 궤도를 따라 움직이죠. 달리 말하면 인생은 실험에서 비롯되는 지속적인 긴장의 힘으로 움직입니다. 실험이야말로 점진적인 개선을 가능하게 하는 결정적인 요소죠.

저는 현대 사회의 기획과 생산 시스템이 이런 식으로 움직인다고는 생각하지 않습니다. 오히려 기획이나 생산 과정을 지배하며 모든 것을 체계화하는 데 집중하는 사람들의 시야가 굉장히 제한적이라는 인상을 받죠. 따라서 이들이 실패하면 심각한 재난이 발생하는 겁니다.

프로젝트를 진행하는 연구소

모든 행위를 좀 더 광범위한 실험의 기회로 보는 것이 선생님만의 스타일이라고 생각합니다. 한 차원을 벗어나 또 다른 차원을 끊임없이 모색하는 성향이나 항상 복합적이고 차별화된 분석 도구의 필요성을 절대적으로 고집하시는 성향 역시 선생님의 스타일이죠. 모든 것을 실험으로 보시니까요. 사실 선생님께서 어떤 프로젝트나 시도에 흥미를 느끼시는 이유는 그것 자체가 무언가를 줄 수 있기 때문이 아니라 실행 과정에서 어떤 미지의 세계를 탐험할 수 있는 아이디어를 제공하기 때문입니다. 항상 강렬한 윤리적 색채를 지니는 선생님의 탐구 역시 작업의 실험적인 차원에 뿌리를 두고 있습니다. 이러한 탐구를 위해 오랜 시간 다듬어 오신 두 매체가 바로 1976년에 창설하신 국제 건축 및 도시 디자인 연구소(ILAUD)와 1978년에 창간하신 《공간과 사회》였죠.

ILAUD가 어떻게 만들어졌는지, 어떤 도시에서 활동했는지, 25년간 어떤 형태로 발전했는지, 프로젝트에 참여한 여러 건축 학교에 어떤 영향을 끼쳤는지에 대해서는 이미 많은 이야기를 한 것 같습니다.

좀 더 알고 싶으시다면 덧붙여서 이 이야기를 들려드릴

수 있을 것 같군요. ILAUD의 창설을 진지하게 생각하기 시작한 건 제가 미국에 있을 때였습니다. 컬럼비아 대학 관계자가 제게 우르비노에서 열리는 여름 강좌를 맡아줄 수 있냐고 물어왔습니다. 컬럼비아 대학과 다른 유럽 대학 학생들을 대상으로, 베네치아에서 1950년도 초에 열렸던 CIAM의 건축 강좌와 유사한 강의를 해달라는 것이었죠.

컬럼비아 대학과의 협력하에 여름 강좌를 마치고 나서 저는 서로 다른 문화를 지닌 청년들이 특정 지역에 모여 그 지역의 구체적인 주제들을 두고 함께 연구할 때 아주 흥미로운 결과를 만들어 낼 수 있다는 걸 깨달았습니다. 굉장히 다양한 관점을 바탕으로 광범위한 지식이 조합되며 연구 내용이 풍부해지고, 실질적인 문제를 현장에서 직접 다룸으로써 앎의 폭이 넓어질 뿐더러 상상력에 구체적인 성격이 부여된다는 장점이 있었죠.

"세계적으로 생각하고 지역적으로 행동해라." 환경보호운동 슬로건인데 ILAUD의 정신에도 잘 어울리는 것 같습니다.

맞아요. 잘 어울립니다. 그래서 저는 1970년대 초에 MIT 대학과 유럽의 몇몇 건축 학교에 이러한 가능성을 실현 단계로 끌어올릴 수 있는 소규모의 기관을 함께 만들어보는 것이 어떻겠냐고 제안했습니다.

저는 여러 캠퍼스로 분산된 건축학교들이 저마다 1년 동안 정규 교과 과정을 운영한 후, 각 학교의 학생들과 교수들이 1~2달 동안 한 장소에서 모여 실질적인 문제에 관해 함께 연구에 몰두하는 방식을 염두에 두었습니다. 모이는 장소는 우르비노나 시에나, 어쨌든 이탈리아였습니다.

이 계획을 현실화하기까지 6년 내지 7년이 걸렸습니다. 그리고 1976년에 ILAUD가 탄생했죠. 이때 참여한 학교는 우르비노, 오슬로, 취리히, 루뱅, 바르셀로나의 대학과 미국 캠브리지의 MIT 대학이었습니다.

ILAUD는 공식적으로 대학의 지원을 받는 단체였지만, 교과 과정에는 대학에 대한 비판적인 시각을 가르치는 내용이 포함되어 있었습니다. ILAUD의 목적 가운데 하나가 바로 잠든 대학을 깨어나게 하는 것이었죠. 결국 대학 내부에서 독보적인 위치를 차지하는 이들에게 의존할 필요가 있었습니다. 영향력이 있지만 순응주의자가 아닌 인물들이 필요했죠. 이들의 도움으로 이탈리아에 오는 교수들과 학생들의 선별 과정에 대학 행정부가 끼어들지 못하게 조치할 수 있었습니다. 우리가 이 부분에서 성공할 수 있었던 이유는 대학의 관료가 아니라 우리가 찾은 인물들에게 의존했기 때문입니다. 머지않아 기존의 학교들 외에 다른 대학에서도 관심을 보이면서 스웨덴, 벨기에, 프랑스, 유고슬라비아, 미국 버클리의 대학이 참여했고 지금은 필라델피아의 펜실베이니아 대학, 스코클랜드 에든버러와 제네바의 대학에서도 참여하고 있습니다. 몇몇 대학이 교체되는 경우가 있었고 현재는 13개의 대학이 남아있습니다.

우리는 첫 6년 동안 우르비노에서 활동했습니다. 때는 포스트모더니즘이 승승장구하며 건축에 관한 모든 진지한 담론을 무용지물로 만들어 버리던 시기였습니다. 우리는 이러한 유형의 확산에 반기를 들었어요. 싫다고 말하는 것으로 그치지 않고 진정한 의미에서 저항운동을 펼쳤습니다. 우리는 모더니즘을 지탱하던 것보다 훨씬 더 현실적일 뿐 아니라 상상력이 풍부한 새로운 토대 위에서 건축 담론의 부활을 꾀했습니다. 바로 이 시기에 '해석'과 '시험적 계획', 즉 현실을 새롭게 해독하고 이해하는 방식과 건축 과정을 정의하고 발전시키기 위한 보다 포괄적이고 실험적이며 민주적인 방식을 고안해 냈죠.

포스트모더니즘의 지지자들도 포스트모더니즘은 민주적이라고 주장합니다. 하지만 그건 디즈니랜드적인 세계관에서 탄생한 민주주의 개념에 불과하죠.

사실 ILAUD는 포스트모더니즘에 대해서도 수용적이었습니다. 저는 포스트모더니즘을 항상 아둔한 건축가들의 아둔한 짓거리라고 평가했지만, 이들 가운데에는 재능 있는 건축가도 있었고 이들 덕분에 널리 알려진 몇 가지 흥미로운 건축 아이디어도 있었습니다. 상황이 이렇다 보니 ILAUD는 주변에서 일어나는 모든 일을 주의 깊게 관찰했고, 이러한 노력 덕분에 우리의 몇몇 입장들을 보다 분명하게 점검할 수 있었습니다.

예를 들면 앞서 말씀드린 것처럼 우리는 '참여'에 대한 태도를 바꿨습니다. 공간 사용자들과의 직접적인 접촉을 전제로 이루어지는 '직접 참여'의 경우, 참여자의 수가 도시처럼 수백만 명에 달할 때에는 사실상 불가능합니다. 그래서 이 '직접 참여'라는 문제를 계속 연구하는 동시에 '간접 참여'를 실험하기 시작했습니다. 우리가 확인한 바에 따르면 '간접 참여'는 두 가지 경로를 거쳐야 합니다. 무엇보다 지역사회의 현황과 징후들을 읽을 줄 알아야 하고, 이를 바탕으로 지역의 역사를 발견하고 해석할 수 있어야 합니다. 이때 역사를 단순히 과거로만 간주할 것이 아니라 현재와 미래의 기대치로도 읽을 줄 알아야 합니다. 모든 사건이 물리적 공간에 흔적을 남기고, 모든 것이 대지에 새겨져 있다면, 이를 해독하여 프로젝트가 진행될 특정 장소의 의미를 이해할 가능성은 마련되어 있다고 보아야 합니다.

흔히 '장소의 혼Genius Loci'이라고 불리는 것과 비슷하다는 생각이 드는데요.

어떤 의미에서는 그렇다고도 볼 수 있겠죠. 하지만 필요한 건 관조적인 차원에 그치지 않는 능동적인 관점입니다.

'간접 참여'가 거쳐야 할 두 번째 경로에서는 건축을 이성적으로든 감각적으로든 이해가 가능한 무엇으로, 따라서 참여를 유발하는 대상으로 변형시켜야 합니다. 우리가 1년간의 활동 끝에 발견한 이 아이디어는 일종의 전환점을 마련하면서 이후의 연구 활동에 지대한 영향을 끼쳤습니다. 우리는 건축의 다양한 구성 요소들을 검토하기 시작했습니다. 사람들이 어떤 식으로 이 요소들을 좀 더 쉽게 이해하고 통제할 수 있는지 파악하기 위해서였죠. 이 요소들 가운데 가장 경직되고 완고한 요소가 바로 '기술'이었습니다. 소단위로 분할이 가능하여 누구나 쉽게 사용할 수 있는 형식들을 기술적으로 가장 뛰어나다고들 하지 않나요? 그렇다면 작은 것은 아름답다고들 하는데 사실일까요? 어떤 조건에서 그런 거죠?

그건 에른스트 슈마허Ernst Schumacher의 책에 나오는 환경 보호 운동 슬로건입니다.

어쨌든 우리가 ILAUD에서 다루던 주제는 이른바 '길들여진 기술'이었습니다. 구체적인 건축언어의 복합성을 유지하면서 이해도 가능하도록 그 언어를 체계화할 수 있는 방법에는 어떤 것들이 있는지 논의했죠. 우리는 도시와 지역사회의 어떤 요소들이 가장 핵심적인 단서로서 우리와 사람들의 관심을 불러 모을 수 있는지 의논했습니다. 도시와 지역사회의 여러 공간들 가운데 참여의 과정이 가장 손쉽게 침투할 수 있는 공간이 어디인지도 이해하려고 노력했죠. 우리는 야외 공간으로 눈을 돌렸습니다. 도시경제 차원에서는 관심도가 낮아 계획에서 제외되는 것이 보통인 야외 공간에 오히려 관심을 기울인 거죠. 야외 공간이야말로 건축물이 들어선 공간과 밀접한 연관성을 가질 뿐 아니라, 변혁의 아이디어와 활동을 다른 곳에서보다 더 성공적으로 집중시킬 수 있는 곳이었습니다.

대부분의 사람들이 건축물을 사유재산으로 간주하고 소유자의 동의 없이는 그것을 변형시킬 수 없다고 생각합니다. 반면에 야외 공간은 공동의 자산으로 간주하죠. 따라서 정체성을 확인하는 과정을 시작하고 변혁을 만들어내는 원인과 방법을 보다 명확하게 하기 위해서는 열린 공간에서 출발하는 것이 훨씬 유리합니다.

ILAUD는 이탈리아보다 외국에 더 많이 알려져 있습니다. 이해를 돕기 위해 몇 말씀 더 해주시죠.

외국에서 더 유명하다는 건 사실입니다. 어느 정도 의도적인 결과이긴 하지만, ILAUD는 이탈리아에서 많이 알려지지 않았어요. 하지만 창설된 해부터 매년 연구 내용을 수록해 출간한 연감 24권이 남아 있습니다. 장담하는데 굉장히 흥미롭습니다. 연감을 살펴보면 몇 년 뒤에 등장하게 될 건축의 담론들이 상당 부분 예측되어 있는 것을 발견할 수 있을 겁니다.

ILAUD는 제노바에서도 작업을 한 적이 있나요?

제노바에서 ILAUD가 맡은 임무는 프레Pré 구역의 재개발 계획이었습니다. 저와 경험 많은 이탈리아 건축가 아르만도 바르프Armando Barp의 지도하에 여러 나라의 젊은 건축가들이 모여, 절망적인 상태에 놓여 있던 제노바 구시가지의 넓은 지대와 옛 부두를 포함하는 재개발 계획을 추진했죠. 이 계획이 제대로 실행되었다면 제 생각에는 제노바가 지금처럼 골머리를 앓는 일은 없었을 겁니다. 하지만 아무것도 실행에 옮기지 못했어요. 그 후엔 선전성이 강한 렌초 피아노Renzo Piano의 계획이 등장했고 이 계획은 결국 행정가들이 방향을 완전히 잃게 만들었을 뿐 아니라 오히려 투기꾼들에게 먹잇감을 안겨주는 사태를 초래했습니다.

제노바의 항구에 갈 때마다, 최근까지도 마치 유령을 보는 것만 같았습니다. 유령의 도시에서 사는 유령 같았죠.

맞아요. 정확하게 보셨습니다. 안타까운 일이에요. 왜냐하면 제노바는 정말 멋진 도시이고 원도심도 이탈리아의 흥미로운 구시가지들 가운데 하나이니까요.

《공간과 사회》: 건축에 대한 파르티잔식 접근

《공간과 사회》는 어떤 면에서 ILAUD의 결과물이자 이 다국적 망루 덕분에 선생님께서 마음이 맞는 분들과 유지할 수 있었던 개인적인 관계의 결과물이라는 생각이 듭니다.

《공간과 사회》는 ILAUD의 결과이자 계기이기도 했습니다. 왜냐하면 둘 다 거의 같은 시기에, 즉 1970년대 후반에 설립되었으니까요.

지금까지 ILAUD 이야기는 많이 한 편이지만 《공간과 사회》에 대해서는 말할 기회가 별로 없었습니다. 하지만 《공간과 사회》는 잡지니까 그 자체로 이미 많은 이야기를 하고 있는 셈입니다. 발행 부수가 거의 90권에 달하고 다양한 방식으로 그동안 누적된 복합적인 스토리를 전하고 있죠.

잡지 《로투스Lotus》의 편집자들이 얼마 전에 ILAUD를 주제로 12페이지에 달하는 기사를 소개한 적이 있습니다. 하지만 기지를 발휘하고 싶었는지 아니면 완전히 이해하지 못했기 때문인지, 안타깝게도 그 기사는 피터 스미슨이 그린 일련의 해학적인 삽화로 장식되어 있었습니다. 그런 식으로 ILAUD의 활동은 스미슨의 삽화가 보여주는 것이 전부라는 인상을 독자들에게 심어준 거죠. 이 삽화들은 스미슨이 ILAUD에서 활동한 뒤 런던으로 돌아가 어느 정도는 진지하게, 약간은 재미 삼아 우리에게 보내왔던 것들이었어요.

이런 식으로 ILAUD의 정체를 모호하게 만든 또 하나의 요소는 기사의 제목이었습니다. 제 입장에서는 사실을 좀 왜곡하는 것처럼 보였어요. 왜냐하면 팀 텐이 ILAUD의 모체였다는 느낌을 주었으니까요. 물론 ILAUD뿐만 아니라 《공간과 사회》에도 제가 팀 텐에서 만난 사람들이나 팀 텐의 구성원들을 통해 만난 사람들이 참여했습니다. 그건 지극히 당연하고 자연스러운 일이었어요. 하지만 팀 텐은 팀 텐이고 ILAUD는 ILAUD입니다. 《공간과 사회》도 마찬가지고요. 팀 텐은 배경에 불과했습니다. 그것도 전혀 다른 차원에서였죠.

《공간과 사회》는 사실 파르티잔식 건축적 망루였습니다. 건축을 바라보는 그들만의 색채가 공개적으로 드러났죠.

ILAUD는 건축을 가르치는 파르티잔의 파르티잔식 방식이었습니다. 저는 건축가로서 작업할 때에도 파르티잔으로 임할 수 있고, 함께 일하는 사람들 역시 파르티잔들입니다. 적어도 그 활동의 가치를 믿는 사람들이죠.

《공간과 사회》는 수년간 선생님의 연구 주제를 성찰하기 위한 최상의 도구였습니다. 건축을 구상하는 선생님만의 방식과 일관성을 유지하며 실현하신 것들을 증언하는 문헌이기도 하고요. 이 잡지의 발간은 어떻게 시작하셨나요?

《공간과 사회》를 창간한 건 1978년이었습니다. 그러니까 20년의 문턱을 넘어선 셈이네요. 이 잡지가 여전히 건재하다는 건 거의 기적에 가깝습니다. 아주 놀라운 탄생 과정과 역사를 지닌 잡지죠.

어느 날 출판가 모이치Moizzi와 건축가 리카르도 마리아니Riccardo Mariani가 제 스튜디오에 찾아온 적이 있습니다. 마리아니는 자신을 아나키즘 운동권과 상당히 가까운 존재로 생각했고 실제로도 그랬습니다. 여러 권의 책을 썼고, 《새로운 인류Umanità Nova》와 《의지》의 조력자로도 활동한 적이 있죠.

저도 마리아니를 잘 알고 있습니다. 알제리의 건축 전문학교에서 2년간 동료로 지냈죠.

당시에 마리아니는 모이치 출판사에서 책도 내고 편집도 하고 있었습니다. 그날은 모이치와 함께 저를 찾아와서 앙리 르페브르Henri Lefevre가 발간하던 프랑스 잡지 《공간과 사회Espace et Société》의 이탈리아어판을 준비하기로 결정했다고 하더군요. 그러니 제가 편집장을 맡아줄 수 있겠냐는 거였어요. 저는 제안을 거절했습니다. 왜냐하면 프랑스어로 직접 읽을 수 있는 《공간과 사회》를 굳이 이탈리아어로 번역할 필요는 없다고 봤기 때문입니다.

이들의 방문은 굉장히 즐거웠지만 그렇게 끝났어요. 하지만 며칠 뒤에 다시 찾아와서는 또 다른 제안을 했습니다. 이번에는 아예 새로운 형태의 이탈리아적인 건축 잡지를 만들어보겠다고 하더군요. 프랑스 《공간과 사회》의 몇몇 기사는 발췌해서 실어야 하지만, 나머지는 전적으로 새롭게 건축에 관한 내용으로 꾸며 보겠다는 것이었어요.

내키지는 않았습니다. 사실 《카사벨라》를 그만둔 뒤로 건축 잡지에 더 이상 관여한 적이 없었거든요. 게다가 정말 할 말이 있어서 출판하는 건축 잡지를 만든다는 것이 얼마나 어려운 일인지 저는 알고 있었습니다. 하지만 결국 시도는 해 보겠다면서 제안을 받아들였어요.

그렇게 해서 우리는 마리아니 부부가 운영하던 피렌체의 편집부를 중심으로 일을 시작했습니다. 하지만 정작 우리가 무엇을 원하는지 분명하지가 않았어요. 다행히도 편집은 2호에서 멈춰 섰습니다. 모이치가 그만두겠다는 결정을 내렸기 때문이죠.

하지만 그 시점에 저는 건축 잡지를 정말 제대로 만들어 보고 싶은 욕심이 생겼어요. 당시에는 포스트모더니즘의 등장과 함께 건축에 관한 논의가 굉장히 혼란스럽게 전개되고 있었습니다. 이런 문제는 ILAUD 내부에서도 논의되곤 했죠. 저는 이러한 상황을 분명하게 설명하는 건축 잡지가 드물다는 생각을 했습니다. 무엇보다 제가 보는 관점에서 건축의 정말 중요한 문제들, 예를 들어 유행에 좌우되지 않는 건축의 구조적인 문제를 다루는 건축 잡지가 드물었어요. 그래서 우리는 《공간과 사회》를 또 다른 출판사 마초타Mazzotta와 함께 발간하기 시작했습니다. 편집부를 밀라노로 옮겼고 제 아내 줄리아나가 코디네이터를 맡았죠.

모두가 알다시피, 그때부터는 줄리아나가 건축 잡지를 발간하는 데 핵심적인 역할을 했습니다. 건축의 양상과 사회적 상황의 변화에 발맞추어 잡지를 새롭게 꾸미는 데 주력했고 구조적인 논제들을 발견하는 동시에 이를 다룰 수 있는 방법과 사람들을 찾아냈죠. 《공간과 사회》가 다른 모든 건축 잡지와 대별될 뿐 아니라 청년들의 관심을 불러일으킬 수 있었던 것은 전부 제 아내 덕분입니다.

항상 그렇듯이, 시간이 흐르면서 편집부에서 일하던 사람들도 바뀌고 출판사도 바뀌었습니다. 마초타 출판사와는 경제적 상황이 어려워 그만둘 때까지 함께 했습니다만, 건축 잡지는 원래 많이 팔리지 않기 때문에 대규모의 광고 지원이 뒷받침되지 않으면 살아남기 힘듭니다. 우리는 발간을 계속 이어가기 위해 아주 힘든 시기를 보냈습니다. 출판사를 일곱 번이나 바꿨어요. 마초타에서 산소니Sansoni 출판사로 바꿨고 뒤이어 MIT 프레스와도 계약을 했습니다. 우리가 1년에 3권을 펴내는 동안 MIT 프레스에서는 달랑 한 권만 출판했죠. 머지않아 산소니도 그만둘 수밖에 없는 상황에 처했고, MIT 프레스에서는 도무지 팔리질 않으니 출판을 계속할 이유가 없다고 판단했습니다. 세 번째 출판사는 제노바의 사제프Sagep였습니다. 12권 정도를 함께 발간했죠. 그리고 계속해서 피렌체의 레 레테레Le Lettere 출판사, 로마의 간제미Gangemi, 리미니의 마졸리Maggioli, 그리고 지금 맡고 있는 로마냐의 산타르칸젤로Santarcangelo가 뒤를 이었습니다. 《공간과 사회》는 출판을 계속 이어갔지만 얼마나 힘들었는지 몰라요. 그런데도 우리는 해냈습니다. 제 스튜디오의 자금을 쏟아붓거나 지원자들의 도움을 받는 식이었죠. 후회는 하지 않습니다. 무엇보다도 제가 돈을 많이 쓰는 편은 아니었으니까요. 불만이 남아 있다면 그건 출판사들의 협조가 부족했다는 점입니다. 판매 실적이 늘 신통치 않았으니까요.

하지만 저는 《공간과 사회》가 다른 건축 잡지가 하지 못한 중요한 역할을 해냈다고 확신합니다. 예를 들어, 이탈리아의 어떤 건축 잡지도 제3세계의 건축 문화를 주제로 다루지 않았고 이 문제를 언급하는 외국 잡지들도 극소수에 불과했습니다. 대신에 우리는 인터뷰, 기사, 보도자료 등을 통해 인도와 브라질, 아르헨티나 같은 이른바 개발도상국의 건축 문화를 다루고 소개했습니다. 그러면서 이런 나라에서는 여전히 공간의 문제와 사회적 문제 간의 흥미로운 연관성을 발견하는 것이 가능하다는 것을 깨달았죠. 왜냐하면 지역사회와 밀접한 연관성을 유지하는 순수한 건축이 창작의 온상으로 여전히 존재하는 곳이었기 때문입니다.

선생님께서 쓰신 가장 중요하고 흥미로운 글이 최근 몇 년간 《공간과 사회》를 통해 발표되었습니다. 결국에는 《공간과 사회》 덕분에 선생님께서 성찰을 계속 이어가실 수 있었다는 생각이 드는데요. 그건 사실 선생님께서 체계적인 건축 이론서를 쓰시려고 한 적이 없기 때문이기도 합니다.

사실 체계화하고 싶은 생각도 없습니다. 그건 제가 존재하는 방식과도 거리가 멀어요. 제가 성찰한 것들 가운데 중요한 부분은 거의 모두 《공간과 사회》 또는 ILAUD의 작업 노트에 실려 있습니다.

저는 선생님이 마감에 쫓기면서 성찰할 수밖에 없는 상황을 스스로 만들진 않으셨나 하는 인상을 받기도 합니다. 그러지 않으면 성찰을 안 하셨을 테니까요.

사실 제 스스로를 못살게 구는 면이 있습니다. 훈련의 필요성을 느끼기 때문이죠. 잡지가 3개월마다 나오니까 3개월에 한 번씩 제 견해를 가다듬는 겁니다. 그걸 안 하려면 사실 편집장도 하지 말아야죠.

잘 아시겠지만 건축 잡지를 만든다는 것은 굉장히 힘든 일입니다. 줄리아나를 비롯해 편집부를 거쳐 간 많은 사람들, 람베르토 로시Lamberto Rossi, 아메데오 페트릴리 Amedeo Petrilli, 다니엘레 피니Daniele Pini 등이 제게 정말 많은 도움을 주었습니다. 하지만 20년이라는 세월을 보내고 나니 피로가 느껴지기 시작합니다. 자금도 부족하고 광고를 따내기도 힘들어졌어요. 편집자는 물론 사진작가의 작품료도 지불할 형편이 못됩니다. 우리는 이런 어려움에도 불구하고 출판을 계속해 왔고, 능력이 닿는 한 앞으로도 계속 추진할 겁니다. 하지만 우리를 도와주는 사람들이 없어요.

우리를 도와주는 사람들이 없다는 건 경제적 지원이 없다는 뜻도, 인력이 부족하다는 뜻도 아닙니다. 그런 것들은 있습니다. 제가 하고 싶은 말은 사람들의 지지가 사라졌다는 것입니다. 한때 건축의 정보 분야를 지탱하던 사람들의 기대감과 궁금증 같은 것을 오늘날에는 찾아볼 수 없어요. 건축 잡지는 종류가 엄청나게 늘어났습니다. 하지만 전부 온갖 종류의 광고를 싣기 위해 다듬어진 전시장으로 변해버렸습니다. 그러니까 건물 및 토지 사업, 다양한 경향과 규모의 프로젝트, 건축가들, 설계 사무소, 공간에 대한 아이디어를 제공하는 인테리어 스튜디오나 상인들의 시장으로 변해버린 거죠. 때로는 몇몇 비평가나 건축사학자들이 이미 유명해졌거나 적절한 시기에 데뷔시켜야 할 일군의 건축가들을 거느리며 자신들의 권력과 선전의 도구로 사용하는 것이 바로 건축 잡지입니다. 그런 의미에서 건축 잡지는 일종의 투자입니다. 일종의 계산 방식이고, 그래서 무의미한 공간이죠. 반면에 《공간과 사회》는 편집자들에게 빈번히 과도한 노력을 요구합니다.

오늘날엔 사랑을 담아 하는 일은 오히려 처벌을 받는다는 느낌이 듭니다. 어떤 일을 좋아서 하면 바로 위험한 인물이 됩니다.

무언가를 자신만의 열망 때문에 한다는 건 일종의 사치로 간주됩니다. 실제로도 그렇게 하는 사람들은 극소수에 불과해요.

상품과 돈을 축적하고 모든 것을 빠르게 소비하는 것이 유일하게 중요한 일인 것처럼 보이죠. 심지어 문화적 관심사까지도 말입니다.

이 주제에 관한 대화를 매듭짓기 위해 ILAUD와 관련된 질문을 하나 더 드릴까 합니다. ILAUD의 활동과 《공간과 사회》의 운영을 사실은 20년 이상이나 병행하셨는데, 이 두 영역 사이에 어떤 의도적인 접점 같은 것이 있었나요?

당연합니다. 있었어요. 두 영역 모두 항상 제가 있었기 때문에 어쩔 수 없었죠. 어쨌든 두 영역이 중첩되는 경우가 생기더라도 그것은 우발적이었을 뿐입니다. 두 종류의 상이한 문화 기관이 동일한 목표를 추구하다 벌어진 일화에 불과하죠. 왜냐하면 목표만 같았을 뿐 동일한 경로를 밟지 않았고 같은 사람들이 관여했던 것도, 같은 사람들을 대상으로 활동했던 것도 아니니까요.

또 한 가지 잊지 말아야 할 것은, 《공간과 사회》에서는 저와 머리를 맞대고 함께 일했던 핵심 조력자가 줄리아나였던 반면, ILAUD에서는 에트라 콘니 오키알리니였다는 사실입니다. 에트라의 우아함과 실천적 지성과 창의력이 없었다면, 논쟁적인 상황을 해결하는 그녀의 탁월한 능력과 다재다능함이 없었다면, 오늘날 ILAUD는 전혀 다른 것이 되었거나 아니면 아예 존재하지 않았을 수도 있습니다.

흔히들 훌륭한 일을 해낸 남성의 배후에는 항상 여성의 존재가 숨어 있다는 이야기를 합니다. 제 경우에는 많은 여성들이 있었어요. 저 혼자 힘으로는 발견하거나 받아들이지 못했을 건축적 경험의 의미들을, 제 주변의 뛰어난 여성들이 채우고 보완하는 데 결정적인 역할을 했다는 겁니다. 말씀드렸다시피 줄리아나는 저를 완성하는 데 가장 크게 기여한 사람입니다. 제가 인생에서 만난 사람들 가운데 순응주의를 거부하는 성향이 가장 강했고 놀라운 상상력은 물론 정의에 관한 아주 정확한 의식과 확실한 취향을 가지고 있었죠. 앞에서 ILAUD에는 에트라 콘니 오키알리니가 있었다고 말씀드렸는데, 스튜디오에도 여성 조력자들이 있었습니다. 특히 안젤라 미오니Angela Mioni의 너그럽고 열정적인 협조가 없었다면 체계가 엉망이었던 스튜디오를 그토록 오랜 세월동안 운영하지 못했을 겁니다. 몇 회에 걸쳐 중요한 작업에 같이 참여해준 수잔 베트슈타인Susanne Wettstein, 놀랍도록 두뇌회전이 빠르고 모험을 두려워하지 않던 비서 도나텔라 테스티니Donatella Testini, 이 외에도 마비카 로시Mabicha Rossi, 바르바라 크로체Barbara Croce, 마달레나 페라라Maddalena Ferrara를 비롯한 많은 여성이 제 스튜디오에서 여성으로 성장했고 진심을 다해 열성적으로 제 일을 도왔습니다. 모니카 마촐라니Monica Mazzolani도 최근 12년 동안 우르비노와 살로니코, 카타니아의 작업에 참여하면서 그녀만의 감각적인 우아함을 더해주었어요.

이분들께 감사의 표시를 하신 셈이지만, 사람들은 선생님의 조력자가 여성들뿐이었다는 인상을 받을 수도 있을 것 같은데요.

그렇진 않습니다. 제가 남성들과 함께 일하는 것보다 여성들과 함께 일하는 걸 더 편하게 느낀다는 말은 할 수 있겠죠. 그건 사실입니다. 하지만 이 부분에 대해 설명하려면 이야기가 길어질 것 같아요. 제 입장에서는 여성들이 어떻게 인류가 가진 에너지와 우주의 은밀한 충동을, 가장 개방적이고 직접적인 방식으로 연결하는 존재인지를 일일이 설명해야 할 테니까요. 그러니 편의상 남성 조력자들도 중요했다는 이야기를 하는 편이 더 나을 것 같습니다. 많은 남성 조력자들이 스튜디오에서뿐만 아니라 《공간과 사회》에서, ILAUD에서, 대학에서 저와 함께 일했고 중요한 역할을 했습니다. 사실은 수백 명이 넘어요. 하지만 우리의 대화를 지루하고 단조로운 인명록으로 채울 수는 없으니, 지금 머릿속에 떠오르는 대로 몇몇 이름만 언급하겠습니다.

먼저, 초기에 활동했던 조력자 가운데 몇 달간 함께했던 조토 스토피노Giotto Stoppino가 떠오르는군요. 뒤이어 제가 콜레의 기숙사를 설계할 때 에치오 마리아니Ezio Mariani와 프란체스코 보렐라Francesco Borrella가 꽤 오랫동안 저와 함께 일했습니다. 더블린에서 함께한 아르만도 바르프와 우르비노, 리야드는 그 누구와도 비교할 수 없을 정도로 정이 많이 들었죠. 파우스토 콜롬보Fausto Colombo와 파비아, 라 람파La Rampa는 테르니에서 함께 일하며 정이 들었습니다. 안토니오 디 맘브로Antonio di Mambro와는 밀라노와 MIT에서 함께 일했죠. 이외에도 야스오 와타나베Yasuo Watanabe, 시에나의 스포츠센터를 함께 계획한 마이클 테일러Michael Taylor, 그리고 마이클 코스탄틴Michael Costantin, 우르비노의 두 번째 도시계획 때 함께 했던 파올로 스파다, 그리고 마르코 체카로니Marco Ceccaroni, 파올로 카스틸리오니Paolo Castiglioni 등이 떠오르는군요. 베네치아 건축대학에서 함께했던 파올로 체카렐리Paolo Ceccarelli, 프랑코 만쿠소Franco Mancuso, 알베르토 미오니Alberto Mioni, 귀도 조르단Guido Zordan, 알베르토 체케토Alberto Cecchetto, 다니엘레 피니Daniele Pini(마초르보) 등도 기억하고 있습니다. 지금은 제가 상당히 중요하게 생각하는 프로젝트를 위해 모니카 마촐라니와 안토니오 트로이시Antonio Troisi가 조력자로 활동하고 있습니다.

많은 여성과 남성 분들의 이름을 일일이 다 언급하지는 못했습니다. 알고 있어요. 이 글을 읽게 된다면 마음은 모두에게 향해 있다는 걸 알아주셨으면 합니다.

제 스튜디오는 연구소입니다

이제야 생각났는데, 스튜디오에서는 어떻게 작업을 하시는지 질문을 드린 적이 없는 것 같습니다. 일을 몇 시간 정도 하시는지, 일거리는 어떻게 확보하시는지, 직원들과의 관계는 어떤지 여쭤도 될까요?

여행 중이거나 예기치 못한 일이 벌어지지 않는 한 스튜디오에는 매일 아침 9시에 도착합니다. 오전 작업을 마치고 오후 1시에서 3시까지 휴식을 취한 뒤 상황에 따라 저녁까지 일을 합니다. 보통은 저녁 7시 30분까지 남아 있죠. 직원들도 같은 시간표에 따라 활동합니다. 저는 이 점이 중요하다고 생각합니다. 특히 그룹으로 일하는 경우 작업 자체가 시공간적인 규칙들을 요구하기 때문이에요.

제 스튜디오는 규모가 작습니다. 직원들의 수도 10명에서 12명을 넘긴 적이 없어요. 너무 많으면 컨트롤하기 힘들어지니까요.

일은 제가 고릅니다. 그러니까 제안이 들어오는 대로 아무 일이나 무조건 수락하는 건 아니죠. 확신을 가지고 적극적으로 작업에 임하려면 계획의 동기가 명확해야 하고, 예상되는 결과 역시 환경은 물론 그것을 경험하게 될 개인과 사회에 긍정적인 영향을 줄 수 있어야 합니다. 이런 조건 외에도 제가 흥미를 느끼는 일은 그동안 스튜디오가 발전시켜 온 연구 내용에 또 다른 의미를 추가할 수 있는 경우들입니다.

이 모든 것을 말로 선언하긴 쉽지만 행동으로 옮기는 건 쉽지 않아요. 많은 유명 스튜디오들이 매스미디어의 대대적인 홍보를 등에 업고 화려한 건축물을 소개하지만, 이를 건설하고 홍보하는 데 필요한 자금을 마련하기 위해 공개하기 싫은 불건전한 사업에 집중한다는 것은 널리 알려진 사실입니다. 제 스튜디오에서 이런 일은 일어나지 않습니다. 우리가 하는 모든 작업은 공개적으로 이루어지고 비용도 많이 들죠. 하지만 비자금 확보용 금고 같은 건 우리에게 없어요.

우리는 대부분 계획하는 데 상당히 오랜 시간을 투자합니다. 왜냐하면 우리가 원했던 것과 가장 가까운 해결책을 찾았다는 확신이 들 때까지 계속해서 새로운 시도를 하기 때문이죠. 안타깝게도 건축 법규와 규정, 규칙 들이 장애요소로 작용하는 바람에 정작 계획안을 구상하는 데 쏟아야 할 시간이 대폭 단축되어 실시설계 단계에 들어간 다음에는 계획에 변화를 주는 것이 거의 불가능해지고 있어요.

한때는 도면을 많이 그렸습니다. 지금은 T자를 사용하는 경우가 줄었고 오히려 스케치를 더 많이 하는 편입니다. 컴퓨터는 사용하지 않습니다. 사용할 줄을 몰라요. 어느 시점엔가 저는 건축학을 비롯해 건축의 내부적인 기호 체계까지 완전히 뒤바꿔놓은 이 놀라운 기계의 사용법을 정복할 시간이 제게는 충분하지 않다고 판단했습니다. 컴퓨터 언어를 더듬거리는 대신 그 잠재력을 이해해보려고 노력했죠. 저는 컴퓨터를 굉장히 긍정적으로 평가합니다. 비록 컴퓨터가 일상적으로 자주 쓰이면서 아주 저속하고 평범한 것들에 문을 열어주는 문제가 있더라도 말이죠.

저와 함께 일하는 모든 젊은이들이, 아니 다들 젊으니까 '모두'라고 해야겠네요. 모두가 컴퓨터를 사용합니다. 젊으니까 그렇겠지만 이들은 스케치도 해요. 모형도 만들고 T자를 사용하거나 프리핸드 드로잉을 하기도 합니다. 그때그때 선택을 하는 거죠. 그건 손과 지성, 감각적인 손놀림과 추상적인 정신 사이의 긴밀한 협력관계 없이는 건축에 도달하지 못한다는 제 확신에 자극을 받았기 때문이기도 합니다.

제 고객의 수는 그리 많지 않습니다. 대부분 공공기관이니까요. 물론 상대하게 되는 것은 결국 사람입니다. 고객은 건축 과정의 가장 기본적인 요소 가운데 하나입니다. 고객이 나타나지 않으면 큰일이죠. 혹은 투자가나 관료처럼 거리두기를 선호하는 적대적인 익명의 형태로 등장해도 문제입니다. 어떤 경우든 무슨 수를 써서라도 고객이 나타나 능동적으로 제안을 할 수 있게 만들어야 합니다. 결과적으로 책임을 지게 해야 하는 거죠. 저는 기회가 될 때마다 고객을 '양성'하는 일이 계획의 일부이고, 고객은 있든 없든 계획할 필요가 있는 존재라고 이야기한 적이 있습니다. 무슨 뜻이었는지 여기서 다시 말씀드리죠. 고객이 자금을 대고 건축 과정에서 자금을 관리하는 것만으로는 부족합니다. 고객은 더 나아가서 열정적으로 건축에 관여해야 하고, 그가 참여하는 건축적 사건이 그의 얼굴이 되리라는 걸 믿어야 합니다. 이 단계에 도달하려면 건축가는 굉장한 설득력을 지녀야 하고 유혹도 할 줄 알아야 합니다. 저는 적어도 두 번 이런 마술적인 관계를 경험한 적이 있습니다. 한 번은 우르비노에서 카를로 보와 함께, 또 한 번은 카타니아에서 지아리초Giarrizzo, 레오나르디Leonardi, 리브란도Librando와 함께 경험했죠.

1980~1990년대의 새로운 성장기

선생님의 작품들을 살펴보면서 1970년대 말경부터 건축의 방향이 크게 바뀌었다는 인상을 강하게 받았습니다. 1980년대는 성찰의 시기인 동시에 다양한 기술과 건설 방식을 실험하는 시기였고 재료나 볼륨, 공간을 활용하는 방식에도 근본적인 변화가 일어났다는 것을 느낄 수 있습니다. 그리고 1990년대에는 다시 한 번 새롭게 성숙한 모습을 보여주시면서 풍요로운 창작의 시기를 맞이하셨죠.
1978~1979년, 그러니까 마초르보 프로젝트를 추진하시던 시기까지는 계획을 실현하는 과정에서 일정한 연속성과 매우 일관된 접근방식을 보여주셨습니다. 반면에 ILAUD를 창설하시고 《공간과 사회》를 창간한 뒤에는 성찰과 연구에 몰두하면서, 1980년대 말의 작품들에서 찾아볼 수 있는 새로운 통합 단계까지 도달하셨어요.

두 번째 아니면 세 번째 인터뷰 때였던 것 같은데, 제게 1960년대와 1970년대의 작업에 대해 질문을 하신 적이 있습니다. 저는 그중 몇 가지에 대해 대략적인 설명을 해드렸고 그보다 더 정확하게 설명하긴 힘들다고 말씀드렸는데, 그저 기억이 나지 않아서 그런 것은 아니었습니다. 한 건축가의 삶에서 건축 프로젝트는 무에서 출발하는 법도 없고 완전무결하게 완성되는 법도 없기 때문입니다. 프로젝트는 계속되거나 다시 시작됩니다. 되돌아오기도 하고 중첩되거나 심지어 서로 뒤섞이기까지 하죠.

우리도 볼로냐, 파비아, 시에나, 테르니, 마초르보, 산마리노 성문의 계획에 대해 이야기를 하다 보니 어느 시점엔가 연대기적 한계에서 벗어나, 최근의 작업과 다른 시기에 일어난 일, 생각들을 뒤섞어 가며 대화를 나누게 된 것 같네요. 그러니, 1980년대에 제가 한 작업과 1990년대의 작업에 대해서도 간략히 설명을 드릴까 합니다. 그리고 이 프로젝트들은 부분적으로나마 이미 출판되었기 때문에 좀 더 자세히 알기 원하시는 분들은 관련 도면이나 이미지를 참고하실 수 있을 겁니다.

이야기를 시작하면서 무엇보다도 대담자의 평가가 옳다는 말부터 하고 싶습니다. 1980년대에, 제가 느꼈던 실험의 필요성은 주로 건축언어에 집중되어 있었습니다. 한편으로 형태 또는 반형태적 독단론을 퇴출하는 데 집중하던 시기에서, 다른 한편으로 건축가로서 제 존재 이유를 정의하는 데 집중하던 시기에서 벗어났다는 생각이 들었죠. 그리고 자연스럽게 변화를 꾀할 수 있는 방법론적인 구도를 함께 발견했다고 느꼈어요. 아울러 좀 더 유능하고 숙련된 건축가가 되었다는 걸 의식하면서, 저는 이전의 순수주의적인 경향은 물론 신사실주의적인 경향에서도 완전히 벗어났다고 느꼈습니다.

아마도 사회가 소위 발전의 법칙에 굴복하는 양상을 보며, 보다 보편적인 차원의 비판적 성찰을 바탕으로 이 모든 계획을 시도하신 게 아닌가 싶은데요.

물론입니다. 그런 생각을 했죠. 당시에 제가 시도하던 계획들은 분명히 통속적이고 수동적인 진보 개념을 강하게 거부하는 제 입장에서 나온 것입니다. 저는 모든 걸 해결할 수 있다고 자부하는 기술의 전지전능함에 대해 좀 더 구체적이고 비판적인 태도로 계획에 임했죠. 반면에 여전히 19세기의 영광과 전제에 얽매이는 구태의연한 기술 개념에 대해서도 저는 비판적인 입장을 취했습니다. 이런 식의 비판적 검토를 계속 이어가려고 노력하는 가운데 얻은 결론들이 결국 저의 계획 방식과 건축언어에 상당한 영향을 끼쳤습니다.

그런 의미에서 저는 1988년의 시에나의 탑 계획안을 제 건축적 궤도의 한 중요한 지점으로 간주합니다.

여기서 저는 건물의 구조를 역학의 관례적인 법칙들, 예를 들어 계산이 가능하도록 변수를 최소화해야 한다는 식의 제약에서 해방시켰습니다. 그런 식으로 건축은 다시 불확실하고 상대적인 동시에 창조적인 위상을 되찾을 수 있었죠. 저는 소홀히 하기 쉬운 것들까지 포함해서 모든 변수를 끌어들였습니다. 왜냐하면 이제는 측량 도구들이 각각의 변수가 갖는 환경 조건을 모두 고려한 상태에서, 그 상호관계를 엄청나게 빠른 속도로 찾아낼 수 있는 단계에 도달했기 때문입니다. 이런 방향을 채택할 때 나타나는 결과는 크게 두 가지입니다. 먼저 아주 다양한 가설의 영역에 들어서게 됩니다. 따라서 선택의 폭이 넓어지고, 이 가설들이 서로 반응하게 만들 수도 있죠. 결과적으로 계획 자체가 하나의 실용적인 행위로 변합니다. 감각적인 경험, 지적 사고, 재료와 환경의 반응 등을 비판적으로 대조하면서 기술적인 선택이 이루어지는 거죠.

제가 시에나의 탑을 계획하면서 직원들에게 이야기했던 것처럼, 설계자는 자신이 막대기 한 묶음을 허리춤에 매달고 비계를 타는 것처럼 느낄 수 있어야 합니다. 그런 식으로 구조를 가늠하면서 어느 부분이 견고하고 어느 부분이 허술한

지 파악한 뒤 가장 적절해 보이는 막대기를 꺼내 약한 부분을 보완할 수 있는 거죠.

이러한 관점을 수용하면 건축 형태의 문제에 좀 더 자연스럽게 접근하게 됩니다. 왜냐하면 형태의 탄생에 관여하는 움직임들은 하나도 빼놓지 않고 모두 필요하다는 것이 분명해지기 때문이죠. 자연스러움을 획득하면 이어서 자유로운 사고의 영역을 넓힐 수 있습니다. 예를 들어 모든 힘은 지구의 중심을 향한다는 것이 정말 사실인지 의혹을 품을 수 있어요. 틀림없는 사실이지만, 그래도 정말 힘의 전개 과정에 개입하여 그 경로를 변경하는 것이 가능한지, 또는 거슬러 올라가도록 만들거나 조정된 궤도를 따라 다시 천천히 하강하도록 만들 수 있는지 질문을 던질 수 있는 겁니다. 이 힘들의 상호관계를 활용해 마치 바람을 타는 행글라이더처럼 움직이는 것이 가능한지, 혹은 19세기의 중력 개념을 고스란히 표상하는 경직된 형태에 얽매이지 않고 디자인하는 것이 가능한지 질문을 던질 수 있는 거죠.

전부 환상에 불과한 것처럼 들리나요? 맞아요. 하지만 그렇다고 해서 이런 질문들을 포기해야 한다고는 생각하지 않습니다.

저도 그렇게는 생각하지 않습니다. 환상적인 생각들은, 현실에 대한 전례 없는 해석에서 출발할 때 좀 더 발전된 연구를 위한 사고의 문을 열어주니까요.

그렇게 보신다니, 방금 말씀드린 것과 같은 차원의 환상적인 이야기를 하나 더 들려드리죠.

나무가 넝쿨을 지탱하는 걸까요, 아니면 넝쿨이 나무를 지탱하는 걸까요?

나무가 넝쿨을 지탱한다는 것은 저도 알고 있습니다. 하지만 넝쿨을 또 다른 각도에서 바라볼 수도 있어요. 조력자로 간주할 수 있는 거죠. 그러면 모든 것이 바뀝니다. 넝쿨은 더 이상 적이 아닙니다. 나무에 기생하며 나무를 집어삼키는 존재가 아니라 나무와 시너지 효과를 내는 유기적 동반자예요. 이 만남이 서로에게 유익한 만남이 아니었다면, 종의 기나긴 진화 과정을 거치는 동안 나무는 넝쿨을 배제해버렸을 겁니다. 하지만 나무는 넝쿨을 받아들입니다. 심지어 어느 시점을 지나면 넝쿨이 나무를 휘감아 질식시킬 수도 있겠지만, 그걸 알면서도 받아들이는 겁니다. 나무는 굳건히 자리를 지키면서 땅에 뿌리를 내리고 가지와 이파리를 하늘을 향해 뻗습니다. 수액이 매우 빠르게 흐르는 넝쿨에 비해 나무의 몸통에선 수액이 천천히 흐르기 때문이죠.

이런 생각은 쥐어짜냈다는 느낌을 주기도 할 겁니다. 하지만 제 입장에서는 이런 생각들이 진실을 살짝 건드리는 것만으로도 충분합니다. 진실을 풍부하게 만들고 진실에 다양한 면모와 색채를 부여하니까요. 이런 생각을 하다 보면 배제하기보다는 포용하는 방식으로 생각하고 디자인하는 것이 훨씬 쉬워집니다. 말하자면 '아나키스트적인 관점'에 도달하는 거죠. 열려 있지만 노출되어 있지 않고, 확실하지만 위계적이지도 권위적이지도 않기 때문입니다. 변수들을 제거하지 않고 오히려 인간의 삶과 자연의 복합적인 관계, 불확실성, 모순들을 받아들이기 때문이에요.

제왕 살해가 드물지 않던 시대에 어떤 아나키스트가 왕을 살해하는 사건은 분열을 초래했습니다. 하지만 그건 정치적 균형을 잃은 경직된 체제 안에서 발발한 사건이었어요. 제왕 살해자는 죄책감을 느끼지 않았습니다. 실서의 갑작스러운 파괴가 결국에는 좀 더 나은 질서를 가져오리라고 믿었기 때문이에요. 반면에 다른 사람들은 변화를 두려워했습니다. 규칙없이 홀로 남게 되는 걸 두려워했던 거죠. 그래서 사람들은 그 아나키스트를 광인으로, 다시 말해 보통 사람과는 근본이 다른 인간으로 공표했습니다. 아마도 정말 광인이었을 겁니다. 생각하는 대로 행동한다는 의미에서 말이죠. 정상적인 사람들과는 달리 자신의 생각을 극단적인 형태의 행동으로 옮겼으니까요. 그러나 그의 정신은 필연적인 변화를 주목하고 있었습니다. 그러니 사실은 진지하게 고려해 봐야 할 인물이었던 셈이죠.

시에나의 탑은 1970년대의 다소 생소했던 스페이스 프레임이나 히피들의 쉘터, 혹은 지오데식 돔이나 가벼운 파이프 구조물 등을 떠오르게 합니다. 하지만 이런 구조물들은 삼각형 또는 규칙적인 다각형 모형을 사용하기 때문에 힘이 지반으로 고르게 분산되는 경향이 있었죠. 그런데 시에나의 탑을 보면 타틀린이나 혁명기 초반에 활동했던 러시아 구성주의자들의 놀라운 실험적 구조물이 떠오르기도 합니다.

잘 아시다시피 타틀린은 제가 동경하는 인물입니다. 그에 대해 이야기도 많이 하는 편이고 그의 작품들을 《공간과 사회》에 소개하기도 했죠. 그가 만든 인력 비행기 '레타틀린Letatlin'

은 제가 건축을 하면서 항상 염두에 두는 작품이에요.

시에나의 탑에 대해 말씀을 해주셨는데, 그 프로젝트는 제가 1980년대를 중심으로 1990년대까지 연구했던 방향 가운데 하나를 상징하는 프로젝트입니다. 그런 의미에서 저는 시에나의 탑과 산마리노의 성문, 철이 아닌 화산암을 사용했던 카타니아 대학의 기술과학 본부, 체르비아Cervia의 도개교, 안코나Ancona 양로원의 엘리베이터 사이에 유사성이 있다고 봅니다.

또 하나의 방향은 시에나의 스포츠센터에서 시작해 잘츠부르크 박물관, 트렌토의 모스트라Mostra 광장, 우르비노 대학 경제학부, 살로니코Salonicco의 선착장에 이르는 일련의 프로젝트에서 찾아볼 수 있습니다. 이들은 주로 공간의 다양성에 집중되어 있습니다. 굉음이 난무하고 무미건조한 현대 사회에서 건축을 경험하는 누군가에게 감지되고 의미 있는 공간을 제공하는 기하학적 방식에 집중되었죠.

이 두 가지 연구 방향은 당연히 상호보완적이었습니다. 1990년대의 프로젝트들을 살펴보면 비교적 분명하게 드러나는 특징이죠.

1990년대로 넘어가기 전에, 방금 말씀하신 두 가지 방향을 추구하면서 완성하신 작업들에 대해서도 몇 말씀 해주시죠.

좋습니다. 아주 간략하게만 말씀드리겠습니다. 자세히 설명하려면 말로는 부족하고 몇 가지 도면이나 사진 자료 같은 것들을 참조해야 하니까요. 첫 번째 방향에 대해서는 이미 언급한 적이 있으니까, 두 번째 연구 방향을 중심으로 몇 가지 예를 들어보겠습니다.

먼저 잘츠부르크에서 시도한 것은 도시의 역사를 담아내는 박물관 계획이었습니다. 지하 공간을 기반으로 계곡의 저지대에서 출발해 계곡을 내려다보는 언덕 능선에 도달하는 형식의 구조였죠. 아이디어를 자극하는 요소가 상당히 많았습니다. 그래서 심혈을 기울였고요. 하늘이 보이지 않는 지하에서 공간에 대한 감각을 확보하기란 상당히 어렵습니다. 공간 경험 자체를 다채롭고 기억할 만한 것으로 만들기 위해서는 확연한 특징이 필요하지만, 이러한 특징이 눈에 띄게 드러나거나 경직되어 필연적이고 배타적인 성격을 띠면 안 됩니다. 무엇보다 시간이 흐르고 사용을 거듭하는 사이에 일어날 수 있는 선택의 여지, 변화와 적응의 가능성을 열어두어야 하죠. 저는 제 계획이 이 부분에 있어서 성공적이었다고 확신합니다. 하지만 안타깝게도 초대 공모전의 승리는 다른 건축가에게 돌아갔어요. 이 건축가는 공모전 규정대로 계획안을 작성하는 대신 현대미술 시장을 독점하다시피 하던 구겐하임 미술관들 가운데 하나를 들고 나왔습니다. 당연히 잘츠부르크 행정가들의 입장에서는 따 놓은 당상이라는 생각이 들었겠죠. 이들은 원래의 규정을 따르지 않은 사실은 물론, 형편없는 계획안을 포상하겠다고 밝히는 데 조금도 주저하지 않았습니다. 상을 받은 건축가의 이름은 한스 홀라인Hans Hollein이었어요.

트렌토의 프로젝트 역시 지하 건축이었습니다. 그것도 공모전이었나요, 아니면 의뢰를 받으셨나요?

트렌토 프로젝트는 시청에서 의뢰한 것이었습니다. 여기서 관건은 성과 도시를 연결하는 것이었어요. 성과 도시 사이에 하루 종일 차량으로 붐비는 도로가 놓여 있었고, 다른 곳으로 옮길 수 없는 이 도로가 광장을 두 쪽으로 갈라놓고 있었습니다. 구시가지에 있는 이 소중한 광장을 재건하려면, 도시가 변화에 대하여 어떤 잠재적 대응 능력을 가지고 있는지 제대로 알아낼 필요가 있었습니다. 그런 다음 도로망과 건물들의 조직망을 개편해서 도시의 새로운 운용 단계에 도달해야 했죠. 하지만 도시의 정체성을 파괴하는 일은 피해야 했습니다. 오히려 부분과 전체의 특징을 강화할 필요가 있었죠.

이 계획안은 통과되는 과정에서 열띤 논의를 불러일으켰고 참여한 행정가들과 시민들의 박수를 받았습니다. 하지만 안타깝게도, 도시의 가장 취약한 지점에서 수준 높은 계획안을 실행에 옮긴다는 생각이 현실에선 기발한 선거 전략으로 쓰일 수도 있다는 점이 드러났습니다. 이 사업을 추진했던 시의회 의원이 다수의 동의를 이끌어 낸 제 기획에 힘입어 재선에 성공한 뒤, 자신의 임무는 종결되었다는 듯 아무 일도 하지 않았습니다. 문제는 여전히 남아 있습니다. 점점 더 심각해지고 있죠. 그런데도 해결점을 찾지 못하고 있습니다. 최근에는 사람들이 애초에 제가 제시했던 방향으로 일을 추진해서 문제를 해결하려는 듯이 보인 적도 있습니다. 하지만 다시 선거철이 돌아왔고 결국에는 일이 어떻게 끝났는지 아무런 소식도 듣지 못했어요.

어쨌든 저는 이 계획을 제가 최근에 시도한 굉장히 의미 있는 사례로 간주합니다. 광장을 길게 통과하며 차량들의 움직임을 흡수하는 터널은 도시 안에서 이른바 '자동차 이후'의 시대를 염두에 두고 디자인한 것입니다. 저는 실제로 자동차가 굉장히 낡은 수단이기 때문에 15년에서 20년 이상은 버티지 못할 거라고 생각합니다. 그러니 자동차가 굴러가는 데 필요한 모든 시설은 그 존재 이유인 자동차가 사라지더라도 여전히 남게 되리라는 점을 감안하고 설계에 임해야 합니다.

자동차는 끝을 향해 가고 있습니다. 진화의 관점에서 자동차가 1920년 이후로 이렇다 할 발전을 이루지 못했다는 사실만으로도 충분히 알 수 있죠. 몇몇 가능성이 등장했지만 자동차에서 비롯되는 환경오염과 인간소외에 비하면 전적으로 무의미한 요소들입니다. 반면에 고속도로와 교차로, 고가도로, 터널 등은 남겠죠. 이것들은 불필요할 뿐만 아니라 불길한 느낌마저 주게 될 겁니다. 그러니 설계를 할 때에는 이런 점을 먼저 생각해야 해요.

우르비노 바티페리 궁전에 들어선 경제학부는 그래도 건설이 가능했고 제가 '마지막 나사까지' 조여 가며 완공한 건물입니다. 이 계획에 제 설계팀들과 함께 7년 이상을 매달렸습니다. 기본계획이 시작된 뒤 최소한 5년간 작업을 했으니까요. 그리고 이 과정에서 제가 이전에는, 무엇보다도 우르비노에서는 부딪쳐 본 적이 없는 난관을 헤쳐 나가야만 했습니다.

경제학부 건물은 이탈리아 건설업계가 가장 어렵던 시기에 만들어졌습니다. 기술자가 모자라는 상태에서 건설업체들이 하나둘씩 파산하거나 사장과 현장 감독을 3개월에 한 번씩 갈아치우는 상황이 벌어졌죠. 건설업체들과 하청 계약을 맺은 자재 조달업자들도 건설회사의 지불 약속을 불신했기 때문에 자재들을 뒤늦게 공급하거나 부족하고 부실한 물자들을 제공하기 일쑤였습니다.

한편으로는 카를로 보의 명성과 지성과 열정에 힘입어 만개했던 우르비노 대학의 대담한 창조와 계몽의 시대도 저물기 시작했습니다. 정치계는 물론 학계에서까지 본색을 드러내기 시작한 관료주의의 먹구름이 바로 그 원인이었습니다. 몇 마디 말로도 계획을 수립할 수 있고 예산을 책정한 뒤 건설을 시작할 수 있었던 시대는 막을 내렸어요. 당시 소문이 자자했던 저와 카를로 보의 협력 관계를 뒷받침하는 것은 서로에 대한 절대적인 신뢰와 정말 특별했던 문화적, 인간적 조응이었습니다. 하지만 이 관계도 '절차'라는 마차를 모는 마부들이 등장하면서 복잡해지고 말았어요.

그럼에도 불구하고 바티페리 궁전은, 우르비노의 구시가를 뒤바꾸고 도시에 르네상스 시대의 생생한 건축적 에너지를 되돌려준 건축 사업들 중 가장 최근의 사례로 남았습니다. 이 계획은 옛 건물을 아주 세밀하고 포용적인 방식으로 복구할 것을 제안했습니다. 어떤 의미에서는 앞선 모든 프로젝트들의 경험을 한곳에 모으고 미래를 향해 투영한 사례입니다. 저는 이 프로젝트가 우르비노에서 시도한 일련의 도시계획 가운데 앞서 말씀드린 두 가지 탐색 방향이 한곳으로 집중된 첫 사례라고 믿습니다. 그러니까 1980년대에 시작된 건사실이지만, 제가 1990년대에 발전시킨 또 다른 실험 단계의 첫 번째 작업이었다고 볼 수 있겠죠.

그렇다면 살로니코의 계획은 바티페리 이전이었나요? 제가 보기에는 별개의 작업이었고 그 자체로 독특한 경험이었던 같은데요.

살로니코의 계획은 바티페리의 계획을 진행하던 도중에 시작했습니다. 말씀드렸다시피 바티페리의 계획은 완성되기까지 상당히 오래 걸렸습니다. 하지만 살로니코의 경우는 빠르고 일사분란하게 끝났어요. 별개의 경험이었다고 보기는 힘듭니다. 당시에 제가 탐구하던 어느 한 부분이 굉장히 집중된 형태로 나타났을 뿐이죠. 제가 주목했던 것은 유클리드 기하학에서 우리 시대의 복합성에 상응하는 복합적인 형상들을 추출해 낼 때 비율을 활용하는 문제였습니다. 목표는 살로니코 만을 경유하는 새로운 항로를 위한 선착장을 하나 만드는 것이었어요. 제가 맡은 것은 강 하구에 위치한 공항 쪽의 선착장이었습니다. 인적이 드물고, 완만한 경사의 모래언덕 위로 비행기들이 하늘에 하얀 선을 그리며 이착륙을 하는 곳이었죠. 알도 반 아이크는 항구의 선착장을 맡았습니다. 흰 파도를 일으키는 배들이 우리의 공통분모가 되리라는 생각에 미소 짓던 기억이 납니다. 제 앞에 펼쳐진 상황은 자연과 인위적 사건이 미묘하게 얽힌 것이었어요. 이런 상황은 제가 보기에 많은 이들이 궁금해 하는 문제를 깊이 검토해 볼 수 있는 절호의 기회이기도 했습니다. 우리가 굉장히 복잡한 시대에 살고 있다면, 유클리드 기하학의 지극히 단순하고 명백한 규칙들이 지배하는 건축적 형상을 통해 어떻게 이 시대를 해석하거나 표상할 수 있는가라는 문제였죠.

답은 간단합니다. 저는 건축이 감각을 토대로 인지된다고 봅니다. 따라서 건축적 형상들은 유클리드 기하학을 배제할 수 없습니다. 유클리드 기하학은 우리의 감각이 3차원의 물리 공간을 경험하면서 형상화한 기록들을 이론적이고 실용적인 방식으로 발전시킨 것이니까요. 건축이 상대성 이론이나 양자역학에서 참조할 수 있는 것은 없습니다. 이 이론들은 감각의 영역 바깥에 있기 때문이에요. 따라서 관건은 유클리드 기하학을 복합적으로, 그러니까 현대적인 정황에 어울리게 풀어내는 것이었습니다. 그것이 살로니코 계획의 목표였죠. 비율과 조화의 체계에 의존하는 하나의 엄격한 구도 안에서, 유클리드 기하학의 단순한 형상들 사이에 새로운 관계성을 부여함으로써 목표하던 복합성에 도달했던 겁니다.

선착장은 전부 모래 언덕 안쪽에 위치했고 한쪽은 부두와, 다른 한쪽은 강의 하구와 연결되어 있었습니다. 하나의 고정적인 형체가 하나의 유동적인 형체 내부에 머물고 있었던 거죠.

선생님께서는 1990년대에 또 다른 전환점을 맞이하신 것처럼 보입니다. 혹은 1980년대의 프로젝트들을 특징짓던 연구 과정을 가속화하신 것처럼 보이기도 하고요. 이에 대해 몇 말씀 해주시죠.

저는 앞서 말씀드린 두 연구 방향이 1990년대에 조우했다고 봅니다. 영예를 누리던 실증주의 정역학의 구속에서 벗어나려는 방향과 복합적인 기하학으로 구성되는 건축을 시도하는 방향이 만난 거죠. 그렇게 보는 이유는 제가 두 탐구 방향을 모두 염두에 두고 디자인을 했고, 항상 제 건축적 사고의 기반을 형성해 온 건축 형식, 즉 미사여구에서 벗어나 문제의 본질을 파고들며 모든 요소들의 상응 관계에 의미를 부여하는 순수한 건축 형식 안에서 두 관점을 조합하려고 노력했기 때문입니다.

견고함firmitas, 기능성commoditas, 아름다움venustas이 완벽하게 융합된 상태를 말씀하시는 건가요? 아름다움이란 선행하는 두 속성, 견고함과 기능성의 단순한 합이 아니라 이들의 점진적인 상호작용을 통해서만 도달할 수 있다는 말씀이시죠?

물론입니다. 그렇다고 볼 수 있어요. 지금 말씀하신 내용이 상당히 흥미롭군요. 어쨌든 상호작용이 그 자체의 한계를 넘어서면, 조화concinnitas가 이루어집니다. 예를 들어 '어떤 작품이, 작가는 의식조차 하지 못한 상태에서, 완전히 새로울 뿐만 아니라 안정적이고 친숙하게 느껴져 놀라지 않을 수 없는 의미를 확보할 때' 조화가 이루어집니다. 레온 바티스타 알베르티Leon Battista Alberti가 우리에게 가르쳐준 이 조화의 개념이야말로 건축의 아름다움을 묘사하는 가장 확실하고 유연한 방법입니다. 알베르티의 조화 개념은 아나키즘과도 비슷합니다. 도달하는 경우가 극히 드물지만 항상 추구해야 하는 한계 개념이기 때문이죠.

그러니 아름다움에 대해서는 너무 많은 말을 하거나 함부로 언급하지 않는 것이 현명한 처사입니다.

이러한 연구 방향을 잘 보여주는 1990년대의 프로젝트에는 어떤 것들이 있을까요? 간단히 예를 들어 설명해주시죠.

지금 건설 중이거나 준비 중인 프로젝트 네 가지를 예로 들어 보겠습니다. 1990년대의 작업이지만 결국 2000년대로 넘어온 것들이죠. 모두 완성할 수 있으면 좋겠어요. 해낼 수 있을까요? 모르겠습니다. 제게 남은 시간이 점점 짧아진다는 생각이 앞서는 반면, 이탈리아의 건축 관련 행정 절차는 점점 길어지고 있으니까요. 물론 제게 젊은 조력자들이 있다는 건 다행입니다. 그들은 계획 초기 단계에서부터 함께했기 때문에 작업을 마치는 것도 얼마든지 해낼 수 있는 뛰어난 인재들이죠. 게다가 건축적으로 중요한 사항은 모두 심도 있게 검토했고 결정도 이미 내린 상태입니다.

첫 번째는 우르비노의 '풍요의 밭', 옛 마구간 공간을 활용한 천문대 박물관Museo Osservatorio입니다. 원래 프란체스코 디 조르조가 페데리코 디 몬테펠트로 공작을 위해 마구간으로 설계했던 공간이죠. 이 공간의 문제를 해결하기 위해 저는 아무런 보수 없이 적어도 7회에 걸쳐 계획안을 준비했습니다. 이 건물은 내부 구조와 지붕이 허물어진 뒤 넓은 뜰로 변했고 19세기에 극장이 건축된 시점부터 집중적으로 작물을 재배하는 경작지가 되었습니다. 그래서 이곳을 '풍요의 밭'이라고 부르죠. 저는 이 공간의 계획안을 현실화하는 데 매번 실패했습니다. 하지만 복권기금이 투자되고 문화재 관리국장이 과감한 결정을 내린 덕분에 완성 단계까지 도달할 확률이 높은 계획안을 다시 마련할 수 있었어요.

이 작업은 세 가지 점에서 굉장히 흥미로웠습니다. 첫 번째는 이 박물관이 패트릭 게데스로 거슬러 올라가는 인본주의적 문화 활동 노선을 취하는 천문대 박물관이 될 거라는 사실입니다. 두 번째는 제가 1965년에 제안한 뒤 천천히 부분적으로만 실행되어 온 메르카탈레 광장의 계획을 전체적으로 완성할 절호의 기회였다는 점입니다. 세 번째는 이 계획이 르네상스 시대에 건설된 뒤 살아남은 두 벽면 사이의 장엄한 공간과 대등하게, 상호 존중과 자극을 바탕으로 하는 대화를 이끌어낼 만큼 명료한 건축 구조를 가지고 있다는 것이었죠.

제가 도입한 건축적 요소는 좀 독특한 측면을 가지고 있다고 생각합니다. 현재는 비어있지만 의미심장한 고대의 건축 공간을 복구할 때, 다시 말해 고대의 공간이 지니던 원래의 목적과 연관성들이 파괴되고 그 공간의 활용 방식과 독창적인 기술적 해법을 보여주는 구조가 전부 사라져서 건축적 의미가 모두 텅 빈 공간 속에 녹아 들어가 있을 때, 이 공간을 어떤 식으로 복구해야 하는지 보여주는 좋은 예가 될 수 있기 때문이에요.

저는 방금 묘사한 텅 빈 공간 안에 새로운 형태의 3차원 구조물을 끼워 넣었습니다. 르네상스 시대에 만들어진 벽면 안쪽을 살짝만 건드리며 연접한 상태로 설치했죠. 두 개의 외벽에 있는 장식물과 창문이 있던 공간은 원래 상태를 그대로 유지했고, 독립적인 형태의 지붕을 얹었습니다. 저는 지붕을 설계하면서 원래의 형태와 무관하지 않게 전체에 균형을 부여했습니다. 현재 메르카탈레 광장이 갖고 있는 불안정성은 물론 주변의 '성벽'과 '나선형 계단', 한때 존재했던 '풍요의 밭'과 연관성을 유지하는 일련의 비유적 형상들을 매개로 해서요.

철을 사용한 새 구조물은 오래된 두 벽 사이로 높낮이가 다른 여러 층을 형성하며 펼쳐지게 만들었습니다. 그리고 설비 시스템은 기둥과 바닥에 삽입했습니다. 건물의 물리적인 구조와 설비 시스템이 전혀 분리되어 있지 않다고 볼 수 있죠. 이는 나무 기둥에서 흐르는 수액이 이파리를 지탱하기 위해 가지로 흘러 들어가는 현상과도 크게 다르지 않습니다.

바로 이러한 진정성이 갈등 없는 조화를 가능하게 해 줍니다. 새것과 옛것의 독립성을 견주는 데 집중함으로써 새것과 옛것 모두 고유의 표현을 보존할 수 있죠.

독립성이 새것과 옛것의 조화를 가능케 하는 조건이라는 점은 이해합니다만 새것과 옛것은 공존해야 하기 때문에 상호의존적일 수밖에 없습니다. 그렇다면 이 상호의존성은 어떤 식으로 구체화되나요?

상호의존성은 새것과 옛것이 모두 동일한 맥락에 깊이 연관되어 있다는 사실에서 자연스럽게 부각될 겁니다. 이들은 기본적으로 다르지만, 유전적 뿌리는 동일합니다. 이런 사실은 건축물의 사용 과정에서도 부각되기 마련입니다. 누군가가 건축물을 감지하거나 경험하고, 그것에 적응하거나 변화를 꾀하고, 자기화하거나 의미를 부여할 줄 알게 되면, 그는 당연히 새로운 건축적 유기체에 관여하는 도시나 사회와의 관계망을 발전시킬 테니까요.

왠지 놀라운 희망이나 크나큰 실망으로 이어질 수 있는 '용광로'에 들어가 계시다는 느낌이 듭니다. 말씀하셨던 다른 프로젝트들도 이와 같은 선상에 있다고 봐야 할까요?

'용광로'라는 표현이 마음에 듭니다. 방금 하신 말씀이 옳다면 저야 흡족할 수밖에요. 현대건축에 만연한 미지근한 태도와 차디찬 광기의 피해를 보상이라도 받은 느낌입니다. 희망이라면, 이루어지기를 바라야겠죠. 실망이라면, 제게 너무 익숙한 일이라 딱히 걱정도 안 하는 편이고요. 우르비노의 옛 마구간 계획은 전례를 찾아볼 수 없는 악랄할 비판과 이루 말할 수 없이 추하고 저속한 공격을 받았어요. 하지만 우리는 인내하면서 앞으로 나아가고 있습니다.

이제 베네치아 리도와 카타니아의 두 프로젝트에 대해서도 말씀해주시죠. 이 작업들이 방금 설명하신 부분과 닮았거나 다른 점은 무엇인가요?

저는 제 프로젝트들이 항상 호기심이라는 물살에 영향을 받기 때문에 여러 가지 측면에서 닮은꼴이라고 생각합니다. 하지만 저는 다양한 방향을 모색하고 각 프로젝트가 당면한 상황을 검토하는 데 신경을 상당히 많이 쓰는 편입니다. 결과적으로 제 프로젝트들은 서로 다를 수밖에 없어요.

리도의 계획에 착수한 건 제가 베네치아로 막 돌아왔을 때였습니다. 같은 시기에 ILAUD도 베네치아의 동부에서 활동을 시작했고요. 수년 전에 제가 심통이 나서 중단했지만 그만둔 것이 내심 후회스러웠던 작업을 다시 시작한 셈이죠.

제게 기회를 마련해준 이들은 베네치아의 시장 마시모 카차리와 부시장 에밀리오 로시니Emilio Rosini였습니다. 이 두 사람의 역할이 중요했다는 점을 강조해서 말씀드리고 싶은데, 그건 이들이 베네치아라는 도시를 운영하는 새로운 방식을 도입했기 때문입니다. 카차리와 그가 이끄는 시의회의 노력으로 베네치아의 현대화가 시작되었죠. 특히 건축 분야에서 이 현대화는 통속적인 차원의 실용성을 뛰어넘어 베네치아 구시가지와 석호 지역의 주민들에게 전반적으로 유익하고 의미 있는 과제들을 선택하면서 이루어졌습니다.

제 과제는 부친토로Bucintoro 광장에 문화 공간을 재건하는 것이었습니다. 이 광장에 최초의 온천 시설이 있었는데 제2차 세계 대전이 끝날 무렵 독일군에 의해 폭파되었고, 이후엔 테라스에서 바다를 바라볼 수 있는 건물이 들어섰습니다. 카페와 레스토랑이 하나씩 있었죠.

그 건물 이름이 바로 블루문Blue Moon이었습니다. 리도의 주민들은 새로 짓는 건물에도 자연스럽게 블루문이란 이름을 붙였어요.

지금 건설 중인 건물은 무엇보다도 하나의 시그널이죠. 베네치아와 석호 지역의 주민들에게 곧장 눈에 띄는 2층짜리 대규모의 철제 파빌리온을 만들었어요. 특히 여름 휴가철이나 휴일에 바다로 놀러 가는 사람들이 산타 마리아 엘리사베타Santa Maria Elisabetta 대로를 접어드는 순간 눈에 들어오게 만들었죠. 바다가 모든 베네치아 시민에게 항상 감동을 선사하고 외지에서 온 사람들에게 신비로움과 설렘을 선사하는 곳이라면, 이 구조물은 그러한 바다와의 만남이 이루어질 장소가 바로 여기라고 말하는 시그널 역할을 합니다. 이 구조물에는 2층으로 구성된 광장도 있습니다. 돔에 고정된 형태로 박혀 있거나 이동이 가능한 격자무늬의 패널로 인해 광장의 빛과 그림자가 조절되게 만들었죠. 이 구조물은 1층뿐만 아니라 바다를 앞에 두고 펼쳐지는 건물의 옥상으로도 연결됩니다. 옥상에는 모래사장을 바라보는 계단을 설치해서 일종의 야외 극장을 만들었습니다. 두 개의 이동식 무대를 설치했기 때문에 이곳에서 다양한 형태의 공연을 할 수 있고, 특히 9월에 리도 영화제가 열리면 영화를 감상할 수도 있습니다. 1층은 크게 세 부분으로 나뉩니다. 각각 카페, 레스토랑, 그리고 뒤편에 들어선 상점들이죠. 여러 개로 세분된 내부 공간들은 중정을 중심으로 둥근 궤도를 그립니다. 몇몇은 돔에 덮여 있어요. 모자이크로 덮인 돔은, 이스트라 돌로 만든 옥상의 야외 극장 스탠드 사이로 드러납니다.

설계를 하면서 저는 우아하게 차려입고 바다를 바라보는 신사와 숙녀들의 모습을 자주 떠올리곤 했어요. 하늘에는 구름에 가려진 만월, 블루문이 있고, 앞쪽에는 이젤 위로 베네치아를 그린 그림 한 폭이 놓여 있는 모습을 떠올렸죠. 이것이 바로 리도입니다. 아주 독특한 베네치아만의 공간이자 건축적 일탈과 실험이 가능한 공간이죠. 이 도시의 현대적인 잠재력을 표현하는 데 성공했기를 바랍니다.

설계를 하시면서 토마스 만의 소설을 읽으신 걸로 알고 있습니다. 유대인 공동묘지도 보셨을 테고, 리도를 전설로 만든 다양하고 복잡한 형태의 문학적 이미지에 매료되셨을 텐데요.

솔직히 말씀드리면, 방금 언급하신 것들을 다 했으며 아울러 루키노 비스콘티Luchino Visconti의 영화 「애증Senso」과 「베네치아에서의 죽음Morte a Venezia」은 몇 번이고 반복해서 봤습니다. 그러고 나니 실제로 장소를 해석하는 것뿐만 아니라 제 열정을 부추겨 아이디어를 내는 데에도 아주 많은 도움이 되었어요.

하지만 카타니아에서의 상황은 사뭇 달랐을 거란 생각이 듭니다. 카타니아에서 일하신 지도 이제 거의 20년이 되어가네요. 어떤 일을 하셨고 지금은 무엇을 하고 계시나요?

카타니아에서 일한 지도 꽤 오래되었죠. 지금도 하고 있고요. 지금은 베네딕투스 수도원을 카타니아 대학의 문학부와 철학과 본부로 변형시키는 작업을 진행 중입니다.

카타니아는 굉장히 놀라운 도시입니다. 수도원은 도시의 모범이 될 뿐 아니라 도시를 대체할 수 있을 정도로 어마어마한 규모의 복합적인 도시 체계를 갖추고 있었어요. 저는 카타니아에서 굉장히 지적이고 뛰어난 감각을 지닌 사람들과 함께 일했습니다. 인간적으로도, 지식을 공유하는 데 있어서도 상당히 너그러웠던 이들에게 고무되어 저도 최선을 다해 작업에 임했습니다. 복구작업은 상당 부분 마무리된 상태이고, 수도원은 이제 수많은 젊은이들이 큰 복도를 분주히 오갑니다. 이전에는 독방이었지만 지금은 강의실이나 교실로 변한 방들을 들락거리며 더 넓은 공간에서 화합이 가능한 곳으로 변했어요. 한때 수도원의 삶은 분명히 지적이었지만 무겁기도 했고 모든 관심이 아주 특별한 분야에 고정되어 있었습니다. 하지만 학생들은 이제 이러한 문화의 퇴적층을 모두 지워 버린 건축 공간과 새로운 유형의 소통 관계를 정립하고 있습니다.

저는 선생님께서 수도원 복구를 위해 표본 계획도 하셨던 걸로 기억합니다. 실제로 복구작업을 직접 지휘하셨고요. 그런데 수도원 내부에서뿐만 아니라 주변에서도 새로운 계획들을 추진하지 않으셨나요?

수도원 주변에서는 일군의 강의실과 시청각실, 기술센터, 신입생들을 위한 아담한 규모의 정원, 1500년대에 만들어진 지하층까지 이어지는 경사진 타원형 계단, 카타니아의 영광을 기념하는 분수 등 새로운 계획들을 추진했습니다. 수도원 내부에서는 정문의 대형 계단, 두 회랑 사이의 날개 공간, 도서관, 납본 보관소 건축물 같은 일련의 핵심 사업을 계획하고 대학 기술본부에서 추진하게 하기도 했습니다.

수도원 주변이 아예 하나의 건축 계획 작업실이었다고도 볼 수 있을 것 같아요.

맞아요. 건축 계획과 건설을 위한 작업실이었고, 무엇보다도 해석을 위한 실험실이었습니다. 우리는 기량뿐만 아니라 과학적 열정의 측면에서도 탁월한 인재들과 함께 건물의 모든 역사를 되돌아봤습니다. '과학적'이라는 표현을 썼지만, 크로포트킨을 잘 아시니까 무슨 뜻인지 이해하실 겁니다. 우리는 건물에 쌓인 물리적인 흔적들을 통해 건물의 역사를 되돌아봤습니다. 그리고 건물에 새겨진 주름을 통해 건물이 새로운 역할을 수행하며 그에 걸맞는 장대한 모습으로 재탄생하기 위해 감내할 수 있는 변화의 질과 범위를 우리 시대의 방식으로 이해하려 노력했습니다.

카타니아에서 계획하신 새로운 건물들에는 이러한 경험을 어떻게 이식하셨나요?

여전히 대학과 관련된 것인데, 이번에는 법학부 차례였습니다. 두 계획 가운데 하나는 오래된 대지에 짓는 신축 계획이고, 다른 하나는 대략 50년 전에 실용적인 목적으로 사용되던 대형 건물의 복구작업이었습니다.

제가 베네딕투스 수도원을 계획하면서 얻은 경험을 어떤 식으로 이식했냐고 물으셨죠? 저는 그것을 그저 새로운 상황에 적용했을 뿐입니다. 모든 계획은 제각기 유일무이합니다. 개인과 마찬가지죠. 아울러 모든 계획은 복구입니다. 예전에 존재하던 어떤 건물이나 도시 속 텅 빈 공간, 방치된 시설물의 잔해, 특정한 환경 상태, 풍광, 전원의 일부 등 모두가 복구작업의 대상이죠.

복구의 관점에서 벗어날 순 없습니다. 진정한 건축가는 있는 것을 활용할 줄 압니다. 이미 있는 것과 밀접한 관계를 유지하는 반면 무언가를 새로 덧붙일 때에는 인색하게 굴죠. 합리적 변형을 통해 개선을 꾀하는 겁니다.

겸허한 자세가 필요하다는 얘기처럼 들리나요? 천만에요. 저는 지금 자연의 신비한 리듬에 따라 디자인할 수 있다는 무한한 야망에 관해 말씀드리는 겁니다.

법학부 신관은 옛 빌라 체라미Villa Cerami 앞에 있는 조그만 푸리타Purità 성당에서부터 시작됩니다. 성당을 지나 구부러진 경로를 따라 계속 이동하면서 이곳저곳에 산재한 강의실과 커다란 반원형 극장에 도달하게 되죠. 이 길이 끝나는 곳에서 왼쪽으로 가면 베네딕투스 수도원에 있는 문학 및 철학 학부의 신관에 도달하고, 오른쪽으로 가면 코르소 플레비쉬토Corso Plebiscito 지역에 도달합니다. 이곳에 로카로마나Roccaromana 거리의 건축물을 복구해서 만든 법학 대학의 세 번째 건물이 있죠.

이 프로젝트는 상당히 넓은 도시 지역에 관여한다는 점에서 중요했습니다. 대학가의 활발한 활동이 이곳에 집중되면서 이 지대가 자연스럽게 개선될 수 있는 여건을 마련했기 때문이죠. 두 곳에 들어선 건축물들은 제가 수년 전부터 간절히 찾고 있던 해법이 무엇인지 비교적 정확하게 보여줍니다. 푸리타 성당의 주변 지역은 사람들이 굉장히 많이 지나다니는 역동적인 지대이고 빛과 그림자가 다양하게 교차할 뿐 아니라 카타니아 특유의 건축적 입체감이 그대로 살아 있습니다. 신입생들을 위해 계획된 로카로마나 거리의 건물은 수많은 정보의 교환이 집중되는 곳입니다. 원래는 피아트의 뛰어난 기술자들이 제대로 지은 건물이었고 커다란 공간도 있었습니다. 복구 과정에서 저는 이 건물이 분명 산업체의 일부였다는 정체성을 존중하면서도 이를 해체한 뒤 시칠리아가 추진하는 변화 중 가장 진보적인 면을 나타내는 아이디어와 목표를 토대로 재구축했습니다.

이 두 건물에 대해, 도면을 참조하지 않고 할 수 있는 이야기는 다 한 것 같아요. 나머지는 이야기 대신 직접 한번 보는 것도 나쁘지 않을 겁니다.

제가 설명드린 연구 방향과 동일한 선상에 있는 몇몇 흥미로운 작업도 지금 진행 중에 있습니다. 하나는 이탈리아의 느려 터진 건축 허가 과정 때문에 오래전으로 거슬러 올라가지만 지금까지 면밀히 재검토하고 있는 페사로의 법원 건물이고, 또 하나는 완전히 새로 짓는 우르비노의 과학 대학 본부 건물입니다. 이 외에도 안코나 양로원의 야외 엘리베이터, 체르비아의 도개교, 앞의 경우와 마찬가지로 흥미로운 동시에 끝이 보이질 않는 제시Jesi의 복구작업, 마지막으로 콜레타 디 카스텔비안코 마을의 매우 흥미로운 복구작업이 있습니다.

콜레타 디 카스텔비안코 마을 프로젝트는 그 자체로도 상당히 흥미롭지만 제게는 지난 100년간의 건축 역사에서 건축가들이 가장 집요하게 떠받들던 도그마들 가운데 하나, 즉 '갑각류보다 척추동물이 우월하다'라는 신조를 분석하고 논박할 수 있는 기회를 주었기에 의미가 큽니다. 현대건축은 대부분 척추동물처럼 자족적이고 자기 지시적인 유기체에 대한 일종의 헌정이었다고 해도 과언이 아닙니다. 자유롭게 '분할'될 수 있는 동시에 스스로를 고스란히 보존할 줄 아는 동물로 보았던 거죠.

르 코르뷔지에는 척추동물과 유사한 공간 구조에 대해 중요한 글을 남겼습니다. 메종 도미노Maison Domino는 바로 이러한 성찰에서 나온 것이죠. 구조물을 지탱하는 것이 직교하는 기둥과 들보뿐이라, 나머지 공간을 얼마든지 자유롭게 활용할 수 있다는 특징을 지녔죠. 바로 이러한 특징이 건물을 지탱하는 구조와는 무관하게, 공간을 독립적인 방식으로 구성할 수 있도록 했고, 다윈의 진화 개념처럼 과거의 건축을 지배하던 꾸부정하고 둔탁한 갑각류 모델의 한계를 극복하고 진화할 수 있도록 도와준다는 것이었습니다.

르 코르뷔지에는 이러한 관점을 토대로 상당히 흥미로운 건축물들을 설계했습니다. 누구에게든 팬들이 있기 마련이고 르 코르뷔지에도 많은 팬을 거느렸지만, 이들은 그의 말을 너무 곧이곧대로 받아들였고 그의 이론을 곧장 유형학으로 변형시켰습니다. 그런 식으로 이론 자체가 지니는 자극제의 역할을 무효화시켜버렸죠. 사람들은 갑각류적인 건축을 폄하한 뒤, 정의상 결코 현대적일 수 없는 갑각류의 도시를 없애야 한다는 쪽으로 몰고 갔습니다. 결과적으로 도시를 전부 척추동물로 만들기 위해 수단과 방법을 가리지 않았죠. 그래서 유행하게 된 것이 바로 그리드, 정렬, 규격화된 교차로, 로터리, 순환도로, 축소화, 단순화, 도식화 등이었습니다.

콜레타는 리구리아의 해안과 가깝고 피에몬테로 가는 길목에 위치한 마을입니다. 어쨌든 길가의 마을이에요. 주민들이 지나가는 사람들에게 주로 올리브나 아몬드, 채소, 우유 같은 식품을 팔며 생계를 유지하는 곳이죠. 이 도시가 언제 탄생했는지 정확히 알 순 없지만 오랜 세월에 걸쳐 서서히 형성되었을 것으로 보입니다. 반면 정확하게 알 수 있는 것은 대략 100년 전에 50가구에 달하는 주민들이 마을을 버리고 떠난 적이 있다는 것이죠.

놀라운 것은 지극히 자연스러운 내적 일관성이 이 마을을 지배한다는 점입니다. 집들은 지반의 흐름을 충실하게 따를 뿐 아니라 햇빛과 바람에 아주 적절히 노출되어 있습니다. 그리고 밭을 개간할 때 나오는 돌로 지어졌죠. 방들의 천장은 아치형이고, 그 크기가 사용된 재료의 용적에 정확히 비례한다는 점도 하나의 특징입니다. 주거 공간들은 윗집과 아랫집, 심지어는 중간 높이의 집 사이와 건물들 사이를 순환하는 골목길의 복잡한 조직망과 연결되어 있습니다. 지붕은 하늘을 조망하거나 농산물을 햇볕에 말릴 수 있도록 평평하게 만들었어요. 창문들은 크기가 다양하지만 가로세로의 비율이 동일한 경우가 많습니다. 계단들은 중첩되거나 교차되고 서로 뒤섞이며 복잡하면서도 놀라운 입체적 형상을 빚어냅니다.

저는 새로운 주거 공간을 기획할 때, 원래의 모습을 왜곡하지 않으려고 노력하면서 갑각류의 건축 개념을 도입했습니다. 집들이 밀집되어 있다는 특성은 상당한 제약이 될 듯했지만 사실은 정반대였어요. 새로운 주거 공간을 만들면서 이를 보행 동선과 연결시키고, 외부 공간과 균형을 이루며 매력적인 관계를 유지하도록 만드는 일은 비교적 쉬웠을 뿐 아니라 즐겁기까지 했습니다. 갑각류의 유기적 특성 속에 내재된 가이드라인을 따르면서 자연스럽게 풀어 헤치고 연결하는 것이 가능했죠. 그것은 마치 새로운 3차원 공간을 추적하는 기쁨에 겨워 춤을 추는 것과 같았습니다.

저는 콜레타의 작업 현장을 보러 간 적이 있습니다. 제 친구였던 오스트리아의 한 여성 언론인과 함께 갔죠. 환경주의자였던 그녀는 작업 감독에게 비판적인 어조로 몇 가지 질문을 던졌습니다. "왜 태양열 집열판을 설치하지 않으세요?", "왜 친환경 페인트나 오염을 방지하는 특수 처리법처럼 좀 더 올바른 기술을 사용하지 않는 건가요?"

태양열 집열판은 주민들에게 마치 이데올로기의 침입처럼 느껴졌을 겁니다. 환경주의자들은 유용하거나 공감이 가는 말을 자주 하지만, 그만큼 자주 광신주의자처럼 행동합니다. 이미 낡아빠진 도그마를, 조만간 통속적이고 저속한 결과를 가져올 또 다른 도그마로 대체해야 한다는 식으로 주장합니다. 저는 태양열 집열판의 사용을 반대하지 않습니다. 단지 다양한 경우와 환경에 적합한 형태로 사용되어야 한다고 볼 뿐이죠.

콜레타의 건축 시스템은 정말 보잘것없지만 동시에 굉장히 효과적입니다. 건축 자재의 잠재력을 최대한 활용했기 때문이죠. 마을의 구성 체계도 아주 기초적인 단계에 머물러 있는 것처럼 보이지만 좀 더 자세히 들여다보면 굉장히 정교합니다. 정말 놀라운 것은 이 정교한 측면이 일종의 자연적인 본능에서 비롯된다는 점입니다. 달리 말하자면, 주민들이 공유하는 지식의 축적에서 유래합니다. 예를 들어 창문들은 크기가 다양하지만 가로세로의 비율만큼은 일치합니다. 집들의 정면은 공통적인 요소나 조금씩 다른 요소 또는 완전히 일치하는 요소들을 지니고 있습니다. 이런 요소들이 특징으로 변하면서 나름대로 엄격한 기준을 마련하죠. 이런 점은 도시의 '읽기'에서 비롯되어 '시험적 계획'에 방향성을 부여하는 중요한 지표입니다. 예를 들어 창문 하나를 달더라도, 그냥 내키는 대로 혹은 대강 이 정도 크기로 하면 되겠다는 식으로 달 수 없는 거죠. 기준이 되는 특징들과 크기를 가늠하는 습관이 있기 때문에, 이를 바탕으로 원래의 구성 논리에 부합하도록 창문을 만들어야 하는 겁니다. 어떤 의미에서는 하나의 복합적인 유전자 시스템 내부에서 계획을 한다고도 볼 수 있습니다. 무조건 "태양열 집열판!"이라고 외치기만 하면 끝나는 것이 아니죠. 나중에 그걸 '버리는' 일이 일어날 가능성은 없는지 먼저 확인할 필요가 있습니다.

마을에는 누가 와서 살 예정이었나요?

사업을 추진했던 알레산드리아의 소규모 기업에서는, 도심의 일터에서 벗어나 원격으로 업무를 처리하는 사람들이 이 마을에 살게 될 거라고 내다보았습니다. 미국에서는 이런 사람들을 '야생 독수리'라고 부르죠. 이들은 자연적인 환경에서 건강을 유지하고, 첨단의 전자 장비 시스템을 통해 혼잡한 세상과의 관계를 유지합니다. 이상이 이 사업의 개요에 해당한다고 할 수 있겠습니다. 이 유망한 사업에 관심을 보인 많은 이들이 다양한 유형의 광고 전략을 펼치면서 콜레타를 '미래의 사이버 마을' 이라고 선언했죠.

아마도 주택을 분양하는 데 굉장히 유리했을 겁니다. 대대적인 광고가 이루어졌고 유명 잡지에도 실렸으니까요.

맞아요. 사실입니다. 첨단 전자 장비 이야기가 잡지사들은 물론 이탈리아와 외국 언론들의 상상력을 자극했으니까요. 제가 평생 한 작업들 가운데 콜레타의 계획만큼 많이 홍보된 프로젝트가 없어요. 하지만 첨단 전자 장비는 홍보에 결정적인 역할을 했을 뿐 건축언어에는 아무런 영향도 끼치지 못했습니다. 바닥 밑에 전선과 콘센트를 배치하는 일뿐이었으니까요.

이보다 훨씬 더 흥미로워 보이는 새로운 요소들이 있습니다. 옛 건물 구조의 정체성을 그대로 유지하면서 마을에 활기를 불어넣고 현대적인 감성을 부여하기 위한 정교한 성형수술 같은 작업이 정말 흥미로웠어요. 아울러 수 세기 동안 방치되어 온 자연 풍광의 실루엣을 다시 디자인하는 작업도 굉장히 흥미로웠습니다. 개조된 마을이 그 자체로도 조화롭고 주변 환경에도 어울리는 경관적 맥락 속에 자리 잡을 수 있도록 풍경의 윤곽을 다시 디자인하는 작업이었기 때문이죠.

어쨌든 제가 이 프로젝트를 수락한 이유는 홍보 차원에서 성공을 거둘 수 있다는 걸 예상했기 때문이 아닙니다. 말씀드렸다시피 저는 작업 의뢰가 들어올 때 선택을 합니다. 그 작업이 제 연구를 계속해서 진전시킬 수 있는 가능성을 지녔을 때 수락하죠. 그래야만 제 작업이 저뿐만 아니라 저와 함께 일하는 사람들과 타인들에게도 흥미로울 수 있고, 무엇보다도 저와 알고 지내는 젊은이들의 흥미를 유발할 수 있기 때문입니다. 세상이 어떻게 바뀌는지 이해하는 데 없어서는 안 될 존재가 바로 젊은이들이죠.

저는 언제나 아웃사이더였습니다. 오랫동안 대학에서 가르쳤지만 제 스스로를 대학교수 가운데 한 명으로 간주한 적은 없어요. 수년 전부터 설계 스튜디오를 운영해 오고 있지만 진정한 의미에서 전문가가 된 적은 없습니다. 건축에 대해 글을 쓰지만 저는 저술가가 아닙니다. 스케치도 하고 그림도 그리지만 크든 작든 그림들을 팔지는 않습니다. 따지고 보면 저는 어렸을 때 지녔던 꿈을 계속 키워 나가려고 노력했습니다. 제가 청년들에게 관심을 기울였던 것도 바로 그런 이유였고요.

제겐 제자가 많아요. 이들이 세계 전역에서 제게 소식을 보내오거나 저를 찾아옵니다. 제 제자들은 전부 자기 방식대로 생각하고 아무것도 모방하지 않습니다. 제가 어떤 스타일을 가르치지 않았기 때문이에요. 그리고 제가 항상 그들에게서 무언가를 배우려고 노력했던 것처럼 제게서 끊임없이 무언가를 배우려고 노력합니다. 이건 그냥 듣기 좋으라고 하는 말이 아닙니다. 항상 말했듯이, 제가 대학에서 학생들을 가르친 이유는 변화하는 세계를 향한 젊은이들의 열린 자세를 엿보기 위해서였습니다. 저는 대다수의 둔하고 게으르고 파렴치한 건축가들이 꾀만 부리면서 소홀히 하는 건축가라는 직업에 얽매여 제 스스로를 비참하게 만들고 싶지 않았습니다. 그래서 가능한 한 모범이 되려고 노력했습니다.

제가 만났던 수준 높은 아나키스트들은, 상당히 겸손한 이들조차도 스스로 모범을 보이려는 강한 의지를 지니고 있었습니다. 다른 사람들이 자신들의 오염되지 않은 삶과 청렴한 사고와 투명한 행동 방식을 한눈에 알아볼 수 있어야 한다고 생각했죠.

크로포트킨을 포함한 많은 아나키스트가 열린 삶을 살았고 모두가 그 안을 속속들이 바라볼 수 있었습니다. 이들은 완벽한 사람들이 아니었어요. 완벽하려고 노력하지도 않았습니다. 오히려 완벽을 추구한다는 것 자체가 이미 권위적인 충동이라는 생각을 했죠.

성숙함 혹은 외로움?

우리가 이 대화를 시작했을 무렵에는 주로 만남, 장소, 사람들을 주제로 이야기를 나누었습니다. 이어서 이야기의 내용은 점차 더 건축과 프로젝트로 바뀌었고요. 그래선지, 선생님께서 점점 더 고독해지셨다는 느낌도 받습니다. 혹은 완전히 성숙한 단계에 도달하셨다고 볼 수도 있겠고요. 하지만 최근 10년 내지 15년간 선생님께서 편하게 이야기를 나눈 사람은 그리 많지 않았다는 생각이 드는데, 어떻게 보시나요?

사실이에요. 그리 많지 않았습니다. 세월이 흐르면서 친구들도 사라지기 마련입니다. 게다가 새로운 친구를 만들기도 굉장히 힘들어지죠.

그저 일반적인 친구들에 대해서만 말씀드린 건 아닙니다. 중요한 대화자들도 포함이 되어야겠죠. 제게 파가노나 돌리오, 비토리니를 비롯해 자주 만나시던 많은 사람들에 대해 말씀하실 때에는 이들이 선생님의 삶에 끼친 영향을 확연하게 느낄 수 있었습니다. 하지만 1980년대로 접어들면서부터 주제는 줄곧 일과 프로젝트에 관한 이야기로 변했습니다. 물론 조금 전에 젊은이들과의 관계에 대해서도 말씀해주셨지만, 그건 전혀 다른 성격의 이야기죠.

옳은 말씀입니다. 맞아요. 외로움이 커졌어요. 최근 들어 사람들과의 대화가 줄어들었다는 건 사실일 겁니다. 그만큼 제가 이야기를 나눌 만한 대화 상대가 적다는 것도 사실이죠.

기왕에 이야기가 나왔으니 말이지만, 타인에 대한 제 관심이 줄어든 건 어쩌면 실망 때문인지도 몰라요. 그럴 수도 있고, 아니면 제 오만함 때문일 수도 있겠죠. 제가 젊었을 때에는 누구든 저보다 경험이 많은 사람에게 관심을 기울였습니다. 하지만 어느 정도 나이가 드니까 다른 사람들의 경험만으로는 부족하다는 걸 느꼈어요. 어쨌든 그것이 제 경험과 조화를 이룰 수 있어야 하고 제가 더 풍부한 경험을 할 수 있도록 자극제가 되어야 하는데, 실제로 그런 경우는 굉장히 드뭅니다. 최근 몇 년 사이에 소통의 길이 완전히 막혔다고 말씀드리고 싶습니다. 한때 제가 얼굴을 자주 보고 만나서 대화도 나누던 이들은 길을 가다가도 끊임없이 마주치던 사람들이었어요. 제 존재의 영역을 채워주는 인물들이었죠. 하지만 지금은 더 이상 아무도 만날 수가 없어요.

당시에 도시라는 것이 대체 어땠는지 아시나요? 거리를 걷다가 만나는 사람들은 전부 '우리'였습니다. 우리는 밀라노 시내의 산탄드레아 거리에 있는 다락방에서 살았습니다. 저녁이 되면 아내와 함께 외출을 했어요. 첫 번째 모퉁이를 돌자마자 친구들이 나타나곤 했습니다. 혹시라도 어떤 친구의 집에 가게 되면 그곳에서 또 다른 친구들을 우연히 만났어요. 하지만 지금은 이런 식으로 친구들을 만나지 않아요. 우연히 만난다는 건 결코 일어날 수 없는 일이 되어 버렸습니다. 적어도 제 입장에서는 그래요. 우리 아이들도 우리가 사람들을 만나던 것과는 전혀 다른 방식으로 만남을 가집니다. 도시가 너무 심하게 망가져버렸어요. 산책할 수 있는 길을 더 이상 찾기 힘들고, 멈춰 서서 이곳저곳 바라보기도 하고 몇 마디 이야기 나눌 수 있는 광장도 마찬가지입니다. 조그만 상점들도, 조각상들도, 분수들도 사라졌어요. 도처에 주차된 차들만 널려 있습니다. 인간관계의 극적인 추락은 어떻게 보면 놀랄 것이 못 되죠. 모든 분야의 전문화가 문화의 자리를 대체해버렸으니까요. 사람들은 일 때문이 아니면 서로 만날 생각을 하지 않습니다. 특히 젊은이들은 같은 직업에 종사하는 친구들과 만나는 걸 선호해요.

한때는 같은 직업에 종사하지 않는 친구들을 만나는 것이 오히려 도시 생활의 소금처럼 느껴졌습니다. 저는 제 동료 건축가들과의 만남이 지루하기만 합니다. 제가 만나고 싶은 사람이 있다면 저와는 다른 직업을 가진 사람입니다. 그래야 제 주변과 바깥세상에서 무슨 일이 벌어지는지 알 수 있으니까요. 건축가들을 만나는 것이 흥미로운 경우는 이들이 건축 외에 또 다른 것들을 할 줄 알 때입니다. 하지만, 오늘날 건축가들이 할 줄 아는 이야기라고는 법규, 건축 규정, 공모전, 계약서 이야기뿐이죠. 제 입장에서는 흥미가 덜할 수밖에 없습니다.

제대로 보셨습니다. 맞아요. 고독이 자라났습니다. 하지만 저만 그런 건 아니에요. 모두가 외로워하니까요.

하지만 제가 개인적인 고독에 대해서만 말하고 싶었던 것은 아닙니다. 함께 염두에 두었던 것은 선생님께서 건축을 이해하는 방식의 고독입니다. 오늘날 건축 분야에서는 자리를 잡지 못한 관점이니까요.

그건 또 다른 문제입니다. 그러니까, 제가 한때는 건축을 하면서 이웃들에게 지금보다 훨씬 더 많은 주의를 기울였다는 말씀이신가요? 그런 뜻이라면, 네, 그렇다고 말씀드려야겠네요. 예를 들어 제가 한때는 참여 건축에 깊이 관여했지만, 지금은 형태학적인 탐구와 지역사회의 문화를 상징하는 표현, 환경의 형식과 구조의 보완성 연구에 몰입하고 있으니까요. 그건 사실이에요.

하지만 아무도 원하지 않는데 참여가 이루어지는 척할 수는 없는 노릇이죠.

제가 하고 싶었던 이야기가 바로 그겁니다. 매스미디어에 의해 길들여진 사람들은 물리적 공간의 형식과 구도의 문제에 더 이상 아무런 관심도 기울이지 않습니다. '거주'나 '대학', '자유 시간' 같은 핵심 주제들은 더 이상 존재하지 않아요.

반면에 저는 모든 것을 끌어들일 수 있는 건축을 모색하고 있습니다. 왜냐하면 이런 건축은 뿌리든 가지든 간에 모든 것의 개별적인 부분과 깊이 연관되어 있기 때문이죠. 다층적이고 유연하며, 붙임성이 강하고 전통과 조화롭게 어울리며 혁신적인 에너지를 지녀서 놀라운 언어로 표현할 수 있는 건축적 공간을 모색하는 거죠. 저는 이 공간에서 각자가 자기만의 감지 능력과 표현력을 활용하는 차원에 도달할 수 있다고 봅니다. 다시 말해 제가 추구하는 것은 모두가 각자 상이한 방식으로 이해하고 활용할 수 있는 건축, 인간의 존재가 물리적이고 사회적인 공간에 머문다는 사실을 우선적이고 구체적인 지표로 드러낼 수 있는 건축, 모른 척하기가 불가능하기 때문에 결국에는 각자가 계획에 뛰어들 수밖에 없고 어느 누구도 계획에서 빠질 수 없는 건축입니다.

이처럼 건축의 문제에 접근하시는 선생님의 관점이 독특하기 때문에 그런지 건축가로서 선생님의 면모가 다소 특이하게 느껴집니다. 선생님의 건축을 주제로 이야기를 나눠본 사람들은 항상 이렇게 말합니다. "아! 데 카를로. 그의 생각과 작업, 이론 모두가 정말 흥미로워요. 읽어봤어요! 굉장히 높이 평가합니다…" 하지만 이렇게 말하는 건축가들 대부분이 지을 줄 아는 거라곤 흉물스러운 아파트뿐입니다. 사실은 선생님의 말씀뿐만 아니라 이들 자신이 훌륭하다고 평가하는 것과도 정반대로 행동하는 거죠. 결과적으로 이러한 현상 역시 선생님께서 말씀하신 적이 있는 두 가지 차원에서 건축을 파악하는 방식과 일맥상통한다고 봅니다. 다시 말해 실현가능성이 희박한 이상적인 작품을 추구하는 방식과 보잘것없고 반복적인 프로젝트에 집중되는 일상적인 방식이 있을 수 있겠죠.

부분적으로는 옳은 말입니다. 하지만 건축의 끝없는 숙명적 실패를 노래하는 데 끼어들고 싶은 생각은 추호도 없습니다. 포기한다는 건 바보 같은 생각이에요. 현재에도 무언가 훌륭한 요소가 있고, 이것이 결국 주목을 받으면서 우리가 기대하는 것 이상을 만들어낼 수 있을 거라고 확신합니다. 오늘날의 젊은이들은 거시적인 차원의 문제에 관심을 덜 가지는 것 같아요. 아니, 그런 건 아예 필요 없다고 말합니다. 하지만 그렇게 생각하는 이유는 무엇보다도 이들이 실망을 했기 때문이에요. 어떤 의미에서는 당면한 어려움 속에 그대로 방치되어 있다고도 볼 수 있습니다. 하지만 잠재력은 가지고 있어요. 따라서 젊은이들에게 주목할 필요가 있습니다.

데 카를로주의자들은 존재하나?

대화를 나누는 동안 직원들을 비롯한 조력자들을 자주 언급하셨는데, 그렇다면 '제자들'은 어떤가요? 윌리엄 모리스의 멋진 문구 하나가 떠오르는데, 아마도 기억하실 겁니다. "모든 혁명가의 운명은 미래에 다른 이들이 완전히 다른 방식으로 발전시킬 하나의 이상을 위해 평생을 바쳐 싸우는 것이다." 사람은 자신의 일관성을 유지하기 위해 노력합니다. 왜냐하면 자신이 하는 일을 통해 무언가를 전할 수 있다고 믿기 때문이죠. 하지만 똑같은 생각에서 출발해 전혀 다른 방향으로 나아가는 또 다른 누군가를 존중할 줄도 알아야 합니다. 그렇지 않으면 소위 '학파'라는 게 만들어집니다. 얼마나 많은 건축가들, 얼마나 많은 대학 교수들이 복제 인간을 생산해 냈나요. 사람들은 이렇게 말합니다. '저 사람은 아무개의 제자야, 저 사람은 아무개처럼 건축하지...' 그렇다면, 데 카를로 스타일로 디자인하는 건축가도 가능할까요?

아니요. 그렇지 않을 겁니다. 그런 일이 일어나지 않게 하려고 부단히 애썼으니까요. 생각이 나네요. 베네치아 건축대학에 이른바 '데 카를로의 추종자'로 불리던 일군의 건축가들이 있었습니다. 이들 가운데 몇몇은 제 제자였고, 몇몇은 직원, 또 몇몇은 저와 함께 일한 적이 있는 건축가였어요. 지금은 설계사무소를 운영하거나 대학에서 가르칩니다. 모두가 인정하는 실력자들이죠. 전부 탁월한 지성과 감성을 겸비한 인물들이에요. 따라서 이분들은 '추종자'와 거리가 멀 수밖에 없어요.

저는 이들이 선생님의 건축언어를 모방한다기보다는 선생님의 방법론을 엄격하게 적용한다고 봅니다. 하지만 이들 가운데 일부는 선생님께서도 여전히 채

택하고 계신 몇 가지 매력적인 이미지들을 활용하기도 합니다. 이 점을 부인하실 수는 없을 텐데요.

물론 제 건축언어에는 빈번히 등장하는 요소들이 존재합니다. 그건 제 억양이나 짜증스런 말투 같은 것들이에요. 제가 쓰는 제스처나 제가 놀라워하는 부분들, 제 주름 같은 것들이죠. 이러한 요소들과 함께 건축적 담론은 한 장소의 특성과 역사적 단층들, 계획 과정을 감싸고 관통하는 무한하고 변화무쌍한 정황들을 중심으로 발전합니다. 제 프로젝트들은 하나하나가 근본적으로 다릅니다. 따라서 제조법 같은 것을 만드는 대신 오히려 한계를 뛰어넘도록, 적합한 건축언어를 창출할 것을 촉구하죠. 결과적으로 말씀드리면 제 작업에는 모방할 만한 것이 전혀 없습니다. 모방을 시도하는 이들은 뭔가를 잘못 이해한 거예요. 이들은 원하는 걸 결코 얻을 수 없는 상황에 놓여 있습니다. 따라서 원하는 것도, 그걸 얻을 수 있다는 확신도 부질없다는 것을 알아야 합니다. 안타까운 것은 이들이 확신만 하지 않고 심지어는 사랑까지 쏟아부으면서 끝내는 제가 말했거나 실행한 것과 정반대되는 지점에 도달한다는 겁니다. 하지만 이런 경우는 어쨌든 드물어요.

제가 볼 때, 저의 '모방자'들로 형성된 학파는 존재하지 않습니다. 기껏해야 몇 차례 '도둑들'이 나타났을 뿐이죠. 그것도 대부분은 꽤 유명한 건축가들이 제 아이디어를 마치 자기 것인 양 소개하려고 한 경우입니다. 하지만 이 '도둑들'은 또 다른 차원의 문제입니다. 포스트모더니즘 이후 건축계에 자리 잡은 광고의 허무주의 속에서 살아남기 위해 애를 쓰다가 잘못을 저지르게 되는 것이죠.

광고의 허무주의란 어떤 것인가요?

건축을 무슨 패션디자인 정도로 보고 건축가를 패션디자이너로, 다시 말해 신속한 소비에 봉사하는 신속한 생산자로 여기는 데서 드러나는 허무주의입니다.

생산과 소비를 모두 지배하는 신속함이 이미지의 지속적인 섭취 욕구를 자극하고, 이미지가 품은 내용으로부터 이미지를 분리해내 집어삼키려는 욕구를 생산해 냅니다. 지난 15년간 이러한 흐름을 따라 전개되었던 것이 바로 조작하기 쉬운 정형화된 모델stereotipo의 대량 생산과, 모든 복합적인 요소를 물리적 공간의 구조에서 체계적으로 제거하는 작업이었습니다.

한편으로는 공간의 개념 자체가 뒷전으로 밀려났습니다. 건축적 문제의 진정한 핵심이라고 볼 수 있는 건축과 장식의 경계, 혹은 본질적인 것과 부수적인 것을 엄격하게 구분하는 경계 자체가 모호해졌어요.

재능 있는 인물 한 명을 예로 들어보겠습니다. 재능 없는 인물은 많고 이야기할 필요도 없으니까요. 이 인물은 바로 프랭크 게리Frank Gehry입니다. 그에게 공간은 전혀 중요한 문제가 아닙니다. 그가 공간에 관여한다면, 그건 빌바오의 경우처럼 우연에 불과합니다. 반면 공간에 관여하지 않는다면, 프라하의 댄싱 하우스처럼 반들반들한 정면 뒤에 숨어 있는 복도와 방들은 옛날 토지대장 보관소에서나 볼 법한 분위기를 풍깁니다. 사람들이 공간을 2차원적으로 만들기 위해 안간힘을 쓰고 있다는 생각이 들지 않나요?

이것이 건축의 미래라고 보시나요?

아뇨. 전혀 그렇지 않죠. 3차원의 물리적 공간은 인간에게 남아 있는 가장 확실한 기준입니다. 인간이 자신의 존재를 이해하고 이끌어가는 데 필요한 기준이죠. 인간의 행동과 생각을 둘러싼 물리적 공간을 언급하지 않고서 우리가 어떻게 기억하고 이야기를 나누는 게 가능하겠어요?

바로 이런 이유에서 저는 사람들이 건축을 그만두는 일은 일어나지 않을 거라고 확신합니다. 견디기 힘든 대혼란이 벌어진 뒤 약간의 침묵이 흐르겠지만, 사람들은 계속해서 계획을 할 겁니다.

잔카를로 데 카를로의 활동 연보

국제 수상 경력

- 에도아르도 카라촐로Edoardo Caracciolo 상(1963)
- 패트릭 애버크롬비 경Sir Patrick Abercrombie 상(1967), 울프Wolf 상(1988)
- 프리츠 슈마허Fritz-Schumacher 상(1990)
- 건축 아카데미재단 도시계획 상Médaille de l'Urbanisme, Fondation de l'Académie d'Architecture(1992)
- 영국 왕립 건축학회의 로열 골드메달Royal Gold Medal(1993)
- 국제 건축가 연합의 로버트 매튜 경Sir Robert Matthew 상(1996)
- 환경 그랑프리Gran Prix A/mbiente(1999)
- 문화와 예술 공로상 황금 메달Medaglia d'Oro ai Benemeriti della Cultura e dell'Arte (2004) 등

학위

- 룬드 대학Lunds Universitet 기술학박사(1988)
- 노바 스코샤 기술대학Technical University of Nova Scotia 공학박사(1990)
- 오슬로 건축학교Oslo School of Architecture 문학박사(1995)
- 해리엇와트 대학 에든버러 캠퍼스Heriot Watt University of Edinburgh 예술과 기술학 박사(1995)

- 루벤 대학Leuven Universiteit 응용과학 박사(1996)
- 제네바 대학Université de Genève 건축학 박사(1997)
- 부에노스아이레스 대학Universidad de Buenos Aires 건축학 박사(1999)
- 카타니아 대학Università di Catania 문학과 철학 박사(1999)
- 밀라노 공과대학Politecnico di Milano 도시계획 박사(2004)

논문과 저서

- 『르 코르뷔지에 비평 선집Le Corbusier, antologia critica degli scritti』(Milano, 1945)
- 『윌리엄 모리스, 비평적 연구William Morris, studio critico』(Milano, 1947)
- 『건축과 도시계획의 제문제Questioni di Architettura e Urbanistica』(Urbino 1965, Milano, 2008)
- 『우르비노, 도시의 역사와 도시발전계획Urbino, la storia di una città e il piano della sua evoluzione urbanistica』(Padova, 1966)
- 『대학건축의 계획과 디자인Pianificazione e disegno delle università』(Venezia, 1968)
- 『뒤집힌 피라미드La piramide rovesciata』(Bari, 1968)
- 『참여의 건축An Architecture of Participation』(Melbourne, 1972)
- 『참여의 건축L'Architettura della partecipazione』(Milano, 1973, Roma, 2010)
- 『도시와 항구La Città e il Porto』(Genova, 1992)
- 『건축의 정령들Gli spiriti dell'Architettura』(Roma, 1992)
- 『칼헤사 프로젝트Il progetto Kalhesa』(Venezia, 1995, 이스메 짐달샤Ismè Gimdalcha라는 가명으로 출판)
- 『세계의 도시들Nelle città del mondo』(Venezia, 1995)
- 『나와 시칠리아Io e la Sicilia』(Catania, 1999)
- 『그리스 여행Viaggi in Grecia』(Roma, 2010, 유작)

건축 프로젝트가 게재된 문헌

- 『잔카를로 데 카를로Giancarlo De Carlo』(Fabrizio Brunetti, Fabrizio Gesi, Firenze, 1981)
- 『잔카를로 데 카를로의 건축Giancarlo De Carlo. Architetture』(Lamberto Rossi, Milano,

1988)

- 『카타니아 계획안Un progetto per Catania』(Daniele Brandolino, Genova, 1988)
- 『라스트라 아 시냐의 구시가를 위한 표본 계획안Lastra a Signa. Progetto Guida per il Centro storico』(Milano, 1989)
- 『잔카를로 데 카를로 Giancarlo De Carlo』(Benedict Zucchi, London, 1992)
- 『이미지와 단상들Immagini e frammenti』(Angela Mioni, Etra C. Occhialini(감수), Milano, 1995)
- 『성찰의 궁전. 우르비노를 위한 데 카를로의 계획Il Palazzo dei Riflessi. Un progetto di Giancarlo De Carlo per Urbino』(Monica Mazzolani, Roberto Rosada, Milano, 2001)
- 『잔카를로 데 카를로, 겹쳐진 장소들Giancarlo De Carlo, layered places』(John McKean, Stuttgart, 2004)
- 『잔카를로 데 카를로, 장소, 인간Giancarlo De Carlo, Des lieux, des hommes』(Paris, 2004)
- 『잔카를로 데 카를로, 건축의 이유Giancarlo De Carlo, Le ragioni dell'architettura』(Margherita Guccione, Alessandra Vittorini, Milano, 2005)
- 『페사로의 법원Il Palazzo di Giustizia di Pesaro』(Monica Mazzolani, Milano, 2005)
- 『아이들로부터 시작하기, 라벤나의 어린이집과 유치원Cominciare dai bambini, Asilo nido e scuola materna a Ravenna』(Angela Mioni, Milano, 2008)
- 『참여의 건축L'architettura della partecipazione』(Sara Marini, Roma, 2013)

주요 건축물

- 우르비노의 대학 캠퍼스, 법학과, 교육학과, 경제학과 건물
- 카를로 보 재단 본부
- 우르비노의 옛 마구간, '풍요의 밭' 복구
- 테르니의 마테오티 마을
- 국립 연구 협의회CNR의 진화 유전학 연구소
- 파비아 대학의 공학과, 수학과, 지구과학과, 유전학과 건물 및 의과대학 생물학 연구소
- 마초르보의 주택단지와 스포츠센터

- 카타니아의 베네딕투스 수도원 콤플렉스 복구
- 시에나 의과대학 생물학 연구소
- 산 미니아토의 시에나 대학 스포츠센터
- 산마리노 공화국 성문
- 베네치아 리도 부친토로 광장의 블루문
- 페사로의 새 법원
- 레바논 베이루트 중심가의 주택단지
- 라벤나의 어린이집 등

주요 도시계획

- 1958~1964년의 우르비노 도시계획
- 밀라노 광역 도시계획
- 리미니의 신시가지 도시계획
- 팔레르모 구시가지 복원계획
- 시에나의 산 미니아토와 라 리차 구역 복원계획
- 카스텔피오렌티노, 체르비아, 제노바, 피스토이아, 알레산드리아의 폐기된 산업 지대와 공장의 재생 및 복원계획
- 라스트라 아 시냐의 구시가지 표본계획
- 제노바 건축대학과 공동으로 진행한 제노바 옛 항구 복원계획
- ILAUD와 공동으로 진행한 제노바의 프레 구역 재개발 계획 및 옛 항구 마을의 확장 계획
- 볼로냐 스탈린그라도 가의 상업 및 주거 지역계획
- 제노바 사르데냐 가 시장 지대의 주택단지 건설계획
- 1990~1994년의 우르비노 도시계획
- 콜레타 디 카스텔비안코 옛 마을의 구조 개편계획

주요 공모전 응모안

- 더블린 대학 건축계획

- 사우디아라비아 리야드의 문화센터 계획
- 불가리아 플로브디프의 도시계획
- 암스테르담 시청 계획
- 밀라노 비코카 구역의 도시계획-설계
- 바르셀로나 아베니다 디아고날 지역의 도시계획-설계
- 잘츠부르크의 박물관 계획
- 시에나 구시가지의 특정 구역 재구성 계획
- 볼로냐 새 시장 지역의 체계화를 위한 도시계획-설계
- 베네치아 산 바실리오의 베네치아 건축 연구소 신설 본부 계획
- 트리에스테 소재 몇몇 광장의 도시 및 건축 재생계획
- 밀라노 소재 광장(3곳)의 재생계획
- 제노바 폰테 파로디의 안정화 계획
- 라벤나의 유치원 '라마 수드'를 위한 계획
- 밀라노 포르타 누오바와 가리발디-레푸블리카 지역 공원계획

옮긴이의 글: 아키텍처와 아나키

윤병언

데 카를로의 증언을 읽다 보면 자연스럽게 떠오르는 질문이 있다. 그가 들려주는 경험담은 재미도 있고 그의 건축 세계와 미학을 보다 직접적으로 이해하는 데 큰 도움을 주지만, 그가 왜 자신을 아나키스트로 정의하는 것은 거부하면서 결국에는 "모든 것을 (...) 아나키즘에서 배웠고 그만의 건축 방식에 이식했다고" 말하는지에 대한 의문이 생긴다. 이러한 의문은, 모더니즘 건축에 대한 그의 비판적 입장이 그저 원리 원칙주의에 대한 단순한 거부반응은 아니었다는 점이 확연히 드러나는 순간, 그렇다면 그의 비판적 태도와 아나키즘 사이에는 과연 무슨 관계가 있는가라는 질문으로 확대된다. 더 나아가 이러한 의혹은, 그가 아나키즘에 천착하면서도 아나키스트가 되기보다는 "전적으로 실용적인 영역에서 아나키즘을 발견했다"는 표현을 사용할 때, 해결되기는커녕 더욱 더 복잡해진다. 실용적 아나키즘이라니?

'실용적'이라는 말은 건축이 본질적으로 실용적인 측면과 직결되는 만큼 이해가 되지만, 아나키즘이 실용적일 수 있다는 말은 왠지 이상하게 들린다. 데 카를로가 아나키즘을 아나키즘이라고는 부를 수 없는 또 다른 형태의 훌륭한 관점으로 발전시켰다는 점도 분명하고, 그것이 보이지 않는 형태로 건축에 녹아들어 있어서 그가 '실용적'이라는 표현을 사용했으리라는 점도 충분히 이해가 가지만, 이 '실용적 아나키즘'이 그가 건축 방식에 이식한 '건축적 아나키즘'이라는 점을 직시하면 문제는 정말 복잡해진다.

아르케가 '시작'과 '원리 원칙'을, 아키텍처가 아르케를 기점으로 무언가가 현실화되는 과정을 지배하는 형식 내지 기술을, 아나키즘이 아르케의 부재 내지 부정을 뜻한다면 '아키텍처적인 아나키즘'이라는 조합이 과연 무엇을 가리키는지 헤아릴 길이 없어진다. 데 카를로의 건축미학이 도달한 시적 경지가 이러한 키메라적인 표현으로 정의될 수 있다는 점은 분명히 아이러니하다.

하지만 여기에는 이유가 있다. 이러한 상황이 아이러니하게 다가오는 이유는 이 용어들 속에 불분명한 형태로 침전되어 있는 변천 과정의 흔적들이-데 카를로처럼 용기 있는 누군가가 이 용어들의 본질을 뒤흔들 때- 고유의 변천사적 모순을 드러내기 때문이다. 이러한 정황이 발생하는 이유는 당연히, 역사, 문화적으로 복잡한 변화를 거치면서 모호하거나 복합적인 의미를 취득한 개념과 견해들이 특정 영역에 집중될 때, 표면적인 소통의 가능성만 남겨둔 채 모든 종류의 의견 일치를 본질적으로 불가능하게 만들기 때문이다. 해석학과 철학적 고고학의 저자들이 빈번히 이러한 불일치의 고리를 파헤치는 데 집중하는 것은 우연이 아니다. 데 카를로의

‘건축적 아나키즘’을 의미론적으로 구축하는 ‘아키텍처’, ‘아르케’, ‘아나키’ 같은 개념들도 이러한 부류에 속한다. 데 카를로의 증언이 현대건축 문화의 단점과 첨예하게 대립하며 번뜩일 때마다, 그가 정확하게 간파하는 듯이 보이는 내용들이 사실은 구체적으로 부각되지 않는 이유도 여기에 있다.

이 글은 이 감추어진 내용에 대한 일종의 코멘트로 쓰였다. 현대에 들어서야 독자적인 의미를 확보하게 된 ‘아나키’와 이 말의 어원인 ‘아르케’ 그리고 ‘아키텍처’의 심층적인 관계를 조명하기 위해서는, 이 용어들과 동일한 단절의 결이 각인되어 있는 ‘창조’, ‘취향’, ‘예술’ 같은 개념들을 이들이 지닌 현대적인 의미의 형성 단계로 거슬러 올라가 살펴볼 필요가 있다.

무에서 유를 창조한다는 말이 있다. 우리가 흔히 예술의 본질을 논하면서 입에 올리는 문구 가운데 하나다. 예술은 마치 무에서 창조되어야만 논할 가치가 있다는 듯, 예술 작품을 평가하는 일종의 척도로 제시되는 것이 바로 백지를 배경으로 불쑥 튀어나온 창조성의 개념이다. 하지만 무에서 유를 창조한다는 말은 아이러니하게도 예술을 수식하는 가장 과장된 표현 가운데 하나다. 실제로는 예술 작품의 창조 과정이나 본질에 대해 아무런 설명도 제시하지 못하기 때문이다. 단지 이에 대한 설명을 불가능하게 만드는 다양한 원인들이, 보이지 않거나 불편한 공존의 형태로 주변에 산재할 뿐이다.

현대 문화의 분명한 특징으로 분류되어야 할 이 원인들은 아주 단순한 두 가지 사실을 중심으로 파생되거나 환원되며 대별되는 양상을 보인다. 하나는 이 ‘순수한 창조’의 개념이 모든 장르의 예술 활동에 똑같이 적용되는 것은 불가능하다는 사실이다. 무에서 창출된 예술의 개념을 토대로 특정 작품을 보편적인 관점으로 설명하려 하거나 동일한 개념의 해설과 다를 바 없는 예술로 설명을 대체할 때, 작품은 보편성을 잃고 무에서 창조되었다는 사실 외에 어떤 특수성도 지닐 수 없는 운명에 놓인다.

또 한 가지는 무에서 유를 창조한다는 표현 자체가 사실은 어떤 작품에 대한 이해가 불가능할 때, 즉 예술을 이성적으로 설명하는 것이 불가능하다는 인상을 극복하지 못하거나 선호할 때 사용된다는 점이다. 이러한 현상의 문제점은 비교적 분명하게 드러난다. 무에서 창조된 예술의 예술성을 인정한다는 것은 곧 예술에 대한 가장 뛰어난 설명을 예술의 이해 불가능성에 대한 설명으로 대체한다는 것을 의미한다. 달리 말하자면, 무에서 창조된 유는 증명할 길도 없지만 이유도 없다고 인정하는 셈이다.

이러한 상황을 유발하는 데 어떤 식으로든 일조했던 정신적인 차원의 요인들 가운데 하나는 '취향'의 개념이다. 근대를 거쳐 현대로 돌입하는 과정에서 과학과 미학의 발달이 창조와 관련된 수많은 개념의 의미와 활용 방식에 근본적인 변화를 가져왔고, 그런 식으로 변화무쌍해진 개념들 간의 환유와 형이상학적 조합의 가능성에 힘입어 변화의 물결 자체가 다시 창조의 현실 속으로 도입되었다면, '취향'은 이 과정에서 창조의 개념이 '무에서 창조되는 예술'을 수용하는 데 결정적으로 기여했을 뿐 아니라 동일한 변화의 경로를 거치면서 창조의 개념 못지않게 모순적이고 이질적인 성격의 개념으로 발전했다.

오늘날에는 취향을 주관적인 성향이나 관점의 일종으로 간주하지만, 본질적인 차원에서, 취향은 항상 무언가에 대한 취향에 지나지 않는다. 원칙적으로는 객관적인 영역에 머물기 때문이다. 문제는 그래서 취향이 일종의 앎이긴 하나, 마음에 드는 무언가에 대한 직접적인 앎이 아니라 마음에 든다는 사실을 중심으로 전개되거나 환원되는 앎이라는 데 있다. 다시 말해 취향은, 마음에 들지만 마음에 든다는 것을 알 뿐 그 이유는 모르는 무언가에 대한 앎, 혹은 알기보다는 즐기는 차원에 머무는 것으로 족하는 앎이다. 그래서 취향은 단순히 앎의 영역에만 머물지 않는, 아는 즐거움이다. 객관적인 영역에 적극적으로 참여하는 주관적인 형태의 앎인 동시에 쾌락의 대상을 가늠하고 아는 단계를 넘어서서 이 앎이 주는 즐거움 자체를 이해하는 즐거움이 바로 취향이다.

취향을 구축하는 '앎'과 '즐거움'의 관계는 철학의 어원적 의미를 구성하는 '지혜'와 '사랑'의 관계와도 비슷하다. 이 두 요소가 서로 밀접한 관계를, 혹은 조화를 이룰 때에만 취향은 취향만의, 철학은 철학만의 의미를 지닌다. 이 조화의 필연성을 괴테는 이런 식으로 표현했다. "무언가를 사랑하지 않는다면 그것을 아는 것도 불가능하다. 앎이 깊고 완전한 만큼 그것에 대한 사랑도 강렬하고 생생하기 마련이다." 파스칼은 '사랑'과 '이성'을 아예 동일한 것으로 간주했다. 철학적인 관점에서, 혹은 철학적 아키텍처의 차원에서, 취향은 사랑할 줄 아는 앎과 아는 사랑의 조합에 가깝다.

그러나 이러한 통일성은 근대를 거쳐 현대로 돌입하는 과정에서, 정확하게는 미셸 푸코가 말하는 에피스테메적인 변화의 소용돌이 속에서 완전히 분해된다. 가장 결정적인 것은, 자연적 사물이 지닌 본연의 목적이나 역사적 현상의 인식론적 척도였던 물리적 '특징들'이 '유용성'으로, '유사'가 '기능'으로 대체되는 현상, 바꾸어 말하자면 모든 것의 원인과 논리적 구조를 객관적으로 규명하는 '기능성'의 세계가 '유사성'의 세계를 대체하기에 이르는 뚜렷하면서도 보이지 않았던 혁신이다.

에피스테메의 전환은 과학과 기술의 발전에 기여한 반면, 동일한 유형의 발전적 패러다임을 예술과 미학에 접목한 순간부터 예술과 미학의 이론화, 다양화, 과학화, 전문화를 주도하며 예술의 통일성을 무너뜨리고, 객관적 인식 구도를 구조적으로 와해시키는 결과를 가져왔다. 취향이 항상 구체적인 대상의 객관적인 영역에 적극적으로 참여하는 형태의 주관적 앎이었던 반면, 취향의 주관적 인식은 과학적인 차원의 확신으로, 취향의 객관적인 영역은 학문과 기술의 확실성 내지 확실한 가치의 영역으로 대체된다.

취향의 '아는 즐거움' 역시 지적 '확신에 대한 즐거움'으로 변한다. 어떤 대상이 마음에 든다는 사실 자체에 대한 범주적인 차원의 즐거움이자 이에 대한 인식이었던 취향은, 이제 온갖 것의 확실성과 기능성에 대한 확신의 유희이자 이에 대한 인식으로 변한다. 취향의 대상이 아니라 그것의 가치를 향유하는 방향으로 나아갔기 때문에, 심지어는 마음에 드는지의 여부조차 중요하지 않고 가치가 우선적으로 충족되어야만 앎의 즐거움을 인식할 수 있는 상황이 벌어진 셈이다. 이러한 상황이 전개되는 가운데 인류는 다름 아닌 객관성의 범주를 주관성의 범주로 대체하며 이러한 전이를 일종의 메커니즘으로 정착시킨다. 푸코가 인간의 주체성을 논하면서 지적했던 대로, "인간은 객체를 구축하는 동시에 그것의 위치나 형태를 바꾸고 왜곡하며 주체로 탈바꿈하는 과정에 끊임없이 투신한다."[1]

하지만 이처럼 '객관성'이 '주관성'으로 바뀌는 과정은 획일적이지 않을 뿐 아니라 언제나 변화무쌍한 경로를 거치면서 은밀하게 뒤틀리는 양상을 보인다. 아마도 취향이나 철학의 본질이 쉽게 변하는 것은 아니기 때문일 것이다. 아니, 어쩌면 어떤 무형의 아르케가 존재하기 때문인지도 모른다. '객관성'이 '주관성'으로 변화하는 과정은 심지어 주관성의 객관화를 통해 전개된다. 예를 들어 '취향'을 특정 개인의 완벽하게 주관적인 성향으로 정의할 때 -그의 입장에서든 타자의 입장에서든- 우선적으로 요구되는 것은 구체적인 취향의 객관화다. 객체를 주체화하는 과정은 주관을 객관화하려는 시도로 점철된다. 푸코가 여기서 '위치 변동'이나 '왜곡'이라는 표현을 사용하는 것은 우연이 아니다. 주체화가 목표로 설정될 뿐, 주체화 과정은 취향이나 철학의 원천적인 구도, 즉 '앎'과 '즐거움', '지혜'와 '사랑' 간의 근원적인 결속 관계에서 결코 벗어나지 못한다. 취향의 대상에 대한 인식과 향유가 '객관적인 영역' 없이 순수하게 주관적인 형태로 정착되는 상황은 본질적인 차원에서 '예술의 질료'가 사라지는 상황과 일치한다.

그런 의미에서 현대예술의 '창조'는 '발견'에 불과하다. 현대의 예술가는 과학자에 가깝다. 달리 말하자면, 본질적으

1 『Dits et Écrits, Tome IV』 (Michel Foucault, Gallimard) pp. 75

로는 창조에 관여하지 않기 때문에 상대적으로 중요해지고 절대적인 객관성을 취득하는 것이 바로 주관적인 취향, 무에서 창조되는 예술의 개념이다. 결과적으로, 주관에 요구되던 객관성의 세계가 객관에 요구되는 무수한 주관성의 세계로 붕괴되거나 재구축된 것이 현대예술의 창조정신적인 구도라고 볼 수 있다.

하지만 사실은 이런 식으로 조화의 구도가 분해되고 혼란스러워지는 과정에만 주목할 것이 아니라 조화는 원래 혼돈을 필요로 한다는 점에도 주목할 필요가 있다. 조화가 파괴되는 과정은 어떤 식으로든 분명하게 드러났던 반면, 예술 자체의 아나키즘적인 성격은 사실 아무도 모르게 조용히 자취를 감추었다. 취향이 순수하게 주관적 성향으로 정착되는 상황은 예술의 본질적인 질료가 사라지는 상황뿐만 아니라 예술적 혼돈이 사라지는 상황과도 일치한다. 과학에 의해 사라진 것은 예술적 영감이 아니라 예술적 혼돈이다.

예술은 본질적으로, 원래부터, 그 자체로 혼란스러운 것이다. 예술적 상상력이 -무엇보다 예술가의 입장에서- 위협적이고 위험한 것이라는 사실은 플라톤을 비롯해 수많은 철학자와 예술가들이 직접 고백하고 설파해 왔던 부분이다. 우리는 예술적인 세계와 어느 정도 거리를 둔 상태에서 작품을 감상하기 때문에 창조의 과정에 직접적으로 관여하거나 참여하지 않고 관람자의 입장을 고수하며 예술을 향유하는 데 익숙하다. 하지만 작품에 정말 깊이 몰입할 경우 우리를 무아지경에 빠트리거나, 작품을 모방하려 할 경우 우리의 실존적 현실까지 혼돈에 빠트릴 수 있는 무시무시한 잠재력을 지닌 것이 바로 예술이다.

본질적인 질료의 단계에서, 예술은 조화와 거리가 먼 카오스 그 자체다. 조화로운 작품의 옷을 입은 뒤에도 근원적인 카오스는 사라지지 않는다. 사라지는 듯 보일 뿐, 작품이 탁월하면 탁월할수록 카오스도 원형의 형태로 함께 부각되기 마련이다. 예술의 목적이 카오스를 제거하는 데 있다면, 그래서 어떤 예술가가 그것을 완전히 제거하는 데 성공한다면 우리는 그의 작품에서 아무런 감흥도 느끼지 못할 것이다.

어쩌면 우리가 예술과 정말 공유하는 것은 이 카오스인지도 모른다. 예술의 목적은 이 카오스에 질서와 구도를 부여하며 카오스를 은폐하거나 제거하지 않고 다스리는 데 있다. 그런 의미에서 -엄밀히 말하자면- 순수예술은 존재하지 않는다. 칸트의 입장에서 잡다하고 이질적인 요소들을 논리적이고 체계적으로 구축하지 못하는 철학이 '나쁜 철학'이었던 이유는 그에게 '아키텍처'가 철학의 본질적인 형식이었기 때문이다. 아르케에서 유래하는 조화와 원리를 지고한 앎과 음악으로 이끄는 형식이 바로 '아키텍처'다. 하지만 이는 그래서 이질적인 요소들이 사라져야 한다는 것을 의미하지 않는다. 관건은 제어이지 제거가 아니다.

지금까지 살펴본 취향, 철학, 예술의 근원적인 이원성, 혹은 조화와 카오스의 문제에 대한 복잡한 형이상학적 설명이 -이제 여기서- 중요해지는 이유는, 우리의 관심사인 아르케Arche와 아나키An-archy의 관계가 극단적으로 난해할 뿐 아니라 앞서 검토한 내용과 전적으로 결을 같이하는 문제이기 때문이다. 무엇보다 먼저, 아나키는 근원적 혹은 예술적 혼돈의 이름이지 아르케의 부재에만 의미를 두는 정치적 아나키즘과는 본질적으로 무관하다는 점에 주목할 필요가 있다. 이는 언제부턴가 우리가 아나키라는 용어를 무정부주의적인 관점과 뒤섞으며 상당히 모호하고 다양한 의미로 활용해 왔기 때문인데, 저자 데 카를로도 예외는 아니다. 예를 들어, 아나키가 곧 예술적 혼돈이라는 관점에서 보면 데 카를로를 정말 아나키스트로 이해해야 하는지 의문이 생긴다. 『참여의 건축』에서 살펴보았듯이 데 카를로가 거부하는 것은 원리로 위장된 기술과 이념이 아르케로 상정되는 왜곡된 상황, 즉 위장된 아르케다. 하지만 그런 의미에서 그를 진정한 아르케의 추구자로 이해하고 나면 아나키스트라는 명칭은 더욱 더 어울리지 않는다.

이러한 모순적인 상황의 전모는 사실 아르케와 아나키의 관계 속에, 아니 정확하게는 이 관계를 이해하는 방식 속에 감추어져 있다. '아키텍처'가 혼돈에 조화와 질서를 부여하며 철학과 예술을 지배하는 형식이라면, 아무런 형식에 의존하지 않고서도 철학과 예술을 지배하는 것이 바로 아나키, 근원적인 혼돈이다. 그런 의미에서 아나키는 아키텍처나 아르케의 단순한 반대말, 혹은 기원이나 원리 원칙의 부재를 의미하는 것으로 그치지 않는다. 상상력, 열정, 충동, 혼돈, 망각, 무의식 같은 것이 아나키의 또 다른 이름들이다. 아르케는 아키텍처가 창조적인 형태로 발견해야 할 원형이자 원리 원칙, 혹은 지배를 목적으로 찾아야 할 지배의 원리다.

하지만 작품이 시작되는 순간, 다시 말해 조화와 질서를 부여하는 아키텍처의 활동이 시작되는 순간, 아르케는 뒤로 물러서며 '원형'의 형태로만 -혹은 전혀 지배적이지 않은 형태로- 고유의 '지배'를 시작한다. 아르케가 인간이 '지배할 수 없지만 공유해야 하는' 성격을 지니는 것도 이 때문이다. 바로 여기에 아르케와 아나키의 공통점이 있다. 아르케와 마찬가지로, 상상력, 열정, 충동, 혼돈, 망각, 무의식 역시 '지배할 수 없지만' 조화와 질서를 부여하기 위해 '공유해야 하는' 성격을 지닌다. 아르케와 아나키는 서로 다르지만 같은 곳에 혹은 가까이에 머문다. 반대말이지만 동의어다. 취향의 '앎'과 '즐거움'처럼, 철학의 '지혜'와 '사랑'처럼, 서로 다르고 이질적이지만 사실은 -활동, 실천, 작품의 영역으로 들어서는 순간- 하나로 묶여 있는 것, 또는 떨어질 수 없는 형태로 단절되어 있거나 떨어지면서 똘똘 뭉치는 것이 바로 아르케와 아나키다.

어원에서부터 분명하게 드러나듯이, '아키텍처'는 이러한 형태의 조합이 가장 극명하게 노출되는 분야다. 데리다의 설명에 따르면, 건축은 "가장 강렬한 환유"의 예술이다. 건축의 거의 모든 요소가 환유적인 해석을 통해 실체화되기 때문이다. 건축은 무언가를 직접적으로 모방하는 예술이 아니라, 언제나 다른 무언가 혹은 누군가를 위해서만 의미를 확보하는 예술이다. "인간의 모든 경험적 차원을 동일한 망사 속에 집약하는 논리적 일관성"을 비롯해 건축과 직결되는 경제적, 종교적, 정치적, 미적 차원의 요구와 건축의 기한, 재료, 전통 등의 요소들은 모두 환유라는 번역기를 통해 건축적인 언어로 번역된다.

데리다는 이러한 요소들이 건축의 본질적인 특징이 아닐 뿐더러 건축의 잠재력을 탕진하는 '아나키'인 만큼 여기서 벗어나야 한다는 점을 지적하는 동시에, 이 요소들이 '아르케'를 중심으로 서로 긴밀한 관계를 유지하며 하나의 목적에 소용된다는 점에 주목한다. 데리다에 따르면, "건축은 어떤 의미를 지녀야 한다. 그 의미를 표현할 수 있어야 하고, 따라서 건축물이 그것을 표상하도록 만들어야 한다. 이 의미의 표상적인, 상징적인 가치가 건축의 구조와 맥락, 형식과 기능을 다스릴 수 있어야 한다. 바로 이러한 가치가, 외부에서, 어떤 아르케를 기점으로, 원래는 건축적이라고 볼 수 없는 기초, 기반, 초월성, 목적을 지배할 수 있어야 한다."[2] 우리가 살펴본 아르케와 아나키의 대립/결속 관계는, 데리다가 말하는 아키텍처의 어떤 예술적인 가치가, "외부에" 머무는 아르케를 기점으로, "원래는 건축적이라고 볼 수 없는" 아나키를 지배하는 구도 속에 비교적 분명하게 드러나 있다.

데 카를로가 아나키즘을 이해하는 방식도-그의 정치적 아나키즘에 대한 관심이나 참여와는 무관하게- 이러한 아르케/아나키의 구도에 근접해 있다. 그가 왜곡된 형태의 '아르케'를 거부하면서 어떤 식으로든 아르케의 부재 또는 부정에 주목했던 것은 사실이지만 본질적으로는 아르케의 '왜곡'을 거부한 것 또한 사실이다. 그래서 그를 부정적인 차원의 아나키스트로만 간주하는 것이 부당해 보인다면, 우리는 그를 차라리 아르키스트라고도 부를 수 있을 것이다. 실제로 데 카를로는 거부에 관심을 기울이지 않는다. 물론 그가 아나키즘을 형이상학적인 아르케/아나키의 대립적 공존 구도라는 차

2 「Point de folie – maintenant l'architecture」 (J. Derrida) cit., p.111

원에서 성찰한 적이 있는지는 알 수 없지만, 그가 아나키즘을 이해하는 남다른 방식에서 실제로는 이에 깊이 동의하고 있었다는 것을 어렵지 않게 확인할 수 있다. 데 카를로는 이렇게 말한다. "아나키즘은 일종의 한계 개념입니다. 도달한다는 것이 절대적으로 불가능하다는 것을 인지한 상태에서 추구하게 되는 목표니까요. 도달할 수 없는 이유는 그것을 찾는 사이에 어딘가 다른 곳으로 가버리기 때문입니다. 여기에 바로 아나키즘의 놀라운 힘이 있습니다."(본문104쪽) 목표라는 표현을 사용했을 뿐 그가 추구한 것이 사실 아르케라는 점은 분명해 보인다. 절대로 도달할 수 없다는 것을 인지한 상태에서 추구하는 목표란 아르케가 아니라면, 혹은 아르케를 기점으로 아키텍처가 지배해야 할 최종 목표가 아니라면 또 무엇이겠는가? 목표에 도달할 수 없는 이유가 그것을 찾는 사이에 어딘가 다른 곳으로 가버리기 때문이라는 설명도 그가 찾는 것은 사실 아키텍처의 지배가 시작될 때마다 뒤로 물러서며 사라지는 아르케라는 말일 것이다.

양립할 수 없는 형태로 공존하는 아르케와 아나키의 관계는 데 카를로가 말하는 목표와 과정, 목적과 수단의 관계에서도 그대로 드러난다. "중요한 것은 결과가 아니라, 목표를 향해 나아가면서 만나는 모든 긍정적인 성과를 받아들이고 장애물을 두려워하지 않으며 결과를 얻기 위해 매진하는 과정이라고 생각합니다. (...) 과정이야말로 진정한 목표이고 결과는 확인의 가치를 지닐 뿐이죠. 이 모든 것을 저는 다름 아닌 아나키즘에서 배웠고 저만의 건축 방식에 이식했다고 믿습니다."(본문111쪽) 과정이야말로 진정한 목표라는 말은 아나키야말로 아르케라는 의미가 아닌가? 무에서 유를 창조할 것이 아니라 유(아나키)에서 무(아르케)를 창조해야 한다는 말 아닌가? 정확하게 그런 의미에서, 데 카를로는 "수단이 목적을 변화시킬 뿐 아니라, 목적을 달성하기 위해 경주하는 과정에서 목적을 추구하는 사람도 함께 변화시킬 수 있다고"(본문299쪽) 보았을 것이다. '사람도 함께 변화시킬 수 있다'라는 말은 곧 자연적인 사물뿐만 아니라 인간이 만드는 예술 작품 자체가 아르케/아나키의 조화 원칙에 의해 지배된다는 것을 의미할 것이다.

데 카를로는 르네상스를 대표하는 건축가 레온 바티스타 알베르티의 '조화concinnitas' 개념을 건축미의 가장 확실하고 유연한 묘사 방식으로 칭송하는 동시에 이를 아무렇지도 않게 '아나키즘'에 비유하면서 조화는 "작품이, 작가는 의식조차 하지 못한 상태에서, 완전히 새로울 뿐만 아니라 안정적이고 친숙하게 느껴져 놀라지 않을 수 없는 의미를 확보할 때"(본문338쪽) 이루어진다고 말한다. 이때 우리가 주목해야 할 것은 르네상스적인 조화의 개념이 아니라 오히려 르네상스적인 카오스의 개념이다.

르네상스 문화의 주인공들은 조화의 추구에 앞서 무엇보다 혼돈을 사랑했던 이들이다. 이러한 특징은 알베르티가 아름다움을 정의할 때에도 비교적 분명하게 드러난다. 알베르티에게 아름다움은 "무언가를 덧붙이거나 삭제하거나 바꾸는 것이 결국에는 좋지 못한 결과로 이어질 수밖에 없을 정도로 완벽하게 구축된 전체의 모든 지체들 사이에서 유지되는 조화"(De re aedificatoria, IX)에 가까웠고, 조화의 목적 역시

"본질적으로는 분리된 상태로 남아있을 수밖에 없는 이질적인 요소들이 서로 어우러질 수 있도록, 정확한 법칙에 따라 질서를 부여하는 것"(De re aedificatoria, VI)이었다. 여기서 강조되는 것이 조화 자체가 아니라 혼돈의 극복이라는 점은 분명해 보인다. 알베르티와 같은 시기에 활동했던 철학자 쿠자누스의 '상극의 일치coincidentia oppositorum'가 가장 르네상스적인 사상의 핵심 개념이라는 점은 많은 것을 시사한다. 데 카를로 역시 알베르티의 '조화'는 질료와 기능의 상호작용이 고유의 한계를 넘어설 때 이루어진다고 보았다. '상호작용이 고유의 한계'를 넘어선다는 말은 '상극의 일치'와 크게 다르지 않다.

이제 왜 데 카를로의 아나키즘이 사실은 정치적 아나키즘과 무관하고 근본적으로는 '상극의 일치론', '카오스의 시학'에 가까운지, 어떤 의미에서 원리 원칙의 거부가 아니라 오히려 아름다움의 원리(아르케)가 머무는 지대, 즉 혼돈(아나키)을 추적하는 차원의 아나키즘이었는지가 조금은 명확해졌을 것이다. 한편으로는, 그런 의미에서만 데 카를로의 아나키즘과 자유주의를 함께 생각할 수 있는 가능성이 주어진다. 아나키즘은 자유주의가 아니다. 데 카를로의 경우도 마찬가지다. 데 카를로의 자유주의는 아나키즘과 동일시할 것이 아니라, 원천적인 혼돈을 추적하려면 자유로워야 한다는 의미로 이해할 필요가 있다.

번역을 하면서 개인적으로도 많은 것을 배웠다. 데 카를로는 건축의 시인으로 정의할 수밖에 없으리라는 생각이 좀처럼 머릿속에서 떠나질 않는다. 혼돈 그 자체인 예술적 포이에시스의 흔적을 고스란히 '남기고 떠나며' 형상화되는 것이

시적 언어라는 의미에서 데 카를로를 확실히 공간의 시인으로 볼 수 있다면, 모든 진정한 예술가는 시인이라는, 완전히는 동의하기 힘든 말의 알쏭달쏭한 의미도 어느 정도는 와닿는다. 형이상학이 오히려 건축에서, 그 한계의 실체와 환유의 시학에서 배울 점이 있다는 것을, 즉 일종의 과제가 남아 있다는 것을 느낀다.

옮긴이 윤병언은 서울대학교에서 작곡을 공부했고 이탈리아 피렌체 국립대학에서 미학과 철학을 전공했다. 밀레니엄을 전후로 20여 년 남짓 피렌체에 머무르며 이탈리아의 깊고 넓은 지적 전통을 탐색했다. 귀국 후엔 한국문학을 해외에 알리고 이탈리아 인문학과 철학, 문학작품은 국내에 소개하는 일에 힘쓰고 있다.
옮긴 책으로는 조르조 아감벤의 『내용 없는 인간』, 『불과 글』, 『행간』을 비롯해 『상상박물관』, 『경이로운 철학의 역사 1~3』, 『참여의 건축』 등이 있다. 대산문화재단 번역지원 대상자로 선정되어 가브리엘 단눈치오의 『인노첸테』를 한국어로, 이승우의 『식물의 사생활』을 이탈리아어로 옮겼다.

건축과 자유

잔카를로 데 카를로·프랑코 분추가 지음
윤병언 옮김

초판 1쇄 발행. 2022년 10월 27일

펴낸이. 이민·유정미
편집. 최미라
디자인. 사이에서

펴낸곳. 이유출판
주소. 34630 대전시 동구 대전천동로 514
전화. 070-4200-1118
팩스. 070-4170-4107
전자우편. iu14@iubooks.com
홈페이지. www.iubooks.com
페이스북. @iubooks11
인스타그램. @iubooks11

정가 21,000원
ISBN 979-11-89534-32-5 (03540)